Metamorphose zur intelligenten und vernetzten Fabrik

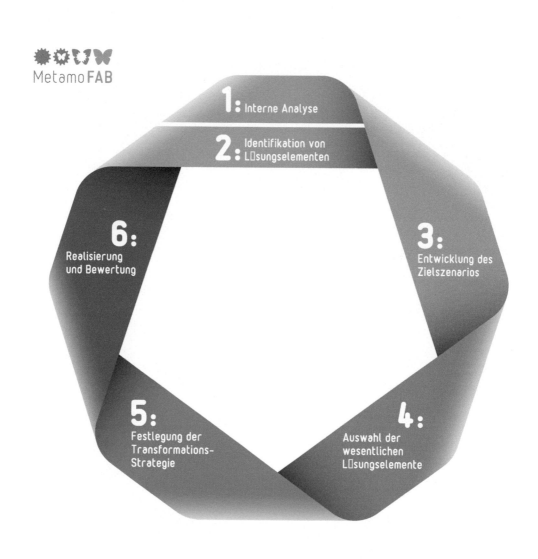

MetamoFAB

1: Interne Analyse

2: Identifikation von Lösungselementen

6: Realisierung und Bewertung

3: Entwicklung des Zielszenarios

5: Festlegung der Transformations-Strategie

4: Auswahl der wesentlichen Lösungselemente

Nils Weinert · Martin Plank · André Ullrich
Hrsg.

Metamorphose zur intelligenten und vernetzten Fabrik

Ergebnisse des Verbundforschungsprojekts MetamoFAB

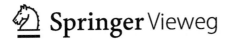

Springer Vieweg

Herausgeber
Nils Weinert
Corporate Technology
Siemens AG
München
Deutschland

André Ullrich
Lehrstuhl für Wirtschaftsinformatik
Universität Potsdam
Potsdam
Deutschland

Martin Plank
Research Production Systems
Festo AG & Co. KG
Esslingen
Deutschland

GEFÖRDERT VOM

**Bundesministerium
für Bildung
und Forschung**

BETREUT VOM

Dieses Forschungs- und Entwicklungsprojekt wird mit Mitteln des Bundesministeriums für Bildung und Forschung (BMBF) im Rahmenkonzept „Forschung für die Produktion von morgen" (Förderkennzeichen 02PJ4040 ff) gefördert und vom Projektträger Karlsruhe (PTKA) betreut. Die Verantwortung für den Inhalt dieser Veröffentlichung liegen beim Projektkonsortium.

ISBN 978-3-662-54316-0   ISBN 978-3-662-54317-7   (eBook)
DOI 10.1007/978-3-662-54317-7

Die Deutsche Nationalbibliothek verzeichnet diese Publikation in der Deutschen Nationalbibliografie; detaillierte bibliografische Daten sind im Internet über http://dnb.d-nb.de abrufbar.

Springer Vieweg
© Springer-Verlag GmbH Deutschland 2017

Gedruckt auf säurefreiem und chlorfrei gebleichtem Papier

Springer Vieweg ist Teil von Springer Nature
Die eingetragene Gesellschaft ist Springer-Verlag GmbH Deutschland
Die Anschrift der Gesellschaft ist: Heidelberger Platz 3, 14197 Berlin, Germany

Vorwort

Das Schlagwort Industrie 4.0 steht für einen grundlegenden Wandel in der produzierenden Industrie, der durch die zunehmende Integration von informations- und kommunikationstechnischen Entwicklungen in Prozesse und Abläufe der Produktion ermöglicht wird. Diese Integration verspricht eine signifikante Steigerung der Wirtschaftlichkeit der Produktion. Studien weisen für einzelne Kostenbereiche Potenziale von bis zu 70 % aus (vgl. WGP-Standpunkt Industrie 4.0). Trotz dieser Prognosen sowie dem Drang und wirtschaftlichen Zwang schnell funktionsfähige Lösungen zu implementieren, hat sich die Erkenntnis etabliert, dass die Transformation einer Fabrik von ihrem derzeitigen Zustand hin zu einer vernetzten Fabrik entsprechend des Industrie 4.0-Paradigmas vielmehr evolutionär als revolutionär erfolgen muss. Dementsprechend ist diese Metamorphose durchaus eher als ein mittel- bis langfristiges als ein kurzfristiges Vorhaben charakterisiert.

Unabhängig davon stehen Unternehmen bzw. auch einzelne Betriebe heute vor der Herausforderung zu entscheiden, wie sie sich diesem Wandel stellen. Zwar wurden in den vergangenen drei Jahren – seit Beginn der Arbeiten im Verbundforschungsprojekt MetamoFAB – unzählige Entwicklungen, Beispielanwendungen und auch Umsetzungsempfehlungen sowie Standardisierungsansätze vorangebracht. Dennoch ist der Start in den erforderlichen Transformationsprozess oft schwierig, da vielfach die Erwartung besteht, sofort ein langfristiges Ziel zu erreichen.

Das vorliegende Buch entstand im Rahmen des Verbundforschungsprojekts MetamoFAB als gemeinsamer Ergebnisbericht des Projektkonsortiums. Beteiligt waren als Forschungspartner das Institut für Arbeitswissenschaft und Technologiemanagement (IAT) der Universität Stuttgart, der Lehrstuhl für Wirtschaftsinformatik, insb. Prozesse und Systeme (LSWI), der Universität Potsdam und der Bereich Unternehmensmanagement des Fraunhofer-Instituts für Produktionsanlagen und Konstruktionstechnik (IPK) in Berlin. Auf Unternehmensseite waren die Pickert & Partner GmbH, Pfinztal, die budatec GmbH, Berlin, die Festo AG & Co KG, Esslingen, die Infineon Technologies AG, München, sowie die Siemens AG, München, beteiligt. Im Verlauf des Projekts wurde zudem die Technische Hochschule Wildau mit dem Forschungsschwerpunkt iC3 – Smart Production im Fachbereich Ingenieur- und Naturwissenschaften als assoziierter Forschungspartner in das Konsortium integriert.

Mit dem vorliegenden Ergebnisbericht möchte das MetamoFAB-Projektkonsortium Unterstützung für verantwortliche Planer und Entscheider bieten. Dabei soll grundsätzlich die Erkenntnis nachvollziehbar werden, dass die Transformation zur Industrie 4.0-Fabrik das Ergebnis einer schrittweisen Metamorphose darstellt, das Ergebnis also sukzessive und nicht in einer einzelnen Maßnahme erreicht werden kann. Weiter stellt Industrie 4.0 keinen Selbstzweck dar, sondern dient der Sicherung und dem Ausbau der eigenen Wettbewerbsfähigkeit. Auch existieren keine fertigen und generisch anwendbaren „Off-the-Shelf"-Lösungen. Vielmehr sind eine individuelle Bewertung, Auswahl und Implementierung von Lösungsansätzen jeweils bezogen auf die spezifische betriebliche Ausgangssituation erforderlich.

Um verantwortliche Planer und Entscheider bei der Gestaltung der Metamorphose des eigenen Betriebs oder Unternehmens zu unterstützen, werden insbesondere methodische Vorgehensweisen und Hilfsmittel sowie exemplarische Fallbeschreibungen aufgeführt. Neben einer generellen, auf höherer Ebene angesiedelten Gesamtmethodik für die Transformation geht es dabei um detaillierte methodische Hilfestellungen für die Entwicklung der Aspekte Mensch, Technik und Organisation in der Fabrik. Speziell diese detaillierten Methoden sollen als Orientierung sowie bei Bedarf auch als Anleitung zum praktischen Vorgehen dienen. Gleichermaßen stellen die beschriebenen exemplarischen Anwendungen Erfahrungsberichte dar, die bewusst nicht die Erwartung einer direkten Übertragbarkeit auf andere Anwendungen, sehr wohl aber eine Hilfe hinsichtlich individueller Interpretation von Lösungsansätzen und Transformationspfaden bieten sollen. Schlussendlich geben Handlungsempfehlungen – abgeleitet aus den Erfahrungen sowohl in der Methodenentwicklung als auch der exemplarischen Anwendung in den Fallbeispielen – kurze und prägnante Hinweise für die eigene Arbeit.

Dieses Forschungs- und Entwicklungsprojekt wurde mit Mitteln des Bundesministeriums für Bildung und Forschung (BMBF) im Rahmenkonzept „Forschung für die Produktion von morgen" (Förderkennzeichen 02PJ4040 ff) gefördert und vom Projektträger Karlsruhe (PTKA) betreut. Wir möchten uns insbesondere bei Frau Barbara Mesow aus der Dresdener Außenstelle des Projektträgers für die kompetente und ausgesprochen kooperative Zusammenarbeit bedanken.

Ebenso danken wir Herrn Bernd Schlüter für das Lektorat des vorliegenden Buches.

München, Esslingen und Potsdam   Nils Weinert, Martin Plank, André Ullrich
im Oktober 2016

Inhaltsverzeichnis

André Ullrich, Martin Plank und Nils Weinert

Abbildungsverzeichnis

Tabellenverzeichnis

Abkürzungsverzeichnis

Acatech	Deutsche Akademie der Technikwissenschaften
BDE	Betriebsdatenerfassung
CAN	Controller Area Network
CAX	computer-aided x als Bezeichnung für unterschiedliche Softwarewerkzeuge im Engineeringumfeld
CIB	Cross-Impact Bilanz
CIM	Computer Integrated Manufacturing
CNC	Computerized Numerical Control
CPPS	Cyberphysisches Produktionssystem
CPS	Cyberphysisches System
CRM	Customer Relationship Management
CSV	Comma-separated Values
DB	Die Bank
DDS	Data Distribution Service
DIN	Deutsches Institut für Normung
DMC	Data-Matrix Code
EN	Europäische Norm
ERP	Enterprice Resource Planning
FMEA	Failure Mode and Effects Analysis
FTP	File Transfer Protocol
HMI	Human-Machine Interface
IPC	Industrie-PC
ISO	Internationale Organisation für Normung
IUM	Integrierte Unternehmensmodellierung
KMDL	Knowledge Modelling and Description Language
KMU	Kleine und mittlere Unternehmen
KPI	Key Performance Indicator
MAS	Multiagentensystem
MDM	Multiple Domain Matrix
MES	Manufacturing Execution System

MO²GO   Methode zur objektorientierten Geschäftsprozessoptimierung
MTO   Mensch, Technik, Organisation
OPC UA   OPC Uninfied Architecture
PDM   Produktdatenmanagement, Produktdatenmanagementsystem
QR –Code   Quick Response Code
RAMI 4.0   Referenzarchitekturmodell Industrie 4.0
RFID   Radio-frequency Identification
SCADA   Supervisory Control and Data Acquisition
SMED   Single Minute Exchange of Die
SOA   Service Oriented Architecture
TCP/IP   Transmission Control Protocol/Internet Protocol
TRL   Technology Readiness Level
TSN   Time-Sensitive Network
VDI   Verein Deutscher Ingenieure
VDMA   Verband Deutscher Maschinen- und Anlagenbau
WFM   Work-Flow-Management-System
WIP   Work in Progress
WMF   Work flow Management
WM-System   Wissensmanagement-System
ZVEI   Zentralverband Elektrotechnik- und Elektronikindustrie e. V.

Einleitung

Nils Weinert

Inhaltsverzeichnis

1.1 Projektvorstellung MetamoFAB

Die Transformation zur Industrie 4.0 stellt keinen Selbstzweck dar, sondern dient – aus Perspektive des einzelnen Betriebs – der Aufrechterhaltung und dem Ausbau der eigenen Wettbewerbsfähigkeit. Nach Überzeugung des MetamoFAB-Projektkonsortiums ist dafür eine individuelle Interpretation von Industrie 4.0-Prinzipien im Sinne einer individuellen Auswahl und Gestaltung von Transformationsmaßnahmen für die Realisierung und Nutzung zur Wertsteigerung von hoher Relevanz. Es existiert keine fertige, maßgeschneiderte Lösung, vielmehr bietet der Wandel zur Industrie 4.0 Gestaltungsspielraum für individuelle Betriebe und Unternehmen, basierend auf den jeweils gegebenen Ausgangsbedingungen. Die Veränderung muss dabei individuell initiiert werden, so dass diese im Sinne einer Metamorphose Veränderungschancen identifiziert und nutzt.

Die Transformation zur Industrie 4.0-Fabrik erfolgt typischerweise als evolutionärer, schrittweise ablaufender Prozess. Der jeweils erreichte Zustand ist dementsprechend das Ergebnis mehrerer aufeinanderfolgender Umsetzungsschritte (vgl. Abb. 1.1). Dabei ist der

N. Weinert (✉)
Siemens AG, Corporate Technology, CT RDA AUC MSP-DE, Otto-Hahn-Ring 6,
81739 München, Deutschland
e-mail: nils.weinert@siemens.com

© Springer-Verlag GmbH Deutschland 2017 1
N. Weinert et al. (Hrsg.), *Metamorphose zur intelligenten und vernetzten Fabrik*,
DOI 10.1007/978-3-662-54317-7_1

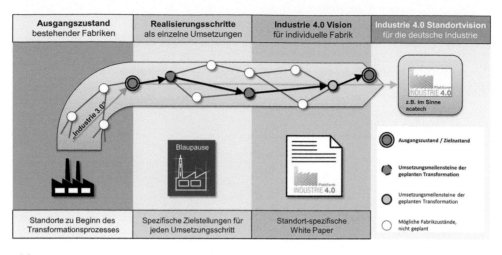

Abb. 1.1 Metamorphose zur Industrie 4.0-Fabrik

Ausgangszustand des Transformationsprozesses der jeweils erreichte Umsetzungszustand einer Fabrik bzw. auch einer vorliegenden Fabrikplanung.

Die jeweils ersten vom (bekannten) Ausgangszustand ausgehenden Transformationsschritte können als Blaupause konkret ausgearbeitet und beschrieben werden. Spätere Schritte hingegen sind noch nicht exakt plan- bzw. beschreibbar, sie beschreiben vielmehr im Sinne eines Whitepapers die Kernaspekte mittel- bis langfristiger Zielstellungen.

Ein (Fabrik-)Zustand stellt – im Sinne des Transformationsprozesses – die Ausprägung der planerisch definierten Merkmale einer Fabrik für einen Zeitpunkt dar. Insofern beschreibt dieser die Aufbau- und Ablauforganisation einer Fabrik zu einem bestimmten Zeitpunkt. Gleichzeitig sind für einen Zustand Eigenschaften, Kenntnisse und Fähigkeiten von Mitarbeitern und im übertragenen Sinne von Maschinen und Anlagen, Werkstücken und informationstechnischen Elementen – zusammenfassend als Entitäten der Fabrik bezeichnet – definiert. Im Umkehrschluss sind damit für einen Zustand Eigenschaften, Kenntnisse und Fähigkeiten von menschlichen und technischen Entitäten zu definieren sowie ihr Zusammenwirken durch die Auswahl organisatorischer Prinzipien festzulegen.

Gesamtziel des Forschungsprojekts MetamoFAB war es, bestehenden Betrieben die Metamorphose in intelligente und vernetzte Fabriken zu ermöglichen. Hierfür wurden diese im Projekt für drei industrielle Anwendungsfälle exemplarisch geplant und in jeweils ersten Umsetzungen auf den Weg gebracht. Die in der Betrachtung der Anwendungsfälle gesammelten Erkenntnisse hinsichtlich des Vorgehens wurden allgemeingültig aufbereitet. Im Ergebnis liegen nun Vorgehensweisen und Hilfsmittel vor, welche die Ausarbeitung und Umsetzung des Transformationsprozesses strukturieren und unterstützen. Dies umfasst u. a. Methoden zur Definition des mittel- bis langfristigen Transformationsziels sowie zur Ableitung der einzelnen Umsetzungsschritte. Es liegen detaillierte Methoden und Werkzeuge vor, die es ermöglichen, sowohl Fähigkeiten, Kenntnisse und Eigenschaften von Mensch und Technik zu definieren als auch zur Definition des interaktiven

Zusammenwirkens dieser durch die Gestaltung der Organisation herangezogen zu werden. Darüber hinaus wurden in drei Fallbeispielen praktische Erfahrungen hinsichtlich des Transformationsprozesses gesammelt und zu Handlungsempfehlungen aggregiert, die Orientierung und Hilfestellung bei der Metamorphose des eigenen Betriebs bieten.

1.2   Aufbau des Buches

Das vorliegende Buch umfasst als Ergebnisbericht des Forschungsprojekts MetamoFAB Beschreibungen sowohl zu entwickelten Methoden und Werkzeugen als auch zu Erfahrungen aus den Fallbeispielen.

Nach einer kurzen Einführung und Vorstellung des Projekts in diesem Kapitel folgt in Kap. 2 die thematische Einordnung in die Begriffswelt der Industrie 4.0. Es werden übergreifende Herausforderungen der Produktion im „Digitalen Zeitalter" erörtert und in Anforderungen an die Produktion überführt (vgl. Abschn. 2.1). Für die Gestaltungsdimensionen Mensch, Technik und Organisation werden die aktuelle Ausgangssituation bzw. die Startbedingungen beschrieben, um dem Leser eine Vergleich mit der Situation im eigenen Betrieb zu ermöglichen (Abschn. 2.2 bis 2.4).

Kapitel 3 ist mit den entwickelten Methoden und Vorgehensweisen der zentrale allgemeingültige Teil der Projektergebnisse. Zunächst gibt die Darstellung der Vorgehensweise zur Transformation (Abschn. 3.1) den Überblick über den gesamten Metamorphoseprozess. Die folgenden Abschn. 3.2.1 bis 3.2.3 erläutern jeweils detailliert die Methoden zur Befähigung der Entitäten Mensch und Technik sowie der Organisation. Ergänzend werden Modellierungsfunktionalitäten für eine ganzheitliche integrierte Abbildung der Transformation (Abschn. 3.2.4) sowie zur Prüfung sich neu ergebender Geschäftsmodelle (Abschn. 3.2.5) vorgestellt.

Zur Unterstützung des methodischen Vorgehens sind im Projekt Werkzeuge und Hilfsmittel entstanden, die in Kap. 4 beschrieben werden. Das MetamoFAB-Transformationscockpit (Abschn. 4.1) dient als Werkzeug, um die Transformation zuverlässig zu überwachen und zu steuern. Das im Kommunikationsframework realisierte Publisher/Subscriber-Konzept erlaubt die schnelle und flexible Anpassung von Interaktionsschnittstellen zwischen menschlichen und technischen Entitäten (Abschn. 4.2). Um notwendiges Wissen und erforderliche Fähigkeiten von Mitarbeitern sowie Teamzusammensetzungen in der Ausführung des Transformationsprozesses aufwandsarm und zielgerichtet zu definieren, wurde ein Tool zur automatischen Ableitung von Kompetenzprofilen und für das Staffing (Abschn. 4.3) entwickelt. Der online verfügbare interaktive Leitfaden (Abschn. 4.4) führt den Anwender durch den Prozess der Metamorphose.

Die in drei Fallbeispielen in der praktischen Anwendung gesammelten Erfahrungen sind Inhalt von Kap. 5. Der Schwerpunkt des Kapitels liegt auf der Ausarbeitung der mittel- bis langfristigen Transformationsziele sowie der Ableitung des jeweiligen Transformationspfades. Hier werden auch erste Umsetzungsschritte vorgestellt und hinsichtlich ihres Beitrags zur individuellen Metamorphose erläutert. Es wird deutlich, dass die Zielstellungen –

das Integrieren von umweltorientierten Zielstellungen in den Produktionsbetrieb bei Festo (Abschn. 5.1), die Vereinheitlichung der standortübergreifenden Fertigungsplanung bei Infineon (Abschn. 5.2) sowie die Dezentralisierung und Digitalisierung des Shopfloormanagements bei Siemens (Abschn. 5.3) – bei ähnlichem methodischem Vorgehen individuell stark voneinander abweichen und trotzdem alle zur Entwicklung der beispielhaft betrachteten Betriebe hin zur Industrie 4.0 beitragen.

In allen Abschnitten des Buches werden zudem Handlungsempfehlungen aus der Erfahrung sowohl der Methodenentwicklung und der exemplarischen Anwendung als auch allgemein aus den Fallbeispielen formuliert (vgl. hervorgehobene Boxen im Buch). Dies sind kurze Handlungsempfehlungen an Anwender, die sie bei der Planung und Ausführung der Metamorphose im eigenen Betrieb unterstützen und ihnen helfen sollen, nach Möglichkeit kritische Punkte zu umgehen. Um den Zugriff auf diese Handlungsempfehlungen so einfach wie möglich zu gestalten, fasst das abschließende Kap. 6 diese zusammen. Zudem wird durch Verweise auf die vorangegangenen Kapitel ein einfaches Auffinden der zugrundeliegenden Beschreibung ermöglicht.

Literatur

[Mono-2016] Monostori L, Kádár B, Bauernhansl T, Kondoh S, Kumara S, Reinhart G, et al. Cyberphysical systems in manufacturing. CIRP Ann – Manuf Technol 2016; 65:621–41. doi:http://dx.doi.org/10.1016/j.cirp.2016.06.005.
[WGP-2016] Bauernhansl, T, Krüger J., Reinhart G., Schuh, G., „WGP-Standpunkt Industrie 4.0," 2016. Wissenschaftliche Gesellschaft für Produktionstechnik WGP e.V.

Industrie 4.0 im Produktionsumfeld

2

Thomas Knothe, Jörg Reiff-Stephan, Gergana Vladova, André Ullrich, René von Lipinski, Dirk Buße, Manuel Kern

---

T. Knothe (✉)
Fraunhofer-Institut für Produktionsanlagen und Konstruktionstechnik IPK,
Geschäftsprozess- und Fabrikmanagement, Pascalstraße 8-9,
10587 Berlin, Deutschland
e-mail: thomas.knothe@ipk.fraunhofer.de

J. Reiff-Stephan · R. von Lipinski
Technische Hochschule Wildau, FG: iC3@Smart Production, Hochschulring 1,
15745 Wildau, Deutschland
e-mail: jrs@th-wildau.de

R. von Lipinski
e-mail: von_lipinski@th-wildau.de

G. Vladova · A. Ullrich
Lehrstuhl für Wirtschaftsinformatik, insb. Prozesse und Systeme,
Universität Potsdam, August-Bebel-Str. 89, 14482 Potsdam, Deutschland
e-mail: gvladova@lswi.de

A. Ullrich
e-mail: aullrich@lswi.de

D. Buße
Geschäftsführer, budatec GmbH, Melli-Beese-Straße 28, 12487 Berlin, Deutschland
e-mail: busse@budatec.de

M. Kern
Institut für Arbeitswissenschaft und Technologiemanagement IAT,
Universität Stuttgart, Nobelstraße 12, 70569 Stuttgart, Deutschland
e-mail: Manuel.Kern@de.bosch.com

© Springer-Verlag GmbH Deutschland 2017
N. Weinert et al. (Hrsg.), *Metamorphose zur intelligenten und vernetzten Fabrik*,
DOI 10.1007/978-3-662-54317-7_2

Inhaltsverzeichnis

2.1   Begriffe und Themenfelder der Industrie 4.0

Thomas Knothe und Jörg Reiff-Stephan

2.1.1   Herausforderungen – der industrielle Bedarf

Ausgehend von der Investitionsgüterindustrie drehte sich im letzten Jahrzehnt die Komplexitätsspirale rasant weiter, so dass kundenauftragsindividuelle Prozesse auch im vormals Seriengeschäft erforderlich wurden, was Jovane bereits 2003 vorausgesagt hatte [Jov-03]. Viele Industrieunternehmen sind heute in der Lage, eine hohe Variantenvielfalt und Mass-Customization auf Basis vorkonfigurierter Modulstrukturen zu beherrschen [Wal-14a]. Die wirtschaftlichen Grundparameter, wie Liefertreue, Kosten und Qualität, sind dabei mindestens auf dem gleichen Niveau wie beim Standardgeschäft zu halten.

An den Beispielen der MetamoFAB Demonstratoren (vgl. Kap. 5) wird dieser Bedarf deutlich.

- Die Fertigung von Komponenten für Handhabungs- und Steuerungsanlagen bei Festo ist in Teilen sehr energieintensiv, z. B. bei Reinigungs- und Beschichtungsprozessen. Bei einem sehr variablen Auftragsmix über unterschiedlich gesteuerte Fertigungsstufen muss eine effiziente Energiesteuerung die individuellen Randbedingungen von Anlagen und produktspezifischen Fertigungsmerkmalen nahezu in Echtzeit berücksichtigen.
- Bei Infineon werden im globalen Produktionsverbund z. B. 300 mm Waver mit z.T. über 1000 miteinander vernetzten Fertigungsschritten unter präzise definierten Bedingungen hergestellt. Diese Schritte sind höchst fehleranfällig, weshalb viele Produktionslose durch Nacharbeiten und Ausschleusen individualisierten Prozessen folgen. Den derzeit verwendeten zentralen Produktionsplanungs- und Steuerungssystemen sind hier Grenzen gesetzt, da diese Störungen stochastisch den gesamten Produktionsprozess über viele Fertigungsbereiche hinweg durcheinander bringen. Darüber hinaus binden die erforderlichen Umplanungen unnötig Ressourcen.

- Im Transformatorenwerk von Siemens verursachen die Aushärteöfen einen hohen Energieverbrauch, der in einem preissensiblen Markt signifikant zu den Herstellungskosten beiträgt. Auf Grund von kundenspezifischen Anforderungen ist der Wiederholgrad der produzierten Transformatoren äußerst gering, kaum ein Transformator wird in identischer Form mehrfach produziert. Eine optimale Auslastung der Öfen bei der gleichzeitig energieeffizienten Steuerung über drei unterschiedliche Ofentemperaturkurven kann dabei nur erzielt werden, wenn die Komplexität der auftragsindividuellen Fertigung beherrscht wird.

In allen drei MetamoFAB-Demonstratoren wird der Mensch nicht nur mitadressiert, sondern im Gegensatz zu früheren CIM-Ansätzen in den Mittelpunkt der Betrachtung gesetzt. Dazu ist er, als intelligente Entität im Produktionssystem der Zukunft zu entwickeln. Dabei stehen die Unternehmen vor folgenden gemeinsamen Herausforderungen:

- Trotz der weitergehenden Automatisierung und Digitalisierung bei schweren und monotonen Arbeiten werden derzeit auch vermehrt planerische und steuernde Aufgaben durch künstliche Artefakte ersetzt. Gleichzeitig werden von Mitarbeitern erweiterte handwerkliche und digitale Kompetenzen sowie problemlösende Fähigkeiten in der komplexer werdenden Arbeitswelt erwartet.
- Angesichts einer älter werdenden Belegschaft und einer in das Berufsleben einsteigenden Generation Y sind bestehende Zusammenarbeitsformen, Qualifikations- und Assistenz- sowie Anreizsysteme zu hinterfragen.

Die genannten exemplarischen Herausforderungen sind seit einigen Jahren relevant, verstärkten sich jedoch seit der letzten Dekade zunehmend. Nimmt man die Erhebungen der acatech hinzu, kann festgestellt werden, dass die Ansätze und Lösungen, die im Rahmen von Industrie 4.0 anvisiert oder bereits entwickelt wurden, die folgenden Herausforderungen spezifischer adressieren als bspw. die populären Leanprinzipien der ganzheitlichen Produktionssysteme aus den 2000ern:

- schnelle und wirtschaftliche Individualisierung auf allen Ebenen von Produktionssystemen – Produkte, Prozesse, Maschinen und Anlagen.
- Die Reduzierung von ungeplanten Störungen zur Aufrechterhaltung von Produktivität und Verfügbarkeit führt zum Bedarf vorausschauender optimierter Wartung und Instandhaltung. Dazu sind wie in Abb. 2.1 aufgeführte Fähigkeiten zur Datenauswertung und -analyse gerade in Deutschland entwicklungsbedürftig.
- Die Reduktion von Risiken erfordert die Konzentration auf Alleinstellungsmerkmale, weshalb eine weiterführende Verringerung der Fertigungstiefe auch zu höherer Vernetzung von Wertschöpfungsketten führt. Im Umfeld zunehmend individualisierter Produktion kommt einem durchgängig digitalisierten Netzwerkmanagement sowohl strategisch als auch operativ eine hohe Bedeutung zu, damit insbesondere Kosten und Termineinhaltung wettbewerbsfähig bleiben. Dazu sind jedoch die Fähigkeiten zum

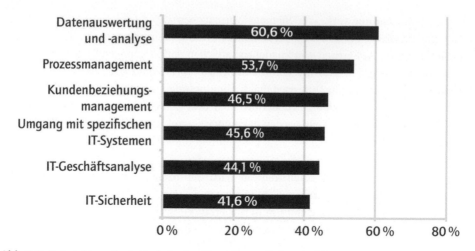

Abb. 2.1 Entwicklungsbedarfe deutscher Hersteller zu Industrie 4.0

Prozessmanagement entsprechend der aktuellen acatech Studie zu verbessern [aca-16]. Die bestehenden Anstrengungen seit Mitte der 90er Jahre zur Prozessorientierung haben demnach bisher nur zu geringen Effekten geführt.

- Für die Realisierung auftragsindividueller Prozesse gilt, dass eine konsequente Prozessorientierung zur möglichst standardisierten Abwicklung kundenspezifischer Anforderungen ohne aufwändige Konfigurationen oder gar Programmierungen führen sollte. Gefordert sind Lösungen, die eine Prozessorientierung möglichst aufwandsarm realisieren können. Die Herausforderung liegt in der Flexibilität auch gegenüber strukturellen Änderungen (Prozesse, Verfahren, Parameter und eingesetzte Anlagen), die durch einzelne Kundenaufträge induziert werden. Dabei ist die Anzahl von Transformationen (von Spezifikation zu Implementierung) zur Umsetzung von Veränderungen im Interesse des operativen Tagesgeschäftes möglichst klein zu halten.

Im nächsten Abschnitt wird ein Zielbild anhand eines Szenarios entwickelt, von dem aus die aktuell zu entwickelnden Themenfelder von Industrie 4.0 abgeleitet werden.

2.1.2 Zielbild – Ein Mittwochmorgen in Berlin im Jahr 2021

Bernhard T. ist Meister beim Equipmenthersteller für pneumatische Steuerungen „Intelligent Motors" in Berlin-Tempelhof. Beim Einsteigen in die S-Bahn zur Arbeit erhält er die Anfrage eines Kunden zur Lieferung einer Steuereinheit mit vorher nie existierenden Parameterausprägungen und einer komplett neuen funktionalen Anforderung sowie der Erwartung einer Lieferung in der nächsten Woche.

Seufzend denkt er an den Umgang mit solchen Anfragen in der Vergangenheit zurück. Damals erhielt er die Spezifikationen zwei Tage nach Eingang im Unternehmen bei der

Chefsekretärin. Darauf folgend fanden diverse Absprachen mit der Entwicklung statt, welche des Öfteren in ausgedehnte Diskussionen mit dem Entwicklungsleiter und dem Controllingleiter übergingen. Wurde schlussendlich eine Einigung gefunden, wie solch eine individuelle Anfrage bearbeitet werden sollte, erfolgten die Anpassungskonstruktion, die Programmierung der Steuerungen für die Werkzeugmaschinen sowie die Eintaktung in die Produktion. Insbesondere bei neuen Anforderungen war Bernhards Erfahrung maßgebend, um die richtigen Vorgaben an die Mitarbeiter in der Produktion und insbesondere der Qualitätssicherung zu übergeben. Fehlte Bernhard am Standort, konnte dieser Prozess oft nicht eingehalten werden, so dass sich der Kunde über Mängel und über die lange Lieferzeit von mehr als vier Wochen beschwerte. Aufgrund des hohen Zeitdrucks und der besonderen Randbedingungen verfolgte Bernhard überaus wichtige und ausgefallene Aufträge in der Produktion persönlich: Das aufwendig implementierte Fertigungsmanagementsystem konnte speziell diese Auftragsparameter nicht abbilden, und die Rückmeldungen konnten nicht zeitnah genug verfolgt werden. Dem Controllingleiter bereitete es ausdrückliche Freude, in monatlichen Leitungsrunden Bernhard mit den schlechten Deckungsbeiträgen und einer entsprechend unbefriedigenden Termintreue einzelner Produkte bloß zu stellen. Andererseits konterte Bernhard mit der unzureichenden Genauigkeit der Daten.

Im Ergebnis der schrittweisen Einführung des Produktionssystems „Intelligent Production 5.0" (modulare Architektur aus IT-Infrastruktur, Organisation Produkt-, Produktionssystem und Prozessstruktur) wurde ein optimierter Ablauf geschaffen. Individuelle Anfragen werden mithilfe eines Produktdaten-Management-Services komplett automatisch vorsortiert und den bestehenden passenden Serienprodukten oder schon vorhandenen Sonderkonstruktionen zugeordnet. Weiterhin „heftet" der Service bereits bekannte Feldfehler oder Produktionsprobleme diesen Aufträgen an und weist es dem Pool der integrierten Produkt-/Produktionsplaner zu. Diese passen die Konstruktion, erforderliche Arbeitspläne sowie CNC-Daten an und geben mittels Simulationslauf überprüfte Lieferdaten innerhalb von einer Stunde nach Auftragseingang an den Kunden zurück. Die Einlastung der Aufträge erfolgt durch ein zentrales Feinplanungssystem; ein simulationsgestütztes Rechneragentensystem schlägt Bernhard beim Auftreten von Verzögerungen und Störungen geänderte Routings als Entscheidungsunterstützung vor, so dass die Produkte sich weder vor Maschinen stapeln, noch Prozesse leer laufen und die Lieferungen termingerecht erfolgen. Aktuell haben Bernhard und seine Kollegen einen neuen Service installieren lassen, mit dem die Routings sowohl zeit- als auch wirtschaftlichkeitsbezogen dezentral geregelt werden. Dadurch werden z. B. Wiederholer, die nur zum Auffüllen von Puffern dienen, automatisch zusammengefasst, so dass Rüstkosten minimiert werden können.

Doch heute ist ein besonderer Tag: Alle Parameter der neuen Anfrage sind so außergewöhnlich, dass eine hinreichend genaue und schnelle Abschätzung bezüglich Produkt- und Lieferabsicherung durch den integrierten Produkt-/Prozesskonfigurator ad hoc nicht gewährleistet werden kann. Mithilfe eines seit letztem Jahr freigeschalteten Profil-Features – der Kapazitätsbörse im Extranet – identifiziert Bernhard die verfügbaren Experten und lädt sie noch in der S-Bahn zu einer schnellen Machbarkeitsstudie ein. Nebenbei bemerkt:

Dieses Feature haben sich die Entwickler von der deutschen Polizei abgeschaut, die damit bei plötzlichen „Großlagen" die erforderlichen Kollegen zum Management blitzschnell zusammenstellt. Im Unternehmen angekommen, wird die Studie so vorbereitet, dass ein interaktives Dossier mit den relevanten technischen und wirtschaftlichen Abhängigkeiten entsprechend des Geschäftsmodells für alle Beteiligten noch am Vormittag zur Verfügung steht. Aus dem Produktmanagement kommt binnen 15 Minuten die Meldung, dass zeitnah ein signifikanter Absatzmarkt zu Produkten mit gleichen oder ähnlichen Produktparametern entstehen wird. Die integrierte Risikoabschätzung bildet die Basis zum Start der Sonderentwicklung. Dabei erreichen interne und externe Partner innerhalb von drei Tagen die Produktentwicklung und deren Absicherung. Darüber hinaus erfolgt gleichzeitig auch die Erweiterung der modularen Produkt- und Prozessarchitektur mit der automatisierten Konfiguration der Maschinen und des Fertigungsmanagementsystems. Letzteres – früher mit viel Aufwand und langen Umsetzungszeiten verbunden – erfolgt heute auf Basis des integrierten Produkt-/Prozessmodells automatisch und wird nur noch durch Simulationsszenarien abgesichert. Im Vergleich sieht Bernhard neben den integrierten Technologien auch die Wandlung zu einer prozessorientierten Zusammenarbeit als wesentlichen Erfolgsfaktor für diese Performance an. In der Vergangenheit hätten sich die Bereiche auf unterschiedlichen Ebenen mindestens drei Wochen lang um Kompetenzen und Fakten gestritten, ehe Entscheidungen zur Entwicklung beschlossen werden konnten, die dann doch nur zur Hälfte eingehalten wurden.

Erst letzte Woche erhielt Bernhard kurz vor der Mittagspause eine Notifikation auf seinem Managementcockpit, dass mehrere ausgelieferte Steuerungen mit einem neuen Ventilmaterial bei unterschiedlichen Kunden zwar noch funktionieren, jedoch nicht erwartete Werte zurückgeben. Nach Durchsicht der ersten Analyse auf seinem Managementcockpit, berief er per Messenger das in Bereitschaft befindliche „Cross-Discipline-Reengineering-Team", aus Analysten, Integrierten Produkt-/Produktionsplanern sowie Marktexperten zusammen. In ihrem „Industrial War Room" entwickelten alle Partner gemeinsam die Lösungsmechanismen, angefangen von den Sofortmaßnahmen im Feld, über Vorbeugungsaktivitäten bis hin zum Marketing. Nach nur zwei Stunden sind die Maßnahmen so eingeleitet, dass sie per kurzfristig konfiguriertem Prozesscockpit im Regelbetrieb überwacht werden können.

Bernhard ist besonders stolz darauf, dass er im Zuge dieser Modernisierung die weitere Flexibilisierung der Fertigung mit etabliert hatte. So wurde im letzten Jahr der erste Bearbeitungsroboter in Betrieb genommen, mit dem mittlere bis sehr große Ventilblöcke auf eine Genauigkeit von wenigen Mikrometern final bearbeitet werden können. Dieser Roboter ersetzt auf Grund seiner geometrischen Fähigkeiten mehrere Werkzeugmaschinen. Neuen, in Akquisition befindlichen Aufträgen mit noch größeren Abmaßen kann Bernhard deshalb ruhig entgegen blicken. Werkzeugmaschinen will er aber als Fertigungsmittel trotzdem nicht komplett abschaffen. Sein letzter Besuch an der Technischen Universität Berlin lässt ihn schon von komplett neuen Produktionskonfigurationen träumen. Dort wurde gemeinsam mit einem Startup gerade die erste serienreife modulare Werkzeugmaschine vorgestellt. Auf Basis von „Lego artigen" Bausteinen aus dem Lager wird innerhalb von Minuten die für einen Auftrag optimale Werkzeugmaschine zusammengesetzt, konfiguriert und kalibriert.

In den folgenden Abschnitten werden die im oben ausgeführten Zukunftsbericht benannten Themenfelder der intelligent vernetzten Produktion detaillierter beschrieben.

2.1.3   Themenfelder der intelligent vernetzten Produktion

Standardisierung und durchgängige Vernetzung

Aktuelle technische Systeme (Produkt und Maschine) verfügen oft bereits über Standardschnittstellen, mit denen sowohl deren Eigenschaften für das Netzwerk veröffentlicht werden können, als auch deren Einbettung in die Operationen der Fabrik automatisiert erfolgen kann. Darüber werden aktuelle Eigenschaften und Zustandsinformationen dieser Systeme im Netzwerk bekannt gemacht. Weiterhin erlauben Schnittstellen das aktive Beeinflussen von Systemfunktionen von anderen Systemen aus (z. B. die Visualisierung direkt am Produkt oder die Anwendung zum Umrüsten einer Maschine). Ergebnis einer optimalen Vernetzbarkeit ist die (automatisierte) Konfiguration eines Systems in Echtzeit über das Netzwerk, bzw. wenn es für die Produktion erforderlich ist – unabhängig davon, ob ein System eine eigene Datenverarbeitung (z. B. zur autonomen Optimierung) besitzt oder ob diese auf zentralen Rechensystemen erfolgt. So kann bspw. das Team von Bernhard T. Änderungen zum Monitoring entsprechend der Fehlerabstellmaßnahmen schnell bis zum Hallenboden umsetzen.

Eine Netzwerkarchitektur für die intelligente Fabrik beinhaltet die folgenden Eigenschaften:

*   möglichst automatische Aufnahme neuer Elemente von Produktionssystemen und deren Fähigkeiten (Mensch, Maschine, Produkt) in den Beschreibungs- und Informationssystemen des Unternehmens,
*   Durchgängigkeit der Daten innerhalb eines Kommunikationsnetzwerkes,
*   Unterstützung von zentralen und dezentralen Datenmanagementstrukturen zur gleichzeitigen Verfügbarkeit von Daten für zentrale und dezentrale Verarbeitung. Ein Beispiel ist die Visualisierung eines Auftragsstatus für den Werksleiter während der Auftrag zugleich dezentral weiter durch das Produktionssystem geroutet wird.
*   Unterstützung der Einbettung von Funktionen der Shopfloor-IT als Services unabhängig vom Vorhandensein typischer IT-Systeme (z. B. MES). Die Zuteilung eines Auftrages erfolgt dann bspw. über das Serviceangebot einer Maschine, das durch den Softwareagenten des Auftrages erfragt, aufgerufen und belegt wird. Dazu ist die Aufteilung und die teilweise heutige Überlappung zwischen den Systemen entlang der Automatisierungspyramide (ERP, MES, SCADA, RC, CNC) zu ersetzen.
*   Einsatz von Standards in der Kommunikation, welche die herstellerübergreifende Kollaboration heterogener Systeme ermöglichen. Diese Kommunikationsstandards müssen noch ausgestaltet werden. Vielversprechende Ansätze zur Vernetzbarkeit der

Infrastruktur bietet z. B. OPC UA oder DDS für den Datenaustausch zwischen Systemen oder das Engineering-Datenformat AutomationML, auf dessen Basis die logische Vernetzung entlang der Produktion entwickelt und ausgeführt werden kann.

Selbstorganisierende Systeme zur Entscheidungsfindung

Die effiziente Verwaltung der zuvor genannten Ressourcen wird in einem Industrie 4.0-System mitunter durch die Prinzipien der Selbstorganisation geregelt. Dies erfolgt bspw. mithilfe von Kapazitätsbörsen oder dienstorientierten Agentensystemen. Derartige Systeme regeln den Verbrauch verfügbarer Ressourcen entsprechend festgelegter oder dynamisch erzeugter Gewichtungen und reagieren dynamisch auf sich ändernde Rahmenbedingungen. Ein bereits umgesetzter Teil des möglichen Spektrums selbstorganisierter Prozesse ist die eigenständige Fehlerdiagnose einer Maschine mit entsprechend selbst eingetakteter und ausgelöster Reparatur. Je nach Prozess bleibt jedoch die Entität Mensch als Entscheidungsträger erhalten. In solchen Fällen erfährt der Mensch Unterstützung durch das selbstorganisierte System in der Form von simulierten Varianten verschiedener Szenarien, wie z. B. bei „Intelligent Motors" das Rechneragentensystem dem Menschen als Entscheider eine größtmögliche Transparenz darbietet. Die endgültige Auswahl bleibt dann dem Menschen vorbehalten.

Management der Abhängigkeiten innerhalb und zwischen Lebenszyklen (Produkt, Prozesse, Technologien, Unternehmen)

Über eine integrierte Modellbildung werden die Eigenschaften eines Systems hinsichtlich seiner Entstehung, Nutzung (inkl. Wartung) und Wiederaufbereitung durchgängig und mit seinen Abhängigkeiten entlang des Lebenszyklus entwickelt. Dies schließt vernetzte Betrachtungen von Produkt, Maschine, Technologie und Fabrik mit ein, so dass ein effizientes Frontloading ermöglicht wird. Mit Holistic Frontloading ist die modellbasierte Unterstützung des Systems Engineering in der frühen Designphase verbunden. Das kann die Bewertung sowohl von neuen Business-Modellen als auch von Produktkonzepten sein, die insbesondere mithilfe von kontextuellen Sichten schon von Anfang an bewertet werden. Der bedarfsgerechte Informationsaustausch bezieht sich hier auf die Reduktion der Komplexität entsprechend der Engineering-Aufgabe, ohne dass Abhängigkeitsbeziehungen verloren gehen. Bei „Intelligent Motors" können mittels des modellbasierten Abhängigkeitssystems direkt Auswirkungen von Anforderungen eines Kunden auf die Nachfrage in der Branche identifiziert werden.

Ubiquitous sowie kontextuelle Assistenz und Lernen

Unter „ubiquitous Lernen" wird verstanden, dass der Rezipient zu frei wählbaren Zeiten und örtlichen Gegebenheiten Wissen und Fähigkeiten aufbauen kann. Dazu sind sowohl stationäre als auch mobile Formen des Lernens zu ermöglichen. Ausgehend von zunehmender Gesamtkomplexität hin zu z. B. auftragsindividuellen Prozessen kommt der Unterstützung aller am Prozess Beteiligten eine besondere Rolle zu. Nach [Hir-14] ist dabei zwischen spezifischer Assistenz zur Ausführung von nicht standardisierten Prozessen und dem Lernen zur Erlangung verbesserter Fähigkeiten zu unterscheiden. Assistenz beantwortet dabei die Frage „Wie führe ich meine Arbeit aus?", während beim Lernen das „Warum" im Vordergrund steht. Für beide Unterstützungsformen sind zu den bewährten Formen, wie Kurse und Seminare, zusätzliche Angebote erforderlich. Hierbei ist darauf zu achten, dass diese möglichst nah an der Arbeit oder an den Arbeitsorten liegen, um kurzfristig darauf zugreifen zu können. Neben den weiterhin wichtigen Grundanforderungen wie „Interaktivität", „Minimalprinzip", „gezielte Vielfalt an sensorischen Reizen" und „Bezug zum eigenen Arbeitsumfeld" ist insbesondere die Assistenz für Mitarbeiter kontextuell zu ermöglichen. Das heißt, mithilfe möglichst automatisiert erhobener Merkmale soll die Anleitung für den Mitarbeiter so genau gestaltet sein, dass eine Verzögerung des Arbeitsablaufes durch Such- und Verstehenszeiten reduziert wird und im besten Fall eine Rückmeldung über einen erfolgreichen Schritt durch das Assistenzsystem automatisiert gegeben wird.

Sicherheit

Der Begriff „Sicherheit" hat zwei Aspekte: Zum einen sollen von einem technischen System (Maschine, Produktionsanlage, Produkt etc.) keine Gefährdungen für Menschen und Umgebung ausgehen (Betriebssicherheit). Zum anderen soll das System selbst vor Missbrauch und unbefugtem Zugriff geschützt sein (Zugangsschutz, Angriffs-, Daten-, Informationssicherheit). Für Industrie 4.0 sind unterschiedliche Sicherheitsaspekte relevant, weshalb zur trennscharfen Abgrenzung die folgenden Begriffe verwendet werden: Angriffssicherheit/Datensicherheit/Informationssicherheit und Betriebssicherheit.

Der Schutz von Daten und Diensten in (digitalen) Systemen gegen Missbrauch, wie unbefugten Zugriff, Veränderung oder Zerstörung, muss sichergestellt sein. Die Ziele von Maßnahmen zur Angriffssicherheit sind die Erhöhung der Vertraulichkeit (engl.: Confidentiality; Einschränkung des Zugriffs auf Daten und Dienste auf bestimmte technische/menschliche Nutzer), der Integrität (Integrity; Korrektheit/Unversehrtheit von Daten und korrekte Funktion von Diensten) und Verfügbarkeit (Availability; Maß für die Fähigkeit eines Systems, eine Funktion in einer bestimmten Zeitspanne zu erfüllen). Je nach konkretem technischem System und den darin enthaltenen Daten und Diensten bildet Angriffssicherheit die Grundlage sowohl für Datenschutz (Information Privacy), also den Schutz des Einzelnen vor Beeinträchtigungen seines Persönlichkeitsrechtes in Bezug auf personenbezogene Daten, als auch für Knowhow-Schutz (Schutz der Intellectual Property Rights).

Voraussetzungen für die Betriebssicherheit sind funktionale Sicherheit (engl.: Functional Safety) und eine hohe Zuverlässigkeit (engl.: Reliability). Zur Betriebssicherheit gehören je nach Art des technischen Systems weitere Aspekte, wie etwa der Ausschluss von mechanischen oder elektrischen Gefährdungen, Strahlenschutz, Ausschluss von Gefährdungen durch Dampf oder Druck und weitere. Funktionale Sicherheit bezeichnet den Teil der Betriebssicherheit, der von der korrekten Funktion des Systems abhängt beziehungsweise durch diese realisiert wird. Teilaspekte dieser Eigenschaft sind geringe Fehlerhäufigkeit, Fehlertoleranz (die Fähigkeit, auch bei auftretenden Fehlern weiter korrekt zu funktionieren) und Robustheit (die Sicherung der Grundfunktionalität im

Fehlerfall). Zuverlässigkeit ist die Wahrscheinlichkeit, mit der ein (technisches) System für eine bestimmte Zeitdauer in einer bestimmten Umgebung fehlerfrei arbeitet.

Horizontale und vertikale Integration
Betrachtet man den heutigen Zustand der informationstechnischen Welt, kann festgestellt werden, dass bereits vor Jahren der Grad der Vernetzung von Entitäten in der Nutzung durch den Menschen und für den Menschen die Oberhand gegenüber der Anzahl der Weltbevölkerung gewonnen hat. Es gibt zum heutigen Zeitpunkt weit mehr als 17 Milliarden vernetzte technische Entitäten und es wird in den kommenden Jahren mit einem weiterhin anhaltenden rasanten Anstieg gerechnet. So wird es im Jahre 2020 zirka 50 Milliarden intelligente Objekte (Entitäten im cyberphysischen Produktionssystem) geben, die miteinander Daten und damit auch Instruktionen austauschen werden [aca-16].

Bernhard T. wird damit Informationen und Daten erhalten, um seine Entscheidungen zu einem sehr viel früheren Zeitpunkt treffen zu können, als es noch heute möglich wäre. Unabdingbar ist dann aber auch, dass auf seine Sofortmaßnahmen innerhalb des Ablaufprozesses zur Fertigung der pneumatischen Schaltung unverzüglich reagiert wird.

Wesentliches Feature wird das zu erstellende Produkt selbst werden. Hier muss ein Umdenken erfolgen. Das Produkt wird zu einer steuernden Komponente im eigenen Entstehungsprozess. Es wird proaktiv mit seinen Herstellungspartnern in einem vertikalen Informationsverbund agieren. Es wird hierbei autonom Entscheidung hervorbringen, auf Basis von selbsttätig analysierten übergeordneten Prozessdaten. In letzter Konsequenz werden die eingebettete Sensorik und Aktorik ein Produkt vom „stillen Beobachter" zu einem „führenden Akteur" wandeln. Dies bedarf eines grundsätzlichen gedanklichen Paradigmenwechsels innerhalb der bestehenden Produktionsprozesse.

Zusammenfassend lässt sich anmerken, dass die Anforderungen zur Integration von Dingen, Daten und Diensten (iD3) [Rei-15e] sowohl vertikale als auch horizontale Ausprägungen haben. Vertikale Integration erfolgt über die Entscheidungsebenen der Automatisierungspyramide hinweg, so dass Managementänderungen (hier Produktionsänderungen) ohne manuellen Eingriff über verschiedene Schnittstellen hinweg bis auf den Shopfloor durchgeschleust werden können. Horizontale Integration erfolgt entsprechend so, dass operative Informationen aus den Diensten (z. B. mithilfe von Condition Monitoring Systemen) zusammen mit Kontextinformationen (im Beispiel von „Intelligent Motors" neue Werkstoffe) ohne Stopp rückwärts entlang der Wertschöpfungskette direkt in die Produktion oder sogar bis in Produktentwicklung einfließen. Diese Integration überwindet dabei auch intelligent Unternehmensgrenzen, wobei jeder Partner flexibel entscheiden kann, welche Datengranularität bereitgestellt wird. Weiterhin besitzen die beteiligten Akteure in einer Supply Chain vorwärtsgerichtet nahezu Echtzeitinformation über Kapazitäten und Bestände bei ihren jeweiligen Partnern.

Ganzheitliches Engineering
Engineering meint die integrierte Betrachtung aller relevanten Produkt-, Prozess- Geschäftsmodellparameter bereits in den frühen Phasen von Entwicklungen, so wie bei Bernhard T. im Zuge der Anfrage zu einem neuartigen Produkt. Zumeist sind die relevanten Prozesse

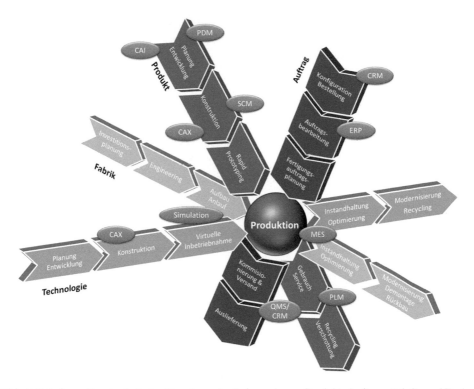

Abb. 2.2 Informationstechnische Kopplung der Lebensphasen Produkt, Auftrag, Fabrik und Technologie [Bau-14]

stark arbeitsteilig strukturiert und bedingen informationstechnischer Interaktionswerkzeuge im Zuge der einzelnen Lebensphasen von Produkt, Auftrag, Fabrik und Technologie (Abb. 2.2) [Bau-14, Dor-15a]. Die dabei eingesetzten Softwarewerkzeuge wie PDM, CRM, CAx etc. sind auf ihren jeweiligen Anwendungsfall spezialisiert. Wesentlich wird im Zuge einer ganzheitlichen Vorgehensweise bzw. Prozesssicht, dass die Interoperabilität der Werkzeuge erhöht und somit eine Steigerung der Effizienz im Engineering erreicht wird. So können in kurzer Zeit die wichtigen Entscheidungen getroffen werden. Grundlage dafür ist ein integriertes und modulares Produkt-/Prozessmodell, welches sowohl alle Strukturdaten als auch operative Informationen miteinander in Beziehung setzt.

Mit einem ganzheitlichen Ansatz wie er bereits in komplexen Softwarelösungen wie SAP S/4 HANA genutzt wird, kann der Austausch von Informationen über Programmschnittstellen reduziert und damit die Effizienz in der Bearbeitung von Engineering-Aufgaben erhöht werden. Einkaufsprozesse und damit verbundene technologische Parameterräume der Komponenten können so direkt in die Ausführungsplanung von komplexen Anlagen einfließen.

Bezogen auf das Zielbild wird Bernhard T. aus dem Produktmanagement die Meldung bekommen, dass zeitnah ein signifikanter Absatzmarkt zu Produkten mit gleichen oder ähnlichen Produktparametern entsteht. Die integrierte Risikoabschätzung bildet für ihn die Basis zum Start einer Sonderentwicklung. Eine ausführende Fabrikplanung bis hin zur Produktionsauslegung ist durch die gemeinsame Datenbasis bereits parallel verfügbar und beschleunigt so die Marktbereitstellung des Produktes.

Dezentralisierte vernetzte Organisation

Die dezentrale Organisation ist verbunden mit der direkten Verantwortung von Organisationseinheiten entlang einer am Kunden ausgerichteten Wertschöpfungskette eines Unternehmens, von der Strategieentwicklung über Produktentwicklung bis zum Service. Damit sind die typischen Funktionsbereiche nahezu aufgelöst. Über das operativ eingesetzte Produkt-/ Prozessmodell sind die Organisationseinheiten miteinander so verbunden, dass bis zu mittelkomplexe Entscheidungen schnell vorbereitet und im Tagesgeschäft getroffen werden.

Mithilfe von kurzfristig einsetzbaren „Cross-Discipline-Teams" werden komplexe Fragestellungen – wie im Fall der sehr besonderen Produktanfrage am Mittwochmorgen bei Bernhard – schon in der frühen Entstehungsphase bearbeitet und in den Regelbetrieb gegeben. Die dezentralisierte vernetzte Organisation geht vom Menschen in der Fertigung als Maßstab der Verbesserung aus. Getreu dem Motto: „Der Mensch ist das einzige flexible Fertigungssystem, welches von Laien erstellt werden kann" (unbekannte Quelle), unterstützt maschinelle Intelligenz den Menschen. Die Entscheidung geht jedoch weiterhin von ihm aus. Das wird am Beispiel des Rechneragentensystems bei „Intelligent Motors" deutlich, welches Bernhard neue Routings vorschlägt, die Entscheidung jedoch bei ihm liegt.

Im nächsten Abschnitt werden technologische Befähiger zur Realisierung der dargestellten Themenbereiche in die industrielle Praxis vorgestellt.

2.1.4 Befähiger

Als Befähiger werden die elementar erforderlichen Innovationen aus Mensch, Organisation und Technik angesehen, mit denen die Themenfelder der intelligent vernetzten Fabrik realisiert werden können. Dazu zählen:

- die Industrie 4.0-Komponente konform zum Referenzarchitekturmodell Industrie 4.0 (RAMI4.0),
- industrielle Kommunikationssysteme zur Realisierung der Echtzeit-Datenanalyse und des Steuerungseingriffs,
- gemeinsame Schnittstellen und Standards,
- Prozess- und Serviceorientierung als Voraussetzung für die intelligente organisationsübergreifende Vernetzung,

Industrie 4.0-Komponente

Mit der Popularisierung von Cyberphysischen Systemen (CPS) zur Unterstützung von Datendurchgängigkeit (insbesondere bei mobilen Produktionselementen) erfuhr das Bestreben nach Rahmenwerken zur Einteilung von Konzepten der Industrie 4.0 eine größere Bedeutung. Dazu wurde in Deutschland das Referenzarchitekturmodell RAMI4.0

entwickelt. Integriert ist darin die Industrie 4.0-Komponente zur datentechnischen Zugänglichmachung aller Komponenten eines Produktionssystems. Mithilfe der Industrie 4.0-Komponente können CPS neben anderen Lösungsansätzen (zentrale Applikationen, AutoID-Systeme oder auch organisatorische Rollen) in eine gemeinsame Informationsarchitektur integriert werden. Kern der RAMI4.0-Komponente ist die sogenannte Verwaltungsschale, auf deren Grundlage die wesentlichen Informationen eines Systems und dessen Komponenten so beschrieben werden, dass andere Komponenten auf dieses System ohne zusätzliche Adaptoren zugreifen, Daten auslesen oder selbst Eigenschaften eines Systems (sowohl strukturell als auch der operativen Daten) verändern können. Damit wird eine wesentliche Voraussetzung für eine dezentrale Vernetzung von Produktionselementen geschaffen. Mittels hierarchischer Strukturen kann eine Verwaltungsschale unterschiedliche Subsysteme vereinen bzw. kann die Granularität einer abgebildeten Komponente frei definiert werden. Das heißt, über die RAMI4.0-Komponente kann sowohl ein komplettes Werk als auch ein Schwingungssensor adressiert werden. Die Beschreibungsebenen sind:

- Bekanntheit (von Gegenstand/Entität)
- Zustand im Lebenslauf (Typ, Instanz)
- Kommunikationsfähigkeit
- (Virtuelle) Repräsentation von Daten und Informationen
- fachliche Funktionalität

Während Bekanntheit und Zustand im Lebenslauf sowie Kommunikationsfähigkeit noch relativ einfach formalisiert beschreibbar sind, offenbart die zugehörige DIN SPEC 91345 allenfalls sehr vage Anforderungen für Repräsentation von Informationen (z. B. SPARQL

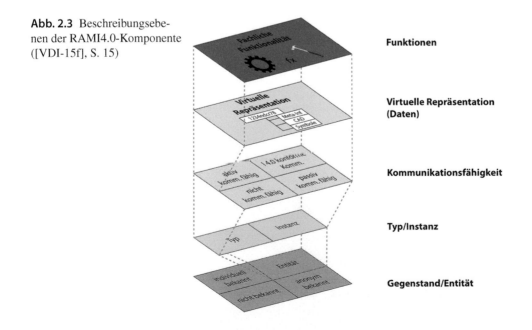

Abb. 2.3 Beschreibungsebenen der RAMI4.0-Komponente ([VDI-15f], S. 15)

sollte zum Management unterschiedlicher Komponenten verwendet werden). Weiterhin sind die fachlichen Ansatzpunkte als Team maximal konzeptionell zu bewerten und Funktionalitäten zum Management des Produktlebenszyklus und eines ganzheitlichen Engineering als ein wesentliches Industrie 4.0-Merkmal derzeit nicht einmal grundsätzlich vorgesehen.

Industrielle Kommunikationssysteme

Die in Abschnitt „Horizontale und vertikale Integration" (Seite 24) angeführte horizontale und vertikale Informationsvernetzung bedingt das Vorhandensein eines nutzbaren Systems zur Kommunikation. Hierzu ist die Entität als komplexer Ausdruck eines Objektes (z. B. Maschine) in der konventionellen Automatisierungspyramide heranzuführen. Die klassischen Strukturen des Ebenenbildes von der Unternehmens- bis zur Feldebene lösen sich aufgrund der sich zunehmend verstärkt entwickelnden Bus-Charakteristiken in einem ganzheitlichen Informationsnetz auf (Abb. 2.4). Es entstehen cyberphysische Produktionssysteme (CPPS), die den Verbund der informations-, softwaretechnischen Komponenten mit den mechanischen, elektronischen Entitäten beschreiben.

Die Infrastruktur zur Kommunikation der Informationen wie bspw. für ERP, CRM, MES, BDE oder SCADA erfolgt in der Ausführung als drahtgebundene oder drahtlose Kommunikationsnetze.

Zu erfüllende Aufgabenbereiche für die Kommunikation im CPPS bestehen in der:

- Erfassung und Vermittlung von Kontextinformationen,
- Verknüpfung von Produkten/Dienstleistungen/Maschinen/Menschen,
- Bereitstellung eines situationsbezogenes (Dienst)Leistungsangebotes,
- Zusammenführung von Office- und Shopfloor-IT.

Schlüsselmerkmale zur Vereinheitlichung der Kommunikationsstrukturen sind die Informationsdichte/Datenkomplexität und die Reaktionszeit auf die bereitgestellten

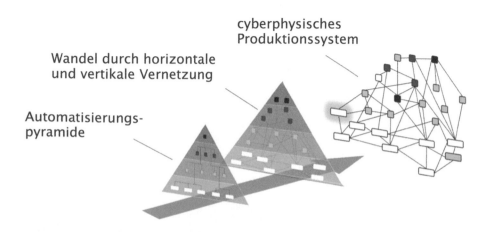

Abb. 2.4 Der Weg zur informationstechnischen Vernetzung

Nutzinformationen (Echtzeitfähigkeit). Es ist offensichtlich, dass es hierzu unterschiedliche Ausprägungen in der Bereitstellung von Informationen wie auch der (Echtzeit)Reaktion auf die Informationsinhalte erfordert. Feldbusse wie ProfiBus, CAN, Interbus mit einer vergleichsweise niedrigen Datendichte in den Transferpaketen müssten in einem cyberphysischen Netzwerk in allen Ebenen agieren. Für die Kommunikation von Datenströmen in der Vermittlung zwischen ERP-Systemen sind diese Technologien jedoch nur unzureichend verwendbar. Hierzu kommen bislang TCP/IP-basierte Bussysteme, wie sie in Anwendungen im Büroumfeld bekannt sind, zum Einsatz. Diese sind jedoch durch ein nicht hartes deterministisches Echtzeitverhalten gekennzeichnet, mit dem z. B. die Steuerung von Robotern nicht realisierbar ist.

Neue industrielle Bussysteme zur Lösung dieser komplexen Aufgabe werden benötigt. Bspw. arbeitet eine Gruppe der ISO-Standardisierung IEEE802.1 derzeit an der Definition eines harten Echtzeitsystems auf Basis des Ethernetprotokolls als „Time Sensitive Network" (TSN). Dieses soll die Bereitstellung von Informationen mit einem zeitsynchronen Protokoll ermöglichen.

Echtzeit-Datenanalyse und Steuerungseingriff

Im Szenario der horizontalen und vertikalen Informationsvernetzung wird der Punkt der Datenanalyse und Reaktion in einer für die Anwendung erforderlichen Zeiteinheit von entscheidender Bedeutung sein. Innerhalb der konventionellen Ebenenstruktur der Automatisierungspyramide wird die „Echtzeit" auf der Unternehmensleitebene im Sekunden- bis Minutenbereich jedoch auf der Feldebene im Mikro- bis Millisekundenbereich festgestellt.

Echtzeit eines Systems heißt, dass die Rechtzeitigkeit der Ereignisbehandlung in Einklang mit der Gleichzeitigkeit der Reaktion auf parallele Abläufe steht. Die Bereitstellung von Analysedaten zu einem gewünschten Zeitpunkt beschreibt demnach auch die Anforderung, die an das Kommunikationssystem gesetzt wird. Insbesondere gilt es, spontane Reaktionen auf Ereignisse zu ermöglichen. Diese internen oder externen Ereignisse treten zufällig auf und müssen innerhalb einer vorgegebenen Zeit „beantwortet" werden. Erwartungshaltungen werden von den Nutzern wie auch gesetzlichen Rahmenbedingungen (wie bspw. die Europäische Maschinenrichtlinie 2006/42/EG mit Bezug auf die Funktionale Sicherheit von Maschinen nach DIN EN ISO 13849 [DIN 13849]) definiert. Reicht es Bernhard T., nach 15 min. eine Aussage aus dem Produktmanagement zu erhalten, so wird es dem Bediener seiner CNC-Werkzeugmaschinensteuerungen nicht reichen bzw. zum Nachteil gereichen, wenn auf die Anforderung zum „Not-Halt" nicht in Bruchteilen einer Millisekunde reagiert wird.

Die Anforderungen an die Kommunikation und an die Bereitstellung der Daten sind vielschichtig. Hierbei wird die zukünftig zu implementierende RAMI4.0-Komponente als Enabler zur interoperablen Verwendung von Hardwarekomponenten verstanden. Insbesondere die Einbindung der sehr heterogen strukturierten Shopfloor-Entitäten wird somit ermöglicht. Erweitert wird die Funktionalität in hohem Maße durch die Anwendung von (public oder private) Cloud-basierten Speichersystemen. Die Verfügbarkeit der Daten kann so über die reine Maschinenanbindung und Prozessleittechnik hinaus ermöglicht werden. Eine Datenanalyse kann ohne Medienbruch an der Stelle der Nutzung erfolgen. Abbildung 2.5 visualisiert diesen Zusammenhang für einen regelbasierten, selbstorganisierenden Handhabungsprozess. Innerhalb des cyberphysischen Produktionssystems werden Auswahl und Nutzung von geeigneten Handhabungs-Entitäten über die Eigenschaften des zu handhabenden Produktes definiert. Die hinterlegten Nutzungs-, Verfügbarkeits- und Technologiedaten werden den Agenten in Echtzeit zugespielt, so dass ohne Unterbrechung eine Technologieauswahl gewährleistet werden kann. Gleichermaßen werden an der Maschine Daten aus dem Planungsbereich der Prozessanalyse graphisch visualisiert und mit den Ist-Werten des Produktionsprozesses abgeglichen. Alle Daten können ebenso in einer gemeinsamen Datenbasis verteilt abgefragt werden.

An Methoden und Werkzeugen zum Abfragen und Bereitstellen der Daten in Echtzeit wird intensiv gearbeitet. Es gibt mehrere Protagonisten, die durch Standardisierungsbemühungen versuchen, eine entsprechende allgemeine Lösung anzubieten. Derzeit realisiert diese harten Echtzeitanforderungen für verteilte Systeme bis auf Applikationslevel der Standard DDS (Data Distribution Service) der Object Management Group [OMG-15c]. Der Standard ist als Open Source in vielen Bereichen weiterentwickelt worden, kann aber aufgrund seiner spezifischen Ausrichtung nicht an allen Stellen innerhalb des cyberphysischen Informationsnetzwerkes Anwendung finden. Dahingehend ist das Standard OPC-UA (Open Platforms Communication – Unified Architecture) der OPC Foundation ein sehr breit aufgestelltes industrielles M2M-Kommunikationsprotokoll [OPC-15d].

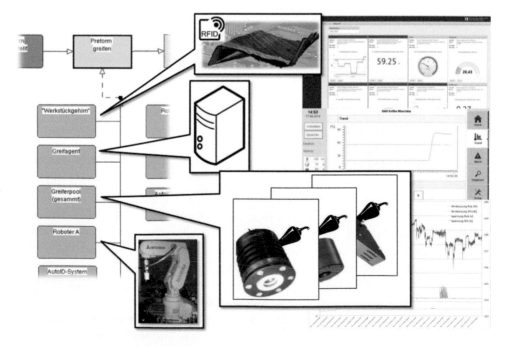

Abb. 2.5 Echtzeitdatenanalyse am Beispiel eines Handhabungsprozesses

Seine serviceorientierte Architektur (SOA) ermöglicht die Vermittlung von Datenpaketen zwischen den verschiedenen Teilnehmern basierend auf dem OSI-Schichtenmodell. Die Implementierung eigener Security-Dienste kann somit sehr effizient erfolgen. Die derzeit noch einer breiten Anwendung entgegenstehende Zeitskalierbarkeit soll mit den Bemühungen hinsichtlich des TSN Rechnung überwunden werden. Welcher Standard in Zukunft Eingang in der Industrie 4.0-Applikation findet, entscheidet sich anhand der Anforderungen an die eigentliche Anwendung.

Schnittstellen und Standards

Einheitliche Standards gelten bei vielen Sonntagsreden als der wesentliche Hebel zur Umsetzung von Industrie 4.0 in der Wirtschaft. Unternehmen sind nur sehr schwer in der Lage, sich im Dschungel vieler verschiedener Standards mit unterschiedlichen Reifegraden zurechtzufinden. Dabei sind zwei Aspekte wesentlich:

- Auf Grund des sehr weit gefassten Ansatzes von Industrie 4.0 ist eine Vielzahl von Standards sowohl aus den DIN/ISO-Familien als auch von Defacto-Standards wie z. B. dem VDI relevant.
- Überlappende Standards widersprechen sich, oder angrenzende Standards beziehen sich nicht auf einander, weshalb die Anwendung sehr schwierig erscheint.

In folgender Abb. 2.6 ist ein Überblick zu den Standards in Bezug auf Industrie 4.0 dargestellt. Aus Einteilungszwecken hilft eine vereinfachte klassische

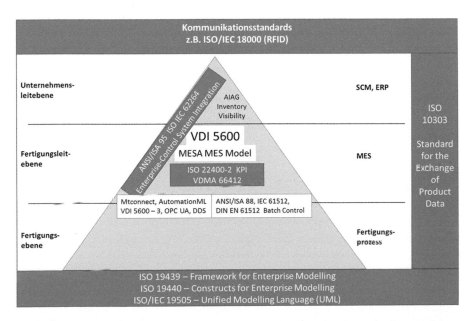

Abb. 2.6 Überblick von Standards in Bezug auf Industrie 4.0 ausgehend von der Automatisierungspyramide (in blau DIN- und ISO-Standards)

		Vorteile	Nachteile
	USDL	Einsatzfähigkeit bereits bewiesen Ausführungskomponenten vorhanden Verknüpfung von Modulen ist definiert	Für Dienstleistungen entwickelt, → zusätzliche Spezifikationen für eine auftragsindividuelle Änderung erforderlich Aufwändige Spezifikation
	DIN SPEC 91345	Umfassende Abbildung Flexbile Einbindung von Assets in der operativen Umsetzung möglich	Unzulängliche Formalisierung Keine Ausführungsumgebung Modulintegration nicht definiert Zementierung bestehender Hierarchien

Abb. 2.7 Vergleich der DIN SPEC 91435 mit der USDL

Automatisierungspyramide zur Zuordnung entlang der wesentlichen Ebenen. Weiterhin sind jedoch auch Beschreibungs-, Produktdaten- und Kommunikationsstandards auf ISO-Ebene adressiert.

Die oben aufgeführten Probleme, wie z. B. überlappende Standards, führen neben deren Ausrichtung auf die heutige Automatisierungspyramide zu einer Vielfalt von Umsetzungen, was das Zusammenspiel einzelner Komponenten erschwert. Das im Abschn. 1.1.4 „Industrie 4.0-Komponente" aufgeführte RAMI4.0 erfordert noch deutliche Verbesserungen, wenn es als Rahmenwerk zur Integration eingesetzt werden soll. Als Beispiel dient ein Vergleich der in der DIN SPEC91345 definierten Industrie 4.0-Komponente mit der Unified Service Definition Language (USDL), die zuerst in Deutschland entwickelt wurde und derzeit die Grundlage für das Future Internet der Europäischen Kommission bildet. Demnach liegen die Nachteile der DIN SPEC unter anderem in einer unzulänglichen Formalisierung, die einer aufwandsarmen Ausführung entgegensteht.

Weiterhin sollte hinsichtlich der Außenwirkung und Vermarktbarkeit für den Export eine Realisierung auf ISO-Ebene angestrebt gearbeitet werden, insbesondere da der Weg über Defacto-Standards eine notwendige übergreifende Synchronisation ausschließt.

Prozess- und Serviceorientierung

Die Fähigkeit einer Fabrikorganisation disziplinübergreifend und prozessorientiert zu agieren, ist eine wesentliche Voraussetzung zur Umsetzung von horizontaler und vertikaler Integration sowie zum ganzheitlichen Engineering. Dies wird an einem Funksensor- und Rechnerknoten als CPS an einem Werkstück deutlich. Die Spezifikation und Implementierung eines solchen Kleinsystems erfordert die enge Zusammenarbeit mehrerer früher getrennter Funktionen:

• Fabrik-IT zur Auswahl, Integration und Konfiguration der Technologien,
• kaufmännische Bereiche zur Definition von Geschäftsregeln, nach denen die Steuerung zu agieren hat,

- Fertigungstechnologie und Arbeitsvorbereitung zur Vorgabe von Sensordaten,
- Service zur Definition der Monitoring-Parameter,
- Fertigungssteuerung zur Vorgabe von Routings,
- Qualitätsanalyse zur Vorgabe von Eingriffsgrenzen.

Je nach Art der Aufgabenstellung wechselt die Verantwortung auf eine Rolle, während die anderen Rollen in einen Servicemodus wechseln.

Dies sollte zu konsequenten Produkt-Prozess-Organisationsmodellen führen, die jedoch insbesondere in Deutschland nur sehr wenig zum Einsatz kommen. Eine Hauptaufgabe liegt hier in der Entwicklung neuer Anreiz- und Partizipationsmodelle, da insbesondere die Prozessorientierung in vielen Situationen Nachteile aufweist. Z. B. wirkt die Prozessorientierung dem typischen Selbstverständnis von Personalverantwortung der Führung entgegen. Weiterhin fehlen derzeit ausgereifte Modelle zur Zielvereinbarung.

Die traditionellen Verkäufer von Business Analytics wie IBM, SAP oder Microsoft konzipieren auf Basis der Datenflut des Internets der Dinge neue Geschäftsmodelle. Sie konkurrieren dabei mit den großen Cloud-Serviceanbietern wie Amazon und Alibaba, aber auch mit vielen kleinen Datenspezialisten. Das wird einerseits zu zahlreichen neuen Kooperationen führen, wie sie heute schon zwischen IBM und Medtronic beim Diabetesmanagement, Amazon Web Services und John Deere in der Landwirtschaft oder SAP und Siemens bei der Fabrik der Zukunft zu sehen sind. Andererseits drängen frühere Produktionsunternehmen auf den Plattformmarkt, so wie es General Electric mit PREDIX seit mehreren Jahren vorantreibt. Derzeit sind jedoch marktdominierende Plattformen nicht erkennbar.

2.2   Der Mensch im Umfeld von Industrie 4.0

Gergana Vladova, André Ullrich und Jörg Reiff-Stephan

Das Zukunftsprojekt Industrie 4.0 ist mit tiefgreifenden Veränderungen in der Produktionsarbeit verbunden. Gründe dafür sind die Einführung neuer intelligenter technischer Akteure und der damit einhergehende Wandel im Aufgabenspektrum der Mitarbeiter sowie die revolutionäre Neuausrichtung der Kommunikationsbeziehungen und Entscheidungsfindungsstrukturen zwischen Mensch und Technik. Smart Factories, die vernetzt und digitalisiert, flexibel, wirtschaftlich und ressourceneffizient in kleinsten Stückzahlen herstellen, entsprechen der Vision von Industrie 4.0 [Lie-15]. In diesen Fabriken agieren die nicht-menschlichen Entitäten selbstständig und sind aktive Elemente des Produktionsprozesses [Rus-15]. Dennoch bleibt der Mensch mit seinen Fähigkeiten und Kompetenzen eine relevante Größe für die Verwirklichung dieser Vision, und seine Qualifikationen werden (zusammen mit Geschwindigkeit und Infrastruktur) als einen der entscheidenden Erfolgsfaktoren angesehen [Bet-14]. Auch Fragen der (generationsübergreifenden) Akzeptanz – insbesondere vor dem Hintergrund des visionären Bildes der Industrie 4.0-Fabrik nach der Metamorphose – rücken in den Vordergrund und sind Teil der aktuellen Forschungs- und Praxisproblematik.

Die neuen Herausforderungen an den Menschen im Industrie 4.0-Kontext
Nachhaltige Strukturen zu schaffen und dabei den Menschen als Akteur eines human-zentrierten Arbeitsgebietes nicht aus den Augen zu verlieren, stellen Herausforderungen für den Bestand und den Ausbau effizienter Produktionssysteme dar. Der Mensch als Protagonist im Produktionsprozess wird heute wie auch in Zukunft in seinen verschiedenen Fähigkeitsrollen angesprochen werden. Im Grundsatz sind hierbei zu unterscheiden:

- die Rolle als Sensor: Die sensorischen Fähigkeiten des Menschen werden auch in Zukunft nicht zu ersetzen sein. Sie bleiben unabdingbar, um komplexe Situationen zu erfassen und darauf zu reagieren.
- die Rolle als Entscheider: Selbststeuernde Systeme erzeugen Prioritätskonflikte insbesondere in der Nutzung knapper Ressourcen bei gegenläufigen Prioritäten. Die schnelle und qualifizierte Entscheidung des Menschen ist dabei gefragt.
- die Rolle als Akteur: Die menschliche Flexibilität im Erkennen hoher Komplexität, in der Interpretation von individuellen Anforderungen und in der Ausführung von Anweisungen unregelmäßiger Wiederholbarkeit ist bislang nicht abbildbar.

In Abb. 2.8 werden mögliche Szenarien im Umgang mit den technischen Entitäten aufgegriffen. Der Mensch nimmt hierbei selbst den Platz einer Entität im Gesamtsystem ein und wird innerhalb der wechselnden Rollen tätig.

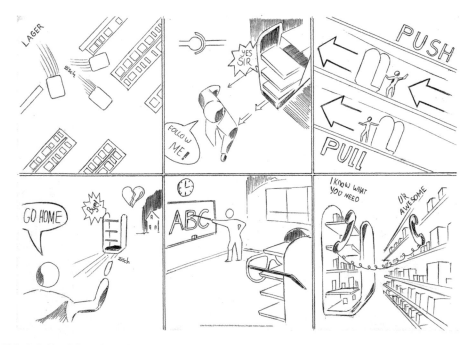

Abb. 2.8 Der Mensch als Entität im produktiven Umfeld

Eine Fragestellungen, die in diesem Zusammenhang in naher Zukunft zu beantworten wäre, ist: Wie agiert die Entität „Mensch" in der intelligenten Produktionskette? Insbesondere wenn der Mensch als Problemlöser und nicht als Maschinenbediener funktionell gebunden sein wird, muss Folgendes klärend herausgestellt werden:

- Welches Wissen und welche Entscheidungskompetenz ist einer Maschine zuzuordnen?
- Welche Kompetenz muss der Mensch in diesem System noch haben und welche erweiterten Fähigkeiten sind zu entwickeln?
- Welche Einflussfaktoren – bspw. Weiterbildung, Festlegung von Kompetenzen, Führung, Vernetzung der Organisation und Unternehmenskultur – spielen dabei eine Rolle?

Wie die Fragen sind auch die Antworten stark von der Entwicklung des Rollenbildes des Menschen in der Produktivgemeinschaft geprägt. Kompetenzen, Fähigkeiten und Fertigkeiten hängen von verschiedenen inneren und äußeren Einflussfaktoren bis hin zur Einordnung in die Generationenmodelle X, Y und Z ab und spiegeln sich in der Qualifikation wider. Für die Planung und Auslegung von Arbeitsplätzen muss jedoch die gesamtheitliche Sichtweise auf den Einsatz des Menschen in einem effizienten Produktionssystem betrachtet werden.

Vor diesem Hintergrund werden im neu entstehenden soziotechnischen System die Anforderungen an die Qualifikationen neu definiert und angepasste Qualifizierungs- und Weiterbildungsmaßnahmen unter Berücksichtigung der veränderten Kommunikations- und Kooperationsbedingungen sowie der neuen Entscheidungs- und Beteiligungsspielräume als notwendig betrachtet [Kag-13]. Auf der einen Seite werden gut ausgebildete multidisziplinäre Spezialisten benötigt, die die Entwicklung und Einführung der auf neuen softwaregesteuerten und vernetzen Systemen basierenden Technologien organisieren und leiten [Rus-15]. Auf der anderen Seite dürfen die Beschäftigten mit geringen Qualifikationen, deren Handlungsmöglichkeiten in der intelligenten Fabrik eingeschränkt werden könnten [Kre-14], nicht vernachlässigt werden. Oftmals wird derzeit der Wegfall von niederkomplexen Arbeitsplätzen diskutiert [GES-15], [Wil-14]. Es bestehen Befürchtungen, dass durch die Digitalisierung und insbesondere Automatisierung eine Umverteilung und auch Freisetzung von menschlichen Arbeitskräften speziell in der Produktion erfolgt. Abbildung 2.9 visualisiert diesen Zusammenhang anhand einer Studie von Osborn und Frey [Bon-15], [Fre-13] mit Bezug auf die Wahrscheinlichkeit von Automatisierung für Tätigkeiten mit Branchenbezug. Sie zeigt auf, dass durch den fortschreitenden Ausbau von Automatisierungstechnologien, wie ersetzende Kinematiken menschlicher Handhabung, Tätigkeitsbereiche erschlossen werden, die bislang dem Menschen vorbehalten waren. Die Darstellung und Interpretation sollte jedoch nicht diskussionslos aufgenommen werden. Osborne und Frey besprechen in ihrer Darstellung ISCO-klassifizierte, existierende Berufe, die unter der subjektiven Annahme von Experten in der Zukunft einem Wandel unterliegen werden. Diskutiert werden sollte in diesem Zusammenhang die Rolle der volkswirtschaftlichen Produktivprozesse, die einer Arbeitsplatzverdrängung

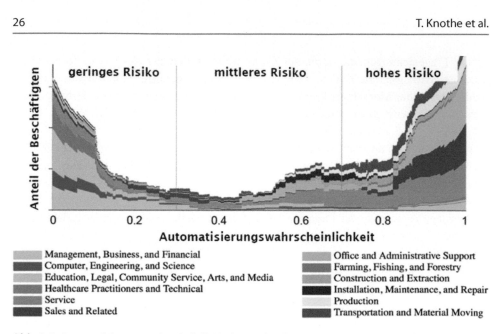

Abb. 2.9 Automatisierungswahrscheinlichkeiten – eine Branchensicht (nach Frey/Osborne [Bon-15], [Fre-13])

entgegenwirken werden. Möglicherweise ist die technologische Machbarkeit in den anvisierten Bereichen falsch eingeschätzt bzw. zu visionär in Betracht gezogen worden. Letztendlich könnten durch die Veränderung hin zu automatisierten Arbeitsprozessen neue Freiräume zur Arbeitsgestaltung geschaffen werden und die Beschäftigten insbesondere schwer automatisierbare Aufgaben ausüben.

Im Kontext von Industrie 4.0 ist es weiterhin zu erwarten, dass berufsübergreifende Qualifikationen aufgrund wechselnder Aufgabenfelder an Bedeutung gewinnen [Fre-12]. Die Relevanz von Maßnahmen zur Qualifizierung und zum Kompetenzaufbau, wie berufsübergreifende Schulungen, Fortbildung, Training „on the job" und lebenslanges Lernen, wird vor diesem Hintergrund weiterhin steigen [Sch-15]. Neben den Qualifikationen mit konkretem Bezug zu den operativen Tätigkeiten, werden von dem Mitarbeiter in der Fabrik der Zukunft ebenso entsprechende Soft Skills – Zuverlässigkeit, Flexibilität, Eigenmotivation und Zielstrebigkeit, Anpassungs- und Innovationsfähigkeit sowie Kreativität – erwartet [Bos-14].

Die mit diesen wachsenden Ansprüchen verbundene hohe Belastbarkeit der Mitarbeiter ist eine Herausforderung und steht im direkten Zusammenhang mit der Akzeptanz des Konzeptes und mit der Bereitschaft, Teil dieser Veränderungen zu sein.

Akzeptanz der Veränderungen auf dem Weg zur Fabrik der Zukunft
Die Akzeptanz von Innovationen und der damit einhergehende Wandel der Fertigungsbedingungen sind gegenwärtig von besonderer Bedeutung [aca-13]. Gründe hierfür sind die zu beobachtenden Unterschiede beim Akzeptanzverhalten der Mitarbeiter [Kle-98], bei gleichzeitig zunehmender Digitalisierung der innovativen Produkte und Prozesse

[Rai-96]. Die Transformation einer bestehenden Fabrik in eine Industrie 4.0-Fabrik kann als ein interner, von internen oder externen Wandlungstreibern angestoßener, Innovationsprozess zusammengefasst werden, der mit signifikanter Wahrscheinlichkeit durch Auswirkungen auf bestehende Prozesse oder Rollenbilder charakterisiert ist [Ull-16].

Da der Prozess der Verbreitung von Innovationen (Innovationsdiffusion) unmittelbar durch das Akzeptanzverhalten der Beteiligten beeinflusst wird [Rog-03], ist der Erfolg technologischer Innovationen hochgradig von deren subjektiven Wahrnehmungen abhängig. Relevant sind in diesem Kontext

- die Eignung einer Innovation, menschliche Anforderungen zu erfüllen sowie
- die Eignung des Mitarbeiters, den Anforderungen der innovativen Technologie gerecht zu werden [Ull-16]

Um diesen Herausforderungen entsprechend zu begegnen, sollen einerseits ein hohes Akzeptanzniveau des Nutzers erreicht und andererseits der technische Transformationsprozess unter der Bedingung der Maximierung der Nutzerakzeptanz gestaltet werden.

Im Kontext der Transformation zur Fabrik der Zukunft liegt der Fokus auf den geplanten Wandlungsprozessen und deren Management. Der Transformationsprozess besitzt Projektcharakter, und die Möglichkeit des Scheiterns oder der Abweichung vom intendierten Zielzustand sind somit immanent vorhanden. Darüber hinaus ist eine Unterscheidung zwischen Teilnehmern des Wandels (welche aktiv den Wandlungsprozess bewältigen und die Rahmenbedingungen gestalten) und Betroffenen des Wandels (welche die Änderungen akzeptieren und mit der neuen Situation umgehen müssen) vorhanden. Durch seinen Fokus auf den verschiedenen Beteiligten und ihren Rollen verlangt der Transformationsprozess nach mehr als einem typischen Top-down-Ansatz. Gleich groß ist die Wichtigkeit von Bottom-up-Anstößen als nicht zu vernachlässigende Wandlungs- und Innovationstreiber. Der Anstoß zur Veränderung kann ebenso in den Initiativen betroffener Mitarbeitern liegen, da diese durch den unmittelbaren Umgang mit Technologien, Werkzeugen oder Methoden am stärksten von der Notwendigkeit konkreter akuter Prozessverbesserungen betroffen sind. Ein wesentlicher Faktor zur Steigerung der Akzeptanz ist die Einbeziehung der betroffenen Mitarbeiter im Prozess der Planung und Implementierung des Wandels. Akzeptanz setzt die positive Bereitschaft zur Adaption voraus [Wie-92]. Wesentlich für den Erfolg sind eine innere Überzeugung in Bezug auf erleichterte Zweckerfüllung sowie die Annahme, dass Innovationen und der damit verbundene Wandel in der Organisation positiv betrachtet werden. Zusammenfassend kann der transformative Wandel im Kontext einer Fabrik der Zukunft als ein integrierter Ansatz mit initialem Anstoß zur Veränderung aus beiden Richtungen beschrieben werden, wobei eine Autorisierung der notwendigen Ressourcen durch das Management gegeben sein soll.

Die Einstellung der Mitarbeiter, ihre Akzeptanz, muss weiterhin beobachtbar sowie messbar gemacht und proaktiv durch gezielte Maßnahmen erhöht werden. Im weitesten Sinne können hierzu bestehende theoretische Modelle zur Technologieakzeptanz [Dav-86], [Goo-95], [Ven-00] einbezogen werden.

Folgende Schlussfolgerungen für den Transformationsprozess bestehender Fabriken in Industrie 4.0-Fabriken können in Bezug auf die Akzeptanz formuliert werden [Ull-16]:

In Bezug auf den Transformationsprozess: Der Akzeptanzprozess und die damit verbundenen Steuerungsmechanismen sind sowohl von den individuellen Eigenschaften der Mitarbeiter abhängig als auch mit ihrer Rolle im Prozess verknüpft. Des Weiteren weist jede Phase eines Transformationsprozesses Besonderheiten auf, die sich unterschiedlich auf die Akzeptanzbereitschaft auswirken können. Innovation und Wandel sind Gruppenprozesse mit einem meist interdisziplinären Charakter. Ihre Kontrollierbarkeit ist als Herausforderung anzusehen, da die Hintergründe und die Interessen und Verantwortlichkeiten unterschiedlicher Mitarbeitergruppen in Betracht gezogen werden müssen. Weiterhin sollten die strategische Langzeitorientierung und eine klare Prozessstruktur in Bezug auf die Einführungsphase sowie in Bezug auf alltäglichen Aufgaben und Abläufe nach der Etablierung der neuen Praktiken in der Organisation angestrebt werden.

In Bezug auf die organisationalen Rahmenbedingungen: Alle vom Wandlungsprozess betroffenen Akteure sollten bei seiner Gestaltung involviert sein. Ein passender Rahmen bezüglich der Innovations-, Wissensmanagement- und Wissenstransfer- sowie Veränderungskultur, extrinsischer und intrinsischer Mitarbeitermotivation, organisationalem Lernen und Weiterbildung sowie rechtlicher Aspekte ist dabei unentbehrlich. Dabei sollte einem sehr wichtigen Merkmal dieses Veränderungsprozesses – nämlich die starke visionäre Orientierung und in diesem Zusammenhang die neue erweiterte Rolle der technischen Entitäten – Bedeutung beigemessen werden. Diese Zukunftsvisionen sind wenig fassbar und teilweise vage, so dass sie neben den positiven Erwartungen ebenso mit Ängsten verbunden sind. Vor diesem Hintergrund sollte der Veränderungsprozess neben den anderen Faktoren ebenso Ansätze zum Umgang mit Mitarbeiterängsten und -unsicherheit implizieren.

In Bezug auf die beteiligten Personen: Bei der Konzeptentwicklung des Transformationsprozesses in die Fabrik der Zukunft sollten die unterschiedlichen Anforderungen an das Management und an die Mitarbeiter berücksichtigt werden. Beide Gruppen müssen Veränderungen bezüglich ihrer Aufgaben erkennen und hinreichend unterstützt werden (z. B. durch Bildungs- und Weiterbildungsangebote). Bestehende Führungs-, Arbeitsorganisations- und Lernkonzepte können in diesem Zusammenhang keine ausreichenden Ansätze liefern. Neue Konzepte sollen relevante neue Rollenbilder wie Ermöglicher, Vermittler und Unterstützer beinhalten. Das Management der Bedürfnisse der Mitarbeiter umfasst unter den neuen Bedingungen technische und Managementkompetenzen sowie IT-Kompetenzen und Kompetenzen bezüglich steuerbarer Technologien.

Im Kontext von Industrie 4.0 als ein visionäres Konzept und den damit verbundenen neuen Beziehungen zwischen Mensch und Technik rücken insbesondere auch Fragen der Gestaltung von generationenübergreifenden Akzeptanzmodellen in den Vordergrund. Es verbleiben Klärungen zur gemeinsamen Arbeitsplatznutzung für ältere Arbeitnehmer wie auch für die „Digital Natives" (ab Generation Y – Geburtskohorte 1980–1999).

Generationenmodell

Nach einer Studie der Arbeitgeberverbände der Metall- und Elektroindustrie ist es in der Zukunft zur Deckung des Fachkräftebedarfes erforderlich, die Ausweitung der Beschäftigung älterer Arbeitnehmer (mittelfristig bis 67 Lebensjahre) vorzunehmen. Im Jahr 2000 waren 52,4 Prozent der sozialversicherungspflichtigen Beschäftigten unter 40 Jahre. Vierzehn Jahre später verringert sich dieser Anteil bereits drastisch auf 39,7 Prozent [Ges-15]. Dies fordert aber auch die Bereitstellung von Arbeitsplätzen, die insbesondere auf ältere Beschäftigte ausgerichtet sind.

Zum jetzigen Zeitpunkt sind diese als ältere Beschäftigte bezeichneten Arbeitnehmer der Generation X (Bevölkerungskohorte mit Geburt bis 1980) zuzuordnen. Diese ist geprägt durch eine hohe Anpassungskraft auf bestehende Strukturen. Die Arbeitnehmer sind eher bereit, sich Vorgaben entsprechend zu betätigen und wenig hinsichtlich der Anwendbarkeit zu hinterfragen. Eine Motivation in Arbeit und Erfolg misst sich an Statussymbolen und entsprechendem Prestige innerhalb der Gemeinschaft.

Mit der Generation Y (engl: Aussprache „Y"- Why – dt. Warum) (Bevölkerungskohorte mit Geburt zwischen 1980 und 1999) entwickelt sich eine Arbeitnehmerschaft, die eher durch ein Hinterfragen der Anwendung gekennzeichnet ist. Sie gilt als gut ausgebildet, oft mit Hochschulabschluss, und zeichnet sich durch einen technologieorientierten Lebensstil aus. Insbesondere handelt es sich um eine Generation, die mit Internet und mobiler Kommunikation groß geworden ist und ihre Lebensweise darauf ausrichtet. Die Arbeitnehmer arbeiten vorzugsweise in virtuellen Teams, weniger in tiefen Hierarchien. Anstelle von Status und Prestige rücken die intrinsische Motivation an der Arbeit und die Sinnsuche ins Zentrum. Mehr Freiräume, die Möglichkeit zur Selbstverwirklichung sowie mehr Zeit für Familie und Freizeit sind zentrale Forderungen. Arbeit soll demnach durch einen sinnvollen Job bereits Glück und Zufriedenheit hervorbringen. Dieses birgt den Werte- und Strukturwandel, der auch die Betätigung von Arbeitnehmern im selben Arbeitsumfeld zu Herausforderungen in der Gestaltung führt.

In Nachfolgegenerationen, wie Generation Z (Bevölkerungskohorte mit Geburt nach 1995), wird der Umgang mit virtuellen Umgebungen und damit auch cyberphysischen Strukturen eine Selbstverständlichkeit bilden. Sie wachsen mittlerweile in der zweiten Generation digital sozialisiert auf. Es ist heute bereits absehbar, dass – anders als eine in der Arbeit Sinn suchende Generation Y – die Generation Z etwas nach außen darstellen möchte. Das Berufsleben würde sich mehr nach Karriere und Führungsanspruch ausrichten, wenngleich das Streben nach Anerkennung mehr im Fokus stünde als das Streben nach Reichtümern.

Die Konsequenzen für die Produktionsumgebung sind vielschichtig. Insbesondere die digitale Zugänglichkeit auf Daten wird unterschiedlich bewertet, wie auch die Bereitschaft im persönlichen Umgang mit Datenstrukturen. Hierbei sind insbesondere Barrieren für Generation X zu reduzieren und gleichermaßen dem Fatalismus im Umgang mit Daten und Informationen der „Digital Natives" entgegenzuwirken. Hochqualifizierte Arbeit in einem digitalen Kontext wird für Industrie 4.0 und damit für das geschaffene Zielbild eine unverzichtbare Voraussetzung. Aus der Übersicht bestehender empirischer Befunde [Hir-14] ergibt sich, dass Fähigkeiten zum vorausschauenden Denken und kombinatorischen Handeln in Verbindung mit ausgeprägten kommunikativen und koordinativen Fähigkeiten zentral sein werden. Damit steigen die kognitiven Anforderungen in Kombination mit den kommunikativen, vermittlerischen Leistungsanforderungen. Offensichtlich wird aus der Zusammenstellung empirischer Untersuchungsergebnisse auch, dass diese sich vor allem mit der Ingenieurarbeit befassen, wohingegen die „Qualifikationsanforderungen […] auf den Ebenen des Shopfloor-Personals, der Steuerungs- und Planungsexperten, des unteren und mittleren Betriebsmanagements sowie des betrieblichen Leitungssystems insgesamt" [Hir-14, S. 36] noch weitestgehend unspezifisch bleiben [Wil-14]. Es ist demnach noch offen, in welcher Form bspw. Routinetätigkeiten ersetzt oder auch welche Formen von Kommunikation und Kooperation in der Folge für den Arbeitnehmer im generationsübergreifenden Einsatz an Arbeitsplätzen möglich werden. Dies ist auch sehr abhängig von den jeweiligen individuellen Rahmenbedingungen der Arbeitnehmer und der Betriebe. Der Arbeitnehmer wird seiner Rolle als Erfahrungsträger, Entscheider, aber auch Koordinator im cyberphysischen Produktionssystem gerecht werden müssen.

2.3   Technologische Basis

René von Lipinski und Dirk Buße

Die Marketingabteilungen vieler herstellender Unternehmen haben die Zeichen der Zeit erkannt. Auf Industriemessen jeglicher Art wird mit dem Begriff Industrie 4.0 geworben, so dass außenstehende Personen den Eindruck erlangen könnten, Industrie 4.0 wäre als eigenständige Komponente erhältlich. Produkte mit dem Stempel Industrie 4.0 suggerieren der potenziellen Kundschaft den Einstieg in die vernetzte Welt von morgen: Industrie 4.0-Baustein bestellen, auspacken, anstecken und los. Doch die Realität auf dem Hallenboden sieht gegenwärtig anders aus, da Industrie 4.0 nicht durch eine bestimmte Technologie zu definieren ist. Demgegenüber steht jedoch die Tatsache, dass Industrie 4.0 nicht ohne Technologie umzusetzen ist.

Im Einzelnen haben sich bereits heute einige intelligente Technologien zur Gewinnung, Übertragung, Verarbeitung und Bereitstellung von Informationen in den gegenwärtigen Betriebsstrukturen etabliert. Dies allein genügt jedoch nicht. Erst das Zusammenspiel dieser einzelnen technologischen Subsysteme in Hinblick auf die individuelle Vision von der intelligenten und vernetzten Fabrik für das jeweilige Unternehmen kann als Industrie 4.0 bezeichnet werden.

Doch haben sich in Bezug auf Industrie 4.0 ganzheitliche Betrachtungsweisen noch nicht in allen betrieblichen Ebenen durchgesetzt. Spricht man mit den jeweiligen Experten auf dem Hallenboden über Industrie 4.0, kommt es zu Aussagen wie: „Was ist daran so neu? Das machen wir doch schon seit Jahren so". Und dieses Stimmungsbild ist im Grunde auch nicht als falsch anzusehen. Viele geplante oder bereits umgesetzte intelligente Insellösungen bergen ein hohes Innovationspotenzial. Nur leider sind deren positiven Effekte durch die nicht ganzheitlichen Betrachtungsweisen lokal begrenzt. Die umfassende Vernetzung innerhalb der Unternehmen ist noch nicht weit vorangeschritten. Gleiches gilt für die Vernetzung über die Werksgrenze hinaus zu den jeweiligen Partnern innerhalb der übergreifenden Wertschöpfungsnetzwerke. Auf mögliche Gründe hierfür soll im Folgenden genauer eingegangen werden.

Eine nicht unwesentliche Herausforderung bei der Umsetzung der intelligenten und vernetzten Fabrik von morgen stellt der heterogene Aufbau jahrelang gewachsener betrieblicher Strukturen dar. Fabriken mit sogenanntem Brownfield-Charakter verfügen oft über Produktionsanlagen und Maschinen verschiedenen Alters. Je nach Industriezweig kann die Nutzungsdauer der Produktionsanlagen mehrere Jahrzehnte betragen. Dies trifft zum Beispiel auf Thermoprozessanlagen zu, deren Nutzungsdauer bis zu 30 Jahre betragen kann [BLE-13]. Aufgrund des unterschiedlichen Alters und der damit verbundenen unterschiedlichen technologischen Ausgangssituation der Produktionsanlagen ergeben sich nicht unerhebliche Schwierigkeiten bei der Vernetzung von Fabriken mit Brownfield-Charakter.

Ein weiterer Grund für das langsame Voranschreiten von Vernetzungsprozessen ist die Tatsache, dass die funktionale Erweiterung von Anlagen und Maschinen im kaufmännischen Tagesgeschäft oft eine untergeordnete Rolle spielt. Die Befähigung bestehender Strukturen zur Interaktion in morgigen Wertschöpfungsnetzwerken birgt ein gewisses finanzielles Risiko. Investitionen mit Weitblick stehen mit der Auffassung „If it ain't broke, don't fix it" im Konflikt. Ein weiterer Grund für den fehlenden Umsetzungswillen ist eventuell in der deutschen Mentalität zu suchen. In der allgemeinen Wahrnehmung steht das Siegel „Made in Germany" für ausgereifte und zuverlässige Lösungen als Resultat der sogenannten deutschen Gründlichkeit. Fehler gelten als Makel, und Scheitern ist keine Option. Es kommt daher nur das zum Einsatz, was auch zuverlässig funktioniert. In anderen technologisch hoch entwickelten Ländern wie zum Beispiel den USA werden auch weniger ausgereifte Technologien genutzt. Hier werden Fehler bewusst zugelassen, um daraus zu lernen.

Die vorherige Aussage wirft die Frage auf, was bezüglich Industrie 4.0 als ausgereifte Technologie anzusehen ist und was nicht. Bei näherer Betrachtung der für die Umsetzung einer Industrie 4.0-Infrastruktur nötigen Technologien sind sechs Technologiefelder zu unterscheiden: Kommunikation, Sensorik, eingebettete Systeme, Aktorik, Mensch-Maschine-Schnittstellen und Software/Systemtechnik [BMWI-15]. Die in den einzelnen Technologiefeldern zusammengefassten Technologien können unterschiedlichen Reifegraden zugeordnet werden. Diese werden als Technologie-Reifegrade oder Technology Readiness Level (kurz TRL) bezeichnet [DIN ISO 16290]. Die Einteilung nach TRL umfasst neun Stufen, wobei eine niedrige TRL-Einstufung für Technologien im frühen Entwicklungsstadium steht. Ausgereiften Technologien wird hingegen eine entsprechend hohe TRL-Einstufung zugewiesen. Eine Zuordnung Industrie 4.0-relevanter Technologien kann Tab. 2.1 entnommen werden.

Tab. 2.1 Einstufung Industrie 4.0-relevanter Technologien nach TRL [BMWI-15]

Technologiefelder	Technologie mit TRL 1-3 (Grundlagen)	Technologie mit TRL 4-6 (Evaluierung)	Technologie mit TRL 7-9 (Implementierung)
Kommunikation	– Echtzeitfähige drahtlose Kommunikation – Selbstorganisierende Kommunikationsnetze		– Echtzeitfähige Bus-Technologie – Drahtgebundene Hochleistungskommunikation – IT-Sicherheit – Mobile Kommunikationskanäle
Sensorik	– Miniaturisierte Sensorik – Intelligente Sensorik	– Vernetzte Sensorik – Sensorfusion – Neuartige Sicherheitssensorik	
Eingebettete Systeme	– Miniaturisierte eingebettete Systeme	– Energy-Harvesting	– Intelligente eingebettete Systeme – Identifikationsmittel
Aktorik		– Intelligente Aktoren – Vernetzte Aktoren – Sichere Aktoren	
Mensch-Maschine-Schnittstelle	– Verhaltensmodelle des Menschen – Kontextbasierte Informationspräsentation -Semantik-Visualisierung	– Sprachsteuerung – Gestensteuerung – Wahrnehmungsgesteuerte Schnittstellen -Fernwartung – Augmented Reality – Virtual Reality	– Intuitive Bedienelemente
Software/ Systemtechnik	– Simulationsumgebung – Multikriterielle Situationsbewertung	– Multi-Agenten-Systeme -Maschinelles Lernen und Mustererkennung	– Big-Data Speicher und Analyseverfahren – Cloud-Computing – Cloud-Dienste – Ontologien – Mobile Kommunikationskanäle

2.4   Organisatorische Basis

Manuel Kern

Wie in den vorhergehenden Abschnitten beschrieben, ist im Industrie 4.0-Umfeld von einer stetig zunehmenden Konnektivität auszugehen. Neben der Vernetzung von Maschinen untereinander, der Vernetzung von IT-Systemen und neuen Interaktionsformen zwischen

Mensch und Technik ist auch die Vernetzung des Managements von Prozessen oder Entscheidungen als integraler Bestandteil anstrebenswert.

Diese Vernetzung der Entitäten Mensch, Technik und Organisation (MTO) stellt eine komplexe Netzwerkstruktur dar. Ein zentrales Merkmal der Transformation eines Produktionssystems ist die zeitliche Komponente. Im Projekt MetamoFAB hat sich hier die Aufteilung in aktuellen Zustand, mögliche Zwischenzustände (Blueprints) und eine Standortvision als Zielzustand (Whitepaper) als nützlich erwiesen. Nach Bullinger et al. [Bul-09] wird unter Organisation „die Verknüpfung der Produktionsfaktoren zu einem zielgerichteten System […], das Produktionsprogramme realisiert" verstanden. Weiter ist dort definiert: „Die Frage nach der geeigneten Zerlegung einer Gesamtaufgabe in Teilaufgaben und deren zielorientierte Abstimmung bilden das grundlegende Organisationsproblem." Im Falle der Transformation eines Produktionssystems ist ein zentrales Betrachtungsmerkmal der Organisation die Art und Weise, wie Entscheidungen getroffen werden, wobei hier insbesondere die beschriebene Zeitkomponente maßgebliche Unterschiedlichkeiten birgt.

In der Organisationstheorie hat sich eine Dreiteilung des Begriffes in Arbeitsorganisation, Ablauforganisation und Aufbauorganisation etabliert [Bul-09]. Letztere ist eine formale Komponente, die bspw. im Organigramm visualisiert wird und eine informelle Komponente beinhaltet, die insbesondere auf sozialen Gefügen und intrinsisch motiviertem Austausch basiert. Die Ablauforganisation beschäftigt sich mit Prozessen und ist im Hinblick auf Industrie 4.0 stark mit den Begriffen „vertikale und horizontale Integration" sowie „End-to-end-Engineering" verbunden [aca-13b]. Die Arbeitsorganisation regelt die Arbeit im Arbeitssystem und erstreckt sich von der Ausführung einzelner Arbeitsschritte oder Entscheidungen bis zur Regelung der Beschäftigung (Tätigkeitsbeschreibung, Arbeitszeiten, Entgelt, etc.). Um die steigende technische Komplexität, die unter anderem durch neue IT-Anwendungen auf dem Shopfloor ankommen wird, zu beherrschen und in Bedienerfreundlichkeit zu wandeln, benötigt man auch organisatorische Mittel. Diese werden gemeinhin in Entscheidungsunterstützung, Werkerassistenz oder anderen datenbasierten Konzepten gesucht. Aber auch der Weg zur Industrie 4.0-Fabrik will organisiert sein, im Aufbau des MTO-Systems, in dessen Abläufen und in der entsprechenden Entscheidungsfindung. Unter diesen Prämissen wird deutlich, dass die Industrie 4.0-Sichtweise auf die Organisation nicht eine Einzelne sein kann, sondern eher ein Aufeinandertreffen verschiedener Perspektiven und Betrachtungshorizonte darstellt.

Im Rahmen des Projekts wurden aus übergeordneter Perspektive die Einflüsse von Industrie 4.0 auf verschiedene Ebenen der Organisationsgestaltung betrachtet. Als Ableitung aus den Rahmenbedingungen des MTO-Systems einer Industrie 4.0 Fabrik, bzw. einer Fabrik, die sich in der Transformation zu einer solchen befindet, werden Schwerpunkte für fortfolgende Betrachtungen definiert, die in Tab. 2.2 aufgeführt sind.

2.4.1 Organisationsentwicklung

Die Organisationsentwicklung im klassischen Verständnis verändert „Bottom up" oder „Top down" die Organisationsstrukturen eines Unternehmens. Im aufwärtsgerichteten

Tab. 2.2 Schwerpunkte der Organisationsgestaltung im Rahmen von MetamoFAB

	Kurzfrist (Tages-geschäft)	Mittelfrist (Blau-pause)	Langfrist (White-paper)
Aufbauorganisation			●
Ablauforganisation (Prozessorganisation)	◖	●	◖
Entscheidungsorganisation	●	◖	

● Im Fokus, ◖ mitbetrachtet.

Ansatz steht der Einklang von Mitarbeiterinteressen mit Unternehmensinteressen im Vordergrund, beim abwärts gerichteten Ansatz werden betriebswirtschaftliche Ideale, wie Ausrichtung nach Kundenbedürfnissen, Optimierung von Prozessen oder größere Änderungen, an der Wertschöpfungskette bzw. dem Geschäftsmodell adressiert [Kri-02]. Entsprechende Umgestaltungen können Änderungen der Struktur von Geschäftseinheiten zur Folge haben, aber auch einzelne Mitarbeiterrollen neu definieren. Im Zentrum der entsprechenden Bestrebungen steht allerdings immer der Zweck einer Reorganisation: die Anpassung des Unternehmens an geänderte Rahmenbedingungen. Je nach Änderung der Rahmenbedingung sind entsprechende Methoden zu wählen. Die entsprechenden Phasen einer Reorganisation sind Initiierungsphase, Zielfindungsphase und Implementierungsphase, wobei sich diese im Regelfall überlappen [Str-91].

Im Zusammenhang externer Rahmenbedingungen und interner Folgen ist Industrie 4.0 eine komplexe Herausforderung für die Organisationsentwicklung. Eine klare Abgrenzung von Phasen der Organisationsentwicklung im hoch dynamischen Umfeld erscheint kaum möglich. Ein Ideal für die Organisationsentwicklung wäre ein virtuelles Abbild der Aufbau- und Ablauforganisation, das kurz-, mittel und langfristige Aspekte der Industrie 4.0 in Betracht zieht. Insbesondere Komplexitäten, die in digitalisierten und komplex vernetzten Wertschöpfungssystemen auftreten, sind zwar schrittweise mit traditionellen Organisationsansätzen steuerbar, basieren in herkömmlicher Analytik jedoch meist auf intensiven und zeitaufwendigen Diskussionen. Je komplexer oder undurchsichtiger Einflüsse auf die möglichen Pfade eines Unternehmens hin zu intelligent vernetzten Aufbau- und Ablauforganisationsstrukturen sind, desto größer wird die Notwendigkeit, im Falle von möglichen Investitionsentscheidungen oder Restrukturierungen die Optionen systemisch abzuwägen.

2.4.2   Organisationsgestaltung Industrie 4.0

Wo in dieser Organisationssichtweise ist Industrie 4.0 disruptiv, wo bleibt Bewährtes erhalten, oder anders formuliert, wieviel Evolution steckt in Industrie 4.0? Das sind drängende Fragen, derer sich die Forschung zurzeit annimmt. Dazu kommen Charakteristika unserer Zeit, die insbesondere aus der Generation der „Digital Natives" (Generation Y) verstärkt in der Mitte der Gesellschaft, aber auch auf den Shopfloor ankommen: Änderungen der Art und Weise der Kommunikation, der Hierarchiebilder und der Wahrnehmung von organisatorischer Struktur. Die Rolle der informellen Organisation wird insbesondere in aktuelleren Ansätzen wie etwa fluiden Organisationsformen adressiert. Jedoch liegt der Fokus dabei überwiegend auf indirekten Bereichen, eine zielführende Umsetzung für und in Produktionsumgebungen ist mit vielen offenen Fragen verbunden. Können agile Ansätze, richtig platziert, hier helfen? Wie werden sich die digitalen Gegebenheiten auf dem Shopfloor entwickeln und was sind die Stellhebel der Organisationsgestaltung? Diese Fragen auf genereller Ebene zu beantworten, ist schlicht unmöglich. Eine unternehmensindividuelle oder produktionssystembezogene Antwort im jeweiligen MTO-System zu finden, erscheint hier realistischer. MetamoFAB setzt an dieser Stelle an und sucht Industrie 4.0-kompatible Wege, ob diese nun zu klassischen oder neuartigen Organisationsprinzipien führen, spielt eine untergeordnete Rolle.

Literaturliste

[aca-11]	Cyber-Physical Systems: Driving force for innovation in mobility, health, energy and production (acatech POSITION PAPER). Springer, Heidelberg, 2011.
[aca-13]	acatech: Recommendations for implementing the strategic initiative INDUSTRIE 4.0. Final report of the Industrie 4.0 Working Group. Springer, Heidelberg, 2013.
[aca-16]	acatech. (2016). Kompetenzentwicklungsstudie Industrie 4.0 – Erste Ergebnisse und Schlussfolgerungen. München: (Hg.) (2016): Kompetenzentwicklungsstudie Industrie 4.0 – Erste Ergebnisse und Schlussfolgerungen, München.
[Bau-14]	Bauernhansl, T.; ten Hompel, M. & Vogel-Heuser, B.: Industrie 4.0 in Produktion, Automatisierung und Logistik. Wiesbaden: Springer Verlag, 2014
[Bet-14]	Bettenhausen, K.: Erfolgsfaktoren Industrie 4.0: Qualifikation, Geschwindigkeit und Infrastruktur, Baden-Baden: VDI Verein Deutscher Ingenieure e.V., 2014.
[Ble-13]	Blesl, M.; Kessler, K.: Energieeffizienz in der Industrie. S.167, Springer Vieweg, Berlin, 2013.
[BMWI-15]	Bundesministerium für Wirtschaft und Energie: Erschließen der Potenziale der Anwendung von Industrie 4.0' im Mittelstand. agiplan GmbH, Mühlheim an der Ruhr, 2015.
[Boc-15]	Bochum, U.: Zukunft der Arbeit in Industrie 4.0, Berlin, Heidelberg: Springer Vieweg, 2015.
[Bon-15]	Bonin, H., Gregory, T. & Zierahn, U.: Übertragung der Studie von Frey/Osborne (2013) auf Deutschland, ZEW. Abgerufen am: 21.06.2016, url: http://ftp.zew.de/pub/zew-docs/gutachten/Kurzexpertise_BMAS_ZEW2015.pdf, 2015
[Bos-14]	Boße, A.; Neurohr,K.: Special soft skills - weich, aber nicht weniger wichtig, karriereführer-Magazin, 04–09, 3–47, 2014.
[Bul-09]	Herausgeber: Bullinger, H.-J., Spath, D., Warnecke, H.-J., Westkämper, F. (Hrsg.), Handbuch Unternehmensorganisation - Strategien, Planung, Umsetzung. VDI Buch, 2009.
[Dav-86]	Davis, F. D.: A technology acceptance model for empirically testing new end-user information systems: Theory and results. Dissertation, Massachusetts Institute of Technology, 1986

[DIN ISO 16290] Deutsches Institut für Normung: Raumfahrtsysteme – Definition des Technologie-Reifegrades (TRL) und der Beurteilungskriterien (DIN ISO 16290), Beuth Verlag 2014.

[DIN-13849]   DIN EN ISO 13849:2016-06: Sicherheit von Maschinen – Sicherheitsbezogene Teile von Steuerungen. Berlin: Beuth Verlag, 06/2016

[Dor-15a]   Dorst, W.; Glohr, C.; Hahn, H.; Knafla, F.; Loewen, U.; Rosen, R.; Schiemann, T.; Vollmar, F.; Winterhalter, C.: Umsetzungsstrategie Industrie 4.0-Ergebnisbericht der Plattform Industrie 4.0. Frankfurt am Main: BITKOM e.V., VDMA e.V. & ZVEI e.V., 2015

[Fre-12]   Frenz, M.; Hermann, S.; Schipanski, A.: Zukunftsfeld Dienstleistungsarbeit Professionalisierung – Wertschätzung – Interaktion, Wiesbaden: Springer Gabler, 2012.

[Fre-13]   Frey, C. B. & Osborne, M. A.: The Future of Employment: How Suceptibleare Jobs to Computerization? Working Paper. Abgerufen am: 21.06.2016, url: http://www.oxfordmartin.ox.ac.uk/downloads/academic/The_Future_of_Employment.pdf, 2013

[Ges-15]   Gesamtmetall: Positionspapier – Die Beschäftigung älterer Mitarbeiter in der Metall- und Elektro-Industrie. Abgerufen am: 20.06.2016, url: https://www.gesamtmetall.de/sites/default/files/downloads/c0_positionspapier_ältere_beschäftigte.pdf, 2015.

[Goo-95]   Goodhue, D. L.; Thompson, R. L.: Task-technology fit and individual performance. MIS quarterly, 213–236, 1995.

[Hir-14]   Hirsch-Kreinsen, H.: Wandel von Produktionsarbeit – Industrie 4.0; Hg. TU Dortmund, Soziologisches Arbeitspapier (2014) 38, Dortmund.

[Jov-03]   Jovane, F., Koren, & Boër, C. R. (2003). Present and future of flexible automation: Towards new paradigms. In CIRP Annals - Manufacturing Technology, 52 (S. 543–560).

[Kag-13]   Kagermann, H., Wahlster, W., Helbig, J., Promotorengruppe Kommunikation der Forschungsunion Wirtschaft und Wissenschaft: Umsatzempfehlungen für das Zukunftsprojekt Industrie 4.0, Berlin: Stifterverband für die Deutsche Wissenschaft, 2013.

[Kle-98]   Klenow, P. J.: Learning curves and the cyclical behavior of manufacturing industries. Review of Economic Dynamics 1(2): 531–550, 1998.

[Kno-16a]   Knothe, T.; Orth, R.; Gering, P.; Wintrich, N.: Modulare Fertigungsmanagementsysteme für Kundenauftragsindividuellen Prozesse. In: ZWF 111 (2016) 16, Berlin: Hanser Verlag, S. 346–350

[Kre-14]   Kreinsen, H.-H.: Welche Auswirkungen hat Industrie 4.0 auf die Arbeitswelt?, WISO direkt, Dezember, Bonn: Friedrich-Ebert-Stiftung, 1–4, 2014

[Kri-02]   Kricsfalussy, A. Rigall, J.: Strategische Reorganisation bei internationalen Großunternehmen. Erschienen, in: Bamberger, I. (Hrsg.) Strategische Unternehmensberatung: Konzeptionen – Prozesse – Methoden. Gabler 3. Auflage 2002.

[Lie-15]   Liebhart, D.: Mammutaufgabe: Datenlogistik in der industriellen IT, Report, 20. Februar 2015.

[Nig-12]   Niggemann, O. & Jasperneite, J.: Systemkomplexität in der Automation beherrschen – Intelligente Assistenzsysteme unterstützen den Menschen. In: atp edition (2012) 9, S. 36–44

[OMG-15c]   OMG: Whitebook DDS. Version 1.4 April 2015. Abgerufen am 17.07.2016, url: http://www.omg.org/spec/DDS/, 2016

[OPC-15d]   OPC Foundation. Whitebook OPC-UA. Version 1.03 Oktober 2015. Abgerufen
                am: 17.707.2016, url: https://opcfoundation.org/developer-tools/specifications-
                unified-architecture/part-1-overview-and-concepts, 2016

[Rai-96]   Rai, A.; Patnayakuni, R.: A structural model for CASE adoption behavior. Journal
                of Management Information Systems 13(2): 205–234, 1996.

[Rei-15e]   Reiff-Stephan, J.; Richter, M. & von Lipinski, R.: Intelligente Sensorsysteme für
                selbstoptimierende Produktionsketten. In: Tagungsband zur 12. AALE (2015),
                München: Deutscher Industrieverlag GmbH, S. 245–354

[Rog-03]   Rogers, E. M.: Diffusion of Innovations. 5. Aufl. Free Press, New York, 2003.

[Rus-15]   Russwurm, S.: Software: Die Zukunft der Industrie, In: Sendler, U.: Industrie
                4.0: Beherrschung der industriellen Komplexität mit SysML, Berlin, Heidelberg:
                Springer-Vieweg, S. 21–36, 2015.

[Sch-15]   Schwede, C.: Corporate eLearning – Weiterbildung und Qualifikation in der
                Industrie 4.0, 2015.

[Str-91]   Stutz, H.-R.: Beratungsstrategien, in Hofmann, M. (Hrsg.): Theorie und Praxis
                der Unternehmensberatung: Bestandsaufnahme und Entwicklungsperspektiven,
                Heidelberg, S. 189–216, 1991.

[Ull-16]   Ullrich, A.; Vladova, G.; Gronau, N.; Jungbauer, N.: Akzeptanzanalyse in der
                Industrie 4.0-Fabrik – Ein methodischer Ansatz zur Gestaltung von organisa-
                torischem Wandel. In: Obermaier R (Hrsg.) Industrie 4.0 als unternehmerische
                Gestaltungsaufgabe. Springer, Berlin, 2016.

[VDI-15f]   VDI/VDE-Gesellschaft Mess- und Automatisierungstechnik: Referenzarchitek-
                turmodell Industrie 4.0 (RAMI4.0): Statusreport April 2015

[Ven-00]   Venkatesh, V.; Davis, F. D.: A Theoretical Extension of the Technology
                Acceptance Model: Four Longitudinal Field Studies. Management Science 46
                2:186–204, 2000.

[Vog-13]   Vogelsang, K.; Steinhüser, M.; Hoppe, U.: Theorieentwicklung in der Akzeptanz-
                forschung: Entwicklung eines Modells auf Basis einer qualitativen Studie. 11th
                International Conference on Wirtschaftsinformatik, S. 1425–1439, 2013.

[Wal-14c]   Waltl, H., & Wildemann, H. (2014). Modularisierung der Produktion in der Auto-
                mobilindustrie. TCW.

[Wie-92]   Wiendieck, G.: Akzeptanz. In: Friese, E. (Hrsg) Enzyklopädie der Betriebswirt-
                schaft: Band 2 Handwörterbuch der Organisation. Poeschel, Stuttgart, S. 89–98,
                1992.

[Wil-14]   Wilkens, U.; Süße, T.; Voigt, B.-F.: Umgang mit Paradoxien von Industrie 4.0 -
                Die Bedeutung reflexiven Arbeitshandelns, in: Kersten, W.; Koller, H. & Lödding,
                H. (Hrsg.): Industrie 4.0 – Wie intelligente Vernetzung und kognitive Systeme
                unsere Arbeit verändern. Berlin: GITO, S. 199–210, 2014.

[Wil-14d]   Wilkens, U.; Süße, T.; Voigt, B.-F. (2014): Umgang mit Paradoxien von Industrie
                4.0 – Die Bedeutung reflexiven Arbeitshandelns, in: Kersten, W.; Koller, H. &
                Lödding, H. (Hrsg.): Industrie 4.0 – Wie intelligente Vernetzung und kognitive
                Systeme unsere Arbeit verändern. Berlin: GITO, S. 199–210.

Metamorphose zur intelligenten und vernetzen Fabrik

3

Erdem Geleç, Manuel Kern, Benjamin Schneider, André Ullrich, Gergana Vladova, Norbert Gronau, René von Lipinski, Dirk Buße, Nicole Oertwig

E. Geleç (✉) · M. Kern · B. Schneider
Institut für Arbeitswissenschaft und Technologiemanagement IAT, Universität Stuttgart,
Nobelstraße 12, 70569 Stuttgart, Deutschland
e-mail: erdem.gelec@iat.uni-stuttgart.de

M. Kern
e-mail: Manuel.Kern@de.bosch.com

B. Schneider
e-mail: benjamin.schneider@iat.uni-stuttgart.de

A. Ullrich · G. Vladova · N. Gronau
Lehrstuhl für Wirtschaftsinformatik, insb. Prozesse und Systeme, Universität Potsdam,
August-Bebel-Str. 89, 14482 Potsdam, Deutschland
e-mail: aullrich@lswi.de

G. Vladova
e-mail: gvladova@lswi.de

N. Gronau
e-mail: ngronau@lswi.de

R. von Lipinski
Technische Hochschule Wildau, FG: iC3@Smart Production, Hochschulring 1,
15745 Wildau, Deutschland
e-mail: von_lipinski@th-wildau.de

D. Buße
Geschäftsführer, budatec GmbH, Melli-Beese-Straße 28, 12487 Berlin, Deutschland
e-mail: busse@budatec.de

N. Oertwig
Fraunhofer-Institut für Produktionsanlagen und Konstruktionstechnik IPK,
Geschäftsprozess- und Fabrikmanagement, Pascalstraße 8-9, 10587 Berlin, Deutschland
e-mail: nicole.oertwig@ipk.fraunhofer.de

N. Weinert et al. (Hrsg.), *Metamorphose zur intelligenten und vernetzten Fabrik*,
DOI 10.1007/978-3-662-54317-7_3

Inhaltsverzeichnis

In diesem Kapitel wird die MetamoFAB-Vorgehensweise zur Transformation von bestehenden Fabriken zur individuellen Industrie 4.0-Vision vorgestellt und beschrieben. Nach einer kurzen Ausführung von Fragestellungen und Motivation von Unternehmen erfolgt die Einführung in die Vorgehensweise. Zu Beginn wird aufgezeigt, wie der bereits in Abschn. 1.1 vorgestellte Transformationsprozess mithilfe einer methodenbasierten Vorgehensweise schrittweise geplant und durchgeführt werden kann. Die Ausgangsituation, das Vorgehen und die Ergebnisse jeder der einzelnen Schritte werden kurz erläutert (Abschn. 3.1). In den weiteren Abschnitten des Kapitels folgt darauf die detaillierte Beschreibung dieser Methoden in den Kapitelabschnitten zu den Dimensionen Mensch in Abschn. 3.2.1, Technologie in Abschn. 3.2.2 und Organisation in Abschn. 3.2.3. Interessierten Leserinnen und Lesern wird es somit ermöglicht, einen Überblick zur Vorgehensweise zu bekommen und im Anschluss die detaillierten Beschreibungen der Methoden, Modelle und Instrumente für die Dimensionen Mensch, Technologie und Organisation (MTO) zu lesen.

3.1   Vorgehensweise der Transformation zur Industrie 4.0

Erdem Geleç

Die Fragen, die sich viele Unternehmen seit Beginn der Initiative Industrie 4.0 und der digitalen Transformation stellen, lauten: "Wie gehen wir mit Industrie 4.0 um? Wie ergreifen wir die richtigen Chancen und die richtigen Maßnahmen? Wie finden wir die richtigen Ansätze in der Strategie und der Organisation? Was bedeutet es für unsere Prozesse und wie nutze ich die Potenziale von Industrie 4.0?" Die im Folgenden vorgestellte Vorgehensweise mit den bereitgestellten Methodenschritten ermöglicht es, Antworten auf diese Fragestellungen zu finden und beschreibt einen iterativen Transformationsprozess hin zu Industrie 4.0.

3.1.1 Überblick der Vorgehensweise für den Transformationsprozess

Die iterative Vorgehensweise ist in Abb. 3.1 in Kurzform dargestellt. Zur Erzielung eines besseren Verständnisses sind darin die einzelnen Schritte der Vorgehensweise den Elementen des in Abschn. 1.1 vorgestellten Transformationsprozesses zugeordnet. Die grafische Darstellung verdeutlicht, dass Schritt 1 und 2 zeitgleich ablaufen können, wobei Schritt 1 die unternehmensinternen und Schritt 2 die nach außen gerichteten Aktivitäten bzw. das externe Umfeld fokussiert. Dabei verfolgen beide Analyseschritte in Wechselwirkung ein gemeinsames Ziel: die Schaffung der benötigten aktuellen Informationsbasis für die darauf folgenden Schritte im Transformationsprozess. Als Ergebnis von Schritt 1 und 2 wird u. a. eine Bestimmung und Beschreibung der individuellen Ausgangssituation erzielt. Im Schritt 3 erfolgt eine Generierung der individuellen Zukunftsvision in Form eines Whitepapers. Anschließend wird in Schritt 4 ein Netz mit Lösungsoptionen zur Auswahl aufgespannt. Daraufhin erfolgt in Schritt 5 die Auswahl eines geeigneten Pfades für die Transformation. Nach Realisierung und Bewertung der Umsetzungsmaßnahmen in Schritt 6 erfolgt iterativ eine neue Positionierung für den Ausgangszustand.

3.1.2 Die Schritte der Metamorphose

Zur praktischen Durchführung der entwickelten Vorgehensweise ist eine Detaillierung der Schritte in Teilschritte und Aktivitäten erforderlich. Damit die Zugehörigkeiten der einzelnen Schritte dargestellt und methodische Umsetzungsmöglichkeiten aufgezeigt werden können, wird eine Modellierung des gesamten Transformationsvorgehens mithilfe einer Modellierungsmethode vorgenommen. Die Implementierung im Unternehmen kann dadurch vereinfacht werden. Interessierten und Anwendern aus der Industrie wird die Nutzung des interaktiven MetamoFAB Leitfadens (s. Abschn. 4.4) empfohlen. Dieser unterstützt den schnellen Einstieg in die Vorgehensweise und vermittelt die Inhalte anhand von grafischen Elementen auf eine intuitive Art und Weise.

Zur Übersicht über die logischen Verknüpfungen erfolgt die Darstellung der Vorgehensweise mittels der hierarchischen Dekomposition über eine sukzessive Detaillierung von der obersten bis zur untersten Detailebene. Einzelne Schritte und Teilschritte werden als Kasten und deren Verknüpfungen als Eingänge und Ausgänge in Form von Pfeilen dargestellt. Ordnungsnummern geben dabei die Ebene und die Zuordnung von Schritten und Teilschritten an. Aufgrund der starken Fokussierung auf das Zusammenwirken der Dimensionen Mensch, Technik und Organisation (MTO) und der parallel durchzuführenden Aktivitäten ist eine Beschreibung der logischen Reihenfolge einzelner Schritte und Teilschritte erforderlich. Die Zuordnung der Rangfolge erfolgt auf

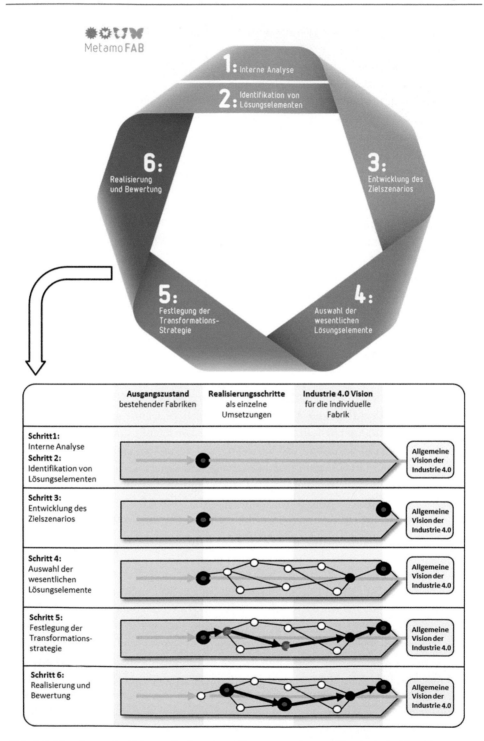

Abb. 3.1 Zuordnung der Schritte der iterativen Vorgehensweise und Zustände der Transformation

Basis von Nummerierungen in den Darstellungen und wird in Beschreibungen der Schritte verdeutlicht.

In Abb. 3.2 ist der Ablauf der sechs Schritte der Vorgehensweise bis zur dritten Detaillierungsstufe schematisch dargestellt. In den folgenden Kapitelabschnitten wird die Vorgehensweise detaillierter erläutert. Für die Schritte der ersten und zweiten Ebene werden in den folgenden Abschnitten die Zielsetzungen definiert, der verwendete Ansatz abgeleitet und die Aktivitäten beschrieben. Die detaillierte Erläuterung der Aktivitäten, welche in Ebene 3 dargestellt sind, findet in den Abschn. 3.2.1 bis 3.2.5 statt.

Schritt 1: Interne Analyse

Ziel des ersten Schrittes „Interne Analyse" ist die Erfassung und Beschreibung der individuellen Ausgangsituation. Die Kernelemente der internen Analyse, dargestellt in Abb. 3.3, werden in den folgenden Abschnitten vorgestellt und beschrieben.

Schritt [1.1]: Festlegung der Ziele und Bereiche für die Transformation

Zu Beginn des Transformationsvorhabens müssen wichtige Fragestellungen geklärt und kommuniziert werden. Elementare Fragestellungen wie z. B. „Was ist das unternehmensspezifische Ziel für die Transformation zu Industrie 4.0 und wie können diese Transformationsziele dazu beitragen, strategische Unternehmensziele zu erreichen?" oder „Wie kann mein Unternehmen durch Industrie 4.0 besser werden?" können nicht ohne eine sorgfältige Analyse oder von einzelnen Personen sinnvoll für das Unternehmen beantwortet werden. Vielmehr empfiehlt es sich, in einem ganzheitlichen Ansatz Themenverantwortliche für Industrie 4.0 zu definieren und ein interdisziplinäres Team zu bilden.

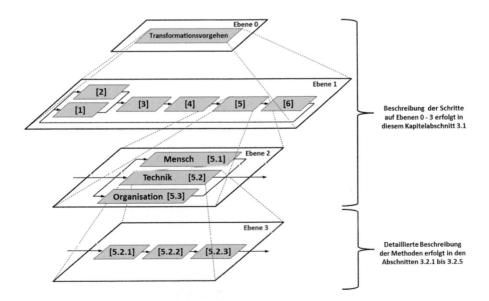

Abb. 3.2 Schema der Zuordnung von Vorgehensschritten und Abschnitten

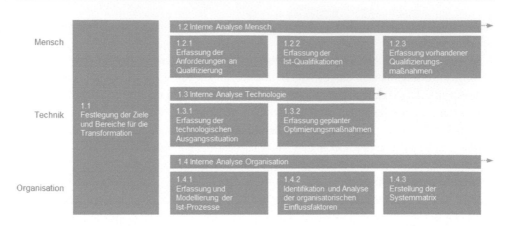

Abb. 3.3 Interne Analyse

Als Themenverantwortliche können sowohl Experten als auch Projektmanager fungieren, da das Themenfeld Industrie 4.0 keine bestimmte fachspezifische Ausrichtung erfordert, sondern vor allem ein Verständnis für übergreifende Zusammenhänge von Vorteil ist. Das Vorgehen zur Festlegung der Ziele und Bereiche für die Transformation kann in Abhängigkeit von der Unternehmensgröße, den beteiligten Verantwortungsbereichen und Zuständigkeiten variieren. Je größer das Unternehmen und der Betrachtungsbereich, umso größer ist für gewöhnlich die Anzahl der verantwortlichen Personen, Themen und Diskussionspunkte. Folglich führt dies zu einer Zunahme der Abstimmungsaufwände. Demgegenüber ist in kleineren Unternehmen oder auch in einzelnen Bereichen größerer Unternehmen ein geringerer Vorbereitungs- und Durchführungsaufwand zu erwarten. In dem folgenden Textfeld wird ein beispielhaftes Vorgehen beschrieben, welches gemäß den jeweils vorliegenden Gegebenheiten an die individuellen Voraussetzungen angepasst werden kann.

Partizipative Betrachtung der Unternehmensbereiche
Zur Initiierung von Transformationsvorhaben lassen sich in einem Workshop die Beteiligten mittels eines Kurzvortrages zum Nachdenken anregen, und sie bekommen einen Einblick in die Grundlagen und aktuellen Entwicklungen. Anschließend sollen die Mitwirkenden in einer moderierten Übung ihre Einschätzungen zur Ausgangslage ihrer jeweiligen Bereiche und eigene Ideen zum Thema einbringen (s. Abb. 3.4). In der abschließenden Diskussionsrunde können sich die Beteiligten über die Betrachtungsbereiche der Analyse abstimmen. Dabei ist es je nach Unternehmensgröße und Ausgangsituation sinnvoll, die Betrachtungsbereiche mit dem höchsten abgeleiteten Potenzial für die Analyse auszuwählen. Dies können sowohl direkte als auch indirekte Bereiche sein, wie z. B. Wareneingang, Fertigung, Montage, Intralogistik, Instandhaltung. Darüber hinaus ist es wichtig, Bereiche wie Personalwesen und Unternehmenskommunikation, aber auch Vertreter des Betriebsrates zeitnah einzubinden, falls diese nicht am Workshop teilgenommen haben.

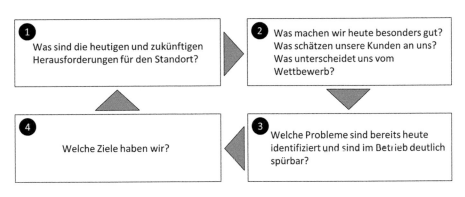

Abb. 3.4 Beispielvorgehen im Strategieworkshop

Da in Bezug auf Industrie 4.0 auch negativ berichtet wird, ist es sinnvoll, von Beginn an die Aktivitäten im Unternehmen transparent zu gestalten und klare Kommunikationswege festzulegen. Ist der Betrachtungsbereich definiert, die wichtigsten KPI klargestellt und die Kommunikationsregeln mit der Belegschaft abgestimmt, kann eine Feinplanung der internen Analyse erfolgen. Die Strukturierung der Themenfelder in Industrie 4.0, Terminplanungen, die Verantwortlichkeiten der Beteiligten und andere wichtige Aspekte für das genaue Vorgehen zur internen Analyse werden festgelegt. Nach der strategischen Abstimmung [1.1] erfolgen im nächsten Schritt zeitgleich die internen Analysen in den Dimensionen Mensch [1.2], Technologie [1.3] und Organisation [1.4], d. h. es werden die drei Perspektiven von Beginn an berücksichtigt.

Schritt [1.2]: Interne Analyse Mensch
Ziel ist es, die aktuelle Situation hinsichtlich der Mitarbeiterqualifikation zu erfassen. Dazu werden im ersten Teilschritt [1.2.1] u. a. die Anforderungen an die Qualifikation aus dem betrieblichen Ablaufprozess und dem Arbeitskontext abgeleitet. Im darauf folgenden Teilschritt erfolgt die Erfassung der Ist-Qualifikationen [1.2.2], zu der u. a. Stellenbeschreibungen oder Qualifikationsmatrizen herangezogen werden können. Zur Übersichtlichkeit wird eine Strukturierung der Qualifikationen nach Zielsetzungen, Anforderungen und Verantwortlichkeiten vorgenommen. Ziel der Erfassung vorhandener Qualifikationsmaßnahmen in [1.2.3] ist es, einen Überblick über die intern vorhandenen Qualifizierungsmaßnahmen zu gewinnen und diese nach Ort und Zeithorizont der Maßnahmen zu priorisieren.

Schritt [1.3]: Interne Analyse Technologie
Für die erfolgreiche Transformation hin zu einer Industrie 4.0-Fabrik wird die Einführung und Nutzung neuer Technologien erforderlich sein. Nicht nur die Zukunftspotenziale neuer Technologien sind entscheidend für mögliche Investitionsentscheidungen, sondern auch die akuten technologischen Handlungsbedarfe im gegenwärtigen operativen Betrieb sowie die Eigenschaften der aktuell verfügbaren Lösungen wie z. B. Kompatibilität oder Erweiterbarkeit. Die Erstellung eines detaillierten Abbildes der technologischen Ausgangssituation ist daher das Ziel des Schrittes [1.3]. Diese Aktivität besteht aus der Erfassung

der technologischen Ausgangsituation [1.3.1] und der geplanten Optimierungsmaßnahmen [1.3.2]. Zu den technologischen Elementen in [1.3.1] zählen u. a. die grundlegenden betrieblichen Infrastrukturen, an Kernprozessen beteiligte technologische Ressourcen und Mensch-Maschine Schnittstellen. Bereits geplante technologische Veränderungen in der Fabrik und vorhandene Investitionspläne werden in [1.3.2] analysiert.

Schritt [1.4]: Interne Analyse Organisation

Ziel ist es, die Situation der realen Prozesse und der Organisation im Betrachtungsbereich aufzuzeigen. Generell bietet sich für die effiziente Analyse eine Kombination aus der Auswertung bestehender Dokumentationen, Begehung und Beobachtung in den definierten Bereichen und Einzelinterviews an den jeweiligen Arbeitsplätzen an, um einen Gesamtblick über die aktuelle reale Situation zu bekommen. Als Hilfsmittel und Werkzeuge können je nach übergeordneten Unternehmenszielen und den in Schritt [1.1] gewählten Betrachtungsbereichen unterschiedliche Alternativen für die Analyse gewählt werden. Dies ist insbesondere davon abhängig, ob die Schwerpunkte in den direkten oder indirekten Bereichen der Produktion liegen und ob weitere angrenzende Unternehmensbereiche, z. B. Vertrieb oder Entwicklung, ebenfalls in der Analyse berücksichtigt werden. Zur Erfassung und Modellierung der Produktionsprozesse [1.4.1] bietet sich als mögliches Hilfsmittel die Darstellung als klassische Prozessmodelle, Wertströme oder Informationsflüsse an. Mittels Softwareunterstützung, z. B. die Prozessmodellierungssoftware MO²GO (s. Abschn. 4.1), können diese Modelle detailliert und weiterverarbeitet werden. Die Abbildung der Prozesskette bietet die Möglichkeit, relevante Informationen (Ressourcen, Arbeitsaufgaben, etc.) zuzuordnen und die Transparenz (Personen, Material- und Informationsfluss) zu erhöhen. Infolgedessen können erste Industrie 4.0-Potenziale und bestehende Herausforderungen einfacher identifiziert werden. Im nächsten Schritt werden die maßgeblichen Einflussfaktoren für die Organisation identifiziert [1.4.2]. Dies erfolgt in einem mehrstufigen Bewertungsprozess, in dem zunächst aus der Prozessgestaltung die organisatorisch relevanten Faktoren gesammelt und in die Kategorien KPI, Enabler und Treiber eingeordnet werden. Zusätzlich werden in [1.4.3] die relevanten Zusammenhänge und Wechselwirkungen dieser Faktoren beschrieben. Mit dieser Vorarbeit kann in einem Workshop die Erstellung der individuellen Systemmatrix erfolgen. Detaillierte Methodenbeschreibungen sind Abschn. 3.2.3 zu entnehmen.

Schritt 2: Identifikation von Lösungselementen

In Schritt 2 – Identifikation von Lösungselementen [2] – wird der Blick auf das aktuelle und zukünftige Unternehmensumfeld gerichtet. Diese Aktivität erfolgt ablauflogisch parallel zum Schritt 1. Ziel ist die Identifikation von Chancen und Risiken hinsichtlich Industrie 4.0, welche von externen Entwicklungen ausgehen. Dies umfasst u. a. die externen Expertenprognosen („acatech-Vision der Industrie 4.0"), die Ausgangslage (externes Umfeld heute) und die erwarteten Trendentwicklungen im Umfeld während des Betrachtungszeitraumes.

Abb. 3.5 Identifikation von Lösungselementen

Viele erfolgreiche technologieintensive Unternehmen, insbesondere Technologieführer sowie größere Unternehmen, haben in diesem Zusammenhang Prozesse und Instrumente für die so genannte Frühaufklärung entwickelt und nutzen diese kontinuierlich. Sie setzen diese ein, um nicht von strategisch relevanten Entwicklungen im Umfeld überrascht zu werden. Es kommen unterschiedliche Methoden und Hilfsmittel zum Einsatz, die es ermöglichen, neue Trends, Technologien und schwache Signale frühzeitig zu erkennen und entsprechende Maßnahmen einzuleiten. Verantwortliche Personen oder Teams tragen das Wissen in die Organisation und regen die Kommunikation an, um das Wissen im Unternehmen bestmöglich zu verbreiten. Die meisten KMU besitzen jedoch zu wenige Ressourcen, um den hohen Aufwand für eine Frühaufklärung in ähnlicher Weise zu betreiben. Hier sind es oftmals Verantwortliche, z. B. Geschäftsführer oder Bereichsleiter, die durch kontinuierliche informelle Aktivitäten wie Kongressbesuche, Messeteilnahmen oder Besuche anderer Veranstaltungen einen Beitrag leisten, um die wichtigsten Trends zu identifizieren. Insbesondere in einem dynamischen Querschnittsthema wie Industrie 4.0 können mit den Methoden der gerichteten und ungerichteten Suche Unsicherheiten minimiert und die Ergebnisqualität der Trendanalyse gesteigert werden. Die Identifikation von Lösungselementen [2] lässt sich in die im Folgenden beschriebenen Teilschritte, welche in Abb. 3.5 dargestellt sind, aufgliedern.

Schritt [2.1]: Identifikation von Lösungselementen Dimension Mensch

Zu Beginn werden durch Sichtung und Best-Practice-Beispiele am Markt vorhandene Qualifizierungsmaßnahmen identifiziert [2.1.1]. Anschließend werden die Vor- und Nachteile der Qualifizierungsmaßnahmen erarbeitet [2.1.2]. Auf dieser Basis können mit Beteiligung von Experten die identifizierten Qualifizierungsmaßnahmen strukturiert und bewertet werden. Beispiele wichtiger Trends aus der Dimension Mensch sind E-Learning, Simulationslabore und Lernfabrik-Ansätze (siehe Abschn. 3.2.1).

Schritt [2.2]: Identifikation von Lösungselementen Dimension Technologie

Erster Schritt ist die Erkennung von Technologien [2.2.1], darunter als eine elementare Aufgabe die Suchfelddefinition. Da Industrie 4.0 unterschiedlich definiert wird und verschiedene Strukturierungsmöglichkeiten bestehen, kann eine frühzeitige Festlegung auf eine Strukturierung helfen, Begriffsverwechslungen zu vermeiden, wichtige Zusammenhänge zu erkennen und Themen zu verorten. Das MetamoFAB-Konsortium bezieht sich hier auf die Strukturierung der Handlungsfelder seitens acatech [aca-13]. Erste Ergebnisse aus der internen Analyse, die für ein Unternehmen als besonders relevant wahrgenommen werden, sollten ebenfalls in die gewählte Struktur einfließen. In den so definierten Suchfeldern können relevante Themenfelder und zugehörige Informationsbedarfe identifiziert werden, um mit der Informationsbeschaffung zu beginnen. Für die Erfassung der technologischen Umwelt bieten sich explizite und implizite Informationsquellen wie Fachzeitschriften, Konferenzbeiträge, Forschungsberichte, Trendstudien und Expertennetzwerke aus Forschung und Entwicklung an. Zusätzlich können mithilfe von Methoden und Werkzeugen, z. B. Patentrecherche oder Benchmarking, Informationen gewonnen werden. Aus der erstellten Informationssammlung gilt es anschließend, die relevanten Technologien zu filtern [2.2.2], daraus Wissen zu generieren und auszuarbeiten sowie die wichtigsten Technologie- und Anwendungsfelder zu evaluieren [2.2.3]. Im Kontext von Industrie 4.0 wurden in den letzten Jahren Sammlungen von technologischen Trends und bereits umgesetzten Use Cases veröffentlicht [VDMA-16]. Diese können helfen, einen schnellen Überblick über umgesetzte Industrie 4.0-Lösungen zu erhalten. Viele dieser Use Cases werden sehr werbewirksam dargestellt und tragen hauptsächlich zum Marketing der Unternehmen bei. Daher werden Nutzen, Mehrwert oder Details der Lösungen nicht immer transparent dargestellt, z. B. wird oftmals nicht klar, welche Lösungen bereits marktreif sind und welche sich noch im Entwicklungsstadium befinden. Es ist also durchaus hilfreich, sich regelmäßig mit Experten auszutauschen, die technologische Reife von Lösungen richtig einzuschätzen und diese mit allen Stakeholdern zu kommunizieren, damit die Erwartungshaltung an die technologischen Möglichkeiten realistisch bleibt. Methoden und Ansätze für die Themen Technologiereife und -monitoring sind in [Rum-14] und [Spf-10] ausführlich dargestellt.

Schritt [2.3]: Identifikation von Lösungselementen Dimension Organisation

Als erster Teilschritt erfolgt eine Trenderkennung hinsichtlich Organisation [2.3.1]. Dazu werden verfügbare Organisationsformen, -modelle und -paradigmen identifiziert. Darauf folgt die Ableitung relevanter Trends und Themen für die Organisation [2.3.2] mithilfe einer Vorauswahl und der Erarbeitung von Eignungsmustern. Abschließend erfolgt eine Evaluation der Organisationstrends und -themen [2.3.3]. Hierfür werden die identifizierten Lösungselemente strukturiert und mit geeigneten Methoden und Kriterien bewertet. Die Ergebnisse sind Eignungsmuster der relevanten Organisationsformen, -modelle und -paradigmen sowie dokumentierte Bewertungen der Lösungselemente. Relevante Schwerpunkte aus der Organisationsperspektive sind insbesondere neue Wege der Entscheidungsfindung (zentral oder dezentral), hochdynamische Organisationsformen und die Organisation der Transformation im Sinne eines Change-Prozesses.

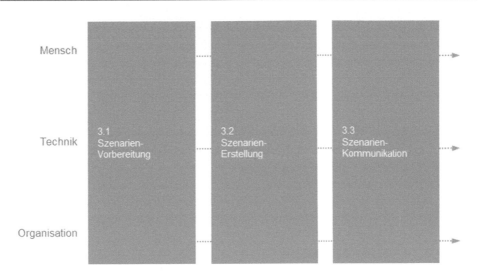

Abb. 3.6 Entwicklung des Zielszenarios

Schritt [2.4]: Kommunikation der Lösungselemente

Die erarbeiteten Ergebnisse gilt es anschließend im Unternehmen zu kommunizieren [2.4]. Dazu wird eine aggregierte Zusammenstellung der möglichen Lösungselemente aus den MTO-Dimensionen erstellt, die eine kurze prägnante Beschreibung mit den wesentlichen Funktionen, Eigenschaften, Merkmalen und bewerteten Potenzialen für das Unternehmen enthält. Anhand der Ergebnisse können anschließend Handlungsempfehlungen formuliert und über geeignete Kommunikationswege und -formen verteilt werden.

Schritt 3: Entwicklung des Zielszenarios

Für den nächsten Schritt [3] dienen die zuvor ausgearbeiteten Ergebnisse aus [1] und [2] als Eingangsinformationen. Ziel ist die Entwicklung der individuellen Zielvision für den betrachteten Betrieb hinsichtlich Industrie 4.0. Mit Hinblick auf durchschnittliche Investitionszeiträume in der Produktion wird für die Vision und strategische Richtung ein Zeitraum von 10 bis 15 Jahren gewählt. Dabei stellt das zu erzielende Ergebnis weniger eine detaillierte Prognose über die zukünftige Entwicklung dar, sondern vielmehr eine Zielvision und ein Instrument zur Prüfung der Logik des Zielzustandes der Transformation für die jeweilige Fabrik. Die Entwicklung des Zielszenarios kann auf unterschiedliche Weise erfolgen. Als grundlegende Teilschritte werden Szenarien-Vorbereitung [3.1], Szenarien-Erstellung [3.2] und Szenarien-Kommunikation [3.3] im Folgenden kurz erläutert. Diese sind in Abb. 3.6 visualisiert.

Schritt [3.1]: Szenarien-Vorbereitung

Für die Vorausschau sind unterschiedliche Ansätze aus der Zukunftsforschung bekannt, z. B. die in der Praxis und Wissenschaft weit verbreitete, oft diskutierte und modifizierte Methode der Szenariotechnik. Ihre Ansätze werden in Berichten der Zukunftsforschung genauer beschrieben [Kos-08]. Der Vorteil der Szenariotechnik gegenüber anderen

Prognosemethoden ist, dass sie alle möglichen, denkbaren Entwicklungen, die sich aus dem technologischen, gesellschaftlichen und wirtschaftlichen Umfeld ergeben, betrachtet und daher unerwartete Ereignisse nahezu ausschließt. Nachteil der Methode ist, dass sie relativ viele Ressourcen bindet und mit der Berücksichtigung einer hohen Anzahl an Faktoren die Unsicherheit und die Anzahl möglicher Szenarien steigt. Zur Entwicklung einer Zielvision für die individuelle Industrie 4.0-Fabrik wurde daher eine vereinfachte Methode eingesetzt, die Vorarbeiten aus den vorherigen Schritten nutzt, die in ähnlicher Ausprägung auch im generellen Szenariotechnik-Vorgehen verwendet werden. Dazu zählen z. B. die Schritte Betrachtungsrahmen und Themenfeldstrukturierung für Industrie 4.0 [1.1], Identifikation von Trends und Lösungsmöglichkeiten für die MTO-Dimensionen [2], Identifikation und Beschreibung der Einflussfaktoren für den Betrachtungsbereich [1.4.2] und Erstellung einer Systemmatrix der gegenseitigen Beeinflussung [1.4.3].

Schritt [3.2]: Szenarien-Erstellung
Wie bereits zuvor erwähnt liegt durch Vorarbeiten in [1.1] eine Strukturierung des Themenfeldes Industrie 4.0 vor. Diese kann bei der Szenarien-Erstellung als Hilfsmittel dienen, um die Industrie 4.0-Themen den zukünftigen Unternehmenszielen und übergeordneten Strategien zuzuordnen. Eine Zielmatrix, bestehend aus einer strukturierten Industrie 4.0-Themenliste und der zweiten Achsendimension mit den relevanten Unternehmenszielen, ermöglicht die Identifikation von Schlüsselfaktoren und relevanten Potenzialen. Diese Zielmatrix wird in Kombination mit abgeleiteten Erkenntnissen aus den Schritten [1] und [2] in einem kreativen Schreibprozess verwendet, um die Zielvision zu erstellen. Details zu Technologien, Produkten und Systemen werden nicht ausführlich beschrieben, sondern durch die grundlegenden und richtungsweisenden Merkmale wird lediglich ein Gestaltungsraum aufgespannt. Die Elemente sollten idealerweise aus den bereits ausgearbeiteten MTO-Lösungsoptionen [2] hervorgehen und in die Ausarbeitung einfließen. Die Beschreibungen zur individuellen Visionserstellung und die erarbeiteten Zielvisionen der Projektpartner sind im Abschn. 3.2 zu finden. Die gemeinsame Erstellung der Vision und die begleitenden Diskussionen über relevante Trends, deren Auswirkungen und Enabler schärfen das Verständnis der am Prozess Beteiligten für die Herausforderungen der Fabrik der Zukunft.

Schritt [3.3]: Szenarien-Kommunikation
Das Rohszenario und andere Ergebnisse aus der Szenarien-Erstellung müssen anschließend für die Kommunikation im Unternehmen aufbereitet werden. Die Aktivitäten umfassen dabei sowohl die textuelle als auch grafische Aufbereitung. Eine ansprechende Visualisierung und die aktive Bereitstellung des Zielszenarios für die Transformationsbeteiligten und weiteren definierten Personengruppen sind wesentliche Erfolgsfaktoren für die erfolgreiche Szenarien-Kommunikation.

Schritt 4: Auswahl der wesentlichen Lösungselemente
Ziel des Schrittes [4] ist das Zusammentragen und die Sicherstellung der Verfügbarkeit von Lösungsmöglichkeiten zur konkreten Gestaltung der Ziel- und Zwischenzustände. Es

wird zusätzlich zu den in [1] und [3] aufgezeigten Lösungsmöglichkeiten ein Backcasting durchgeführt, das ausgehend von einem Zielzustand unterschiedliche Handlungsoptionen entwickelt, um das jeweilige Ziel zu erreichen [Alr-07]. Daher ist in diesem Schritt insbesondere die individuelle Zukunftsvision aus [3] ein zentrales Ergebnis für die Ableitung zukünftiger Handlungsoptionen aus der Gesamtperspektive und den Dimensionen Mensch, Technologie und Organisation. Die Leitfrage dabei ist: „Welche Möglichkeiten haben wir, unser Ziel zu erreichen?" [Gru-02]. Es werden somit Pfade der Zielrealisierung entwickelt." Dies geschieht retrospektiv vom vereinbarten Zielzustand aus. Somit wird der Möglichkeitsraum heutiger Handlungsoptionen angesichts eines Ziels in der Zukunft aufgespannt [Kos-08]. Dabei werden die Handlungsoptionen anhand geeigneter Bewertungskriterien (harte und weiche Faktoren) hinsichtlich ihrer Potenziale bewertet. Mithilfe der Bewertung können bspw. anschließend Umsetzungsaufwand, Dringlichkeit, Attraktivität und Relevanz für das Unternehmen ermittelt werden. Diese Erkenntnisse sollen dazu dienen, Strategien zu entwickeln und Make-or-Buy-Entscheidungen zu unterstützen. Die Schritte in den MTO-Dimensionen werden im Folgenden beschrieben und in der Abb. 3.7 dargestellt.

Schritt [4.1]: Soll-Definition und Bedarfsanalyse
Schritt [4.1] setzt sich zusammen aus den drei Teilschritten Erarbeitung zukünftig notwendiger Qualifikationen [4.1.1], Ist-Soll Abweichungsanalyse [4.1.2] und Priorisierung der Handlungsbedarfe [4.1.3]. Mithilfe der Zukunftsszenarios werden zukünftige Qualifikationsanforderungen abgeleitet. Um feststellen zu können, welche Handlungsfelder nun besonders relevant sind und wie groß die Diskrepanz der gegenwärtigen tatsächlichen Situation und des Zielzustandes ist, wird in [4.1.2] ein Abgleich zwischen der Ist-Situation und der Soll-Situation durchgeführt. Eine detaillierte Beschreibung der Methoden und Modelle ist in Abschn. 3.2.1 zu finden.

Abb. 3.7 Auswahl der wesentlichen Lösungselemente

Schritt [4.2]: Auswahl der wesentlichen Lösungselemente Technologie

Ziel des Schrittes [4.2] ist es, die geeigneten technologischen Lösungselemente auszuwählen. Dazu werden in [4.2.1] zunächst Zielkriterien festgelegt, um eine bedarfsorientierte Auswahl zu ermöglichen. Mittels einer Ist-Soll Abweichungsanalyse in Schritt [4.2.2] wird untersucht, welche vorhandenen Technologien genutzt werden können und anschließend eine Priorisierung [4.2.3] durchgeführt. Die Methoden werden in Abschn. 3.2.2 genauer beschrieben.

Schritt [4.3]: Optionsentwicklung für die Organisation

Ziel des Schrittes [4.3] Optionsentwicklung für die Organisation ist die Sicherstellung, Analyse und Strukturierung von geeigneten Organisationsmodellen und -formen. Kernelemente sind die Eignungsprofile der bereits in Schritt [2] identifizierten Organisationsformen, -modelle und -prinzipien. Es werden in Teilschritt [4.3.1] durch den Abgleich der Eignungsprofile mit dem Zielszenario [3] organisatorische Spielräume erarbeitet. Anschließend erfolgt eine detaillierte Analyse der Optionen mithilfe von visuellen Darstellungen und Einzelbetrachtungen der Faktoren hinsichtlich deren Relevanz und Dynamik. Die Ableitung von Handlungsoptionen [4.3.3] erfolgt anschließend auf Basis morphologischer Profile für die Organisation. Details zu den Methoden und Instrumenten werden in Abschn. 3.2.3 näher beschrieben.

Schritt 5: Festlegung der Transformationsstrategie

Das Hauptziel in Schritt 5 ist die Definition der Transformationsstrategie. Kernelemente sind die logische und zeitliche Verknüpfung möglicher Handlungsoptionen und Zustände und die Auswahl des Transformationspfades. Unter Berücksichtigung bisher erzielter Ergebnisse erfolgt eine Planung der einzelnen Umsetzungsschritte entlang eines Pfades bis zur Erreichung des Zielzustandes der individuellen Industrie 4.0-Fabrik. Dazu muss die Planung der Umsetzungsschritte unter Berücksichtigung der Sicherstellung des laufenden Betriebes, der wirtschaftlichen, organisatorischen und technologischen Aspekte sowie der Sozialverträglichkeit erfolgen. Folgende Teilschritte unterstützen die Entwicklung und Auswahl der Strategie. Diese sind in den MTO-Dimensionen in Abb. 3.8 dargestellt.

Schritt [5.1]: Festlegung der Transformationsstrategie Dimension Mensch

In Schritt [5.1] werden die Gestaltungsoptionen in der Dimension Mensch weiter spezifiziert. Strategien für den Aufbau von Kompetenzen oder Weiterbildungen müssen rechtzeitig festgelegt werden, um die Mitarbeiter auf ihre Aufgaben in ihrem zukünftigen Arbeitsumfeld gezielt vorzubereiten. Der Teilschritt [5.1.1] dient der Spezifikation von Lernszenarien. Abschließend erfolgt in Teilschritt [5.1.2] die Erstellung eines Implementierungsplans zur Qualifizierung. Methoden und Werkzeuge für die genannten Schritte werden in Abschn. 3.2.1 detailliert beschrieben.

Schritt [5.2]: Festlegung der Transformationsstrategie Dimension Technologie

In der technologischen Dimension erfolgen die Aktivitäten für die Festlegung der Transformationsstrategie in drei Schritten. Insbesondere für Projekte mit einem weiten Zeithorizont – z. B. solche, welche die IT-Infrastruktur oder Systemlandschaft betreffen – ist es nützlich, die schrittweise Umsetzung strukturiert vorzubereiten und festzulegen.

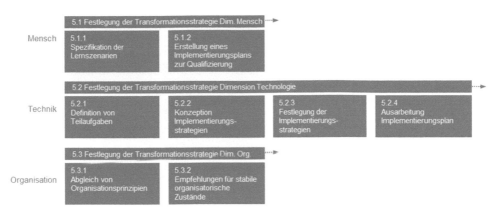

Abb. 3.8 Festlegung der Transformationsstrategie

Verändern sich Rahmenbedingungen, Anforderungen oder Ziele während der Projekt-
laufzeiten, lassen sich einzelne Zwischenschritte später noch je nach Bedarf anpassen.
Es werden in [5.2] Implementierungsstrategien für Hardware- und Softwaretechnologien
untersucht [5.2.1], konzipiert [5.2.2], festgelegt [5.2.3] und in Form eines Implementierungsplanes ausgearbeitet [5.2.4]. Die Beschreibung der Methoden und Werkzeuge für die
genannten Schritte erfolgt detailliert in Abschn. 3.2.2.

Schritt [5.3]: Festlegung der Transformationsstrategie Dimension Organisation

Ziel der organisatorischen Schritte für die Festlegung der Transformationsstrategie ist die
Bereitstellung von organisatorischen Empfehlungen für die Durchführung von Industrie
4.0-Transformationsvorhaben. Hierfür wird in Schritt [5.3.1] ein Abgleich von organisatorischen Prinzipien durchgeführt. Mithilfe von Ansätzen, Modellen und Methoden aus
dem systemorientierten Management werden zur Erreichung der gewünschten Zustände in
[5.3.2] organisatorische Empfehlungen für die Transformationsstrategie generiert. Details
zu den Methoden und Modellen sind in Abschn. 3.2.3 beschrieben.

Schritt 6: Realisierung und Bewertung

Die Erreichung der erwünschten Fabrikzustände ist eine der wesentlichen Herausforderung im Transformationsprozess. Hier gilt es, in den vorherigen Schritten entwickelte
Strategien zu operationalisieren und Lösungen auf den Hallenboden zu bringen. Als letzter
Teil des iterativen Vorgehens ist das Ziel des Schrittes [6], die gewählten Umsetzungsmaßnahmen zu implementieren und zu bewerten. Für die Dimensionen Mensch, Technologie
und Organisation werden nachfolgend die Aktivitäten vorgestellt. Die Aktivitäten sind
zudem in den MTO-Dimensionen in Abb. 3.9 dargestellt.

Schritt [6.1]: Realisierung und Bewertung Dimension Mensch

In der menschlichen Dimension erfolgt in Schritt [6.1] zunächst die Umsetzung des Durch-
führungsplanes [6.1.1], indem die notwendigen Rahmenbedingungen geschaffen und prototypische Projekte sowie schließlich das Roll-Out realisiert werden. Der nachfolgende

Abb. 3.9 Realisierung und Bewertung

Schritt zur Bewertung der Qualifizierungsmaßnahmen [6.1.2] erfolgt teilweise zeitlich parallel zur Umsetzung. Darauf folgt in Schritt [6.1.3] die Bewertung der Einstellung der Mitarbeiter zu den Veränderungen. Bewertungsmethoden und andere hilfreiche Instrumente für die genannten Schritte werden in Abschn. 3.2.1 vorgestellt.

Schritt [6.2]: Realisierung und Bewertung Dimension Technologie
Aus technologischer Perspektive wird in Schritt [6.2] ein zweistufiger Prozess durchlaufen, um die ausgewählten Maßnahmen entlang des Pfades umzusetzen und zu bewerten. Mithilfe des Implementierungsplanes werden Maßnahmen in Schritt [6.2.1] anhand von geeigneten Engineering-Werkzeugen technologisch umgesetzt. Die Evaluierung der Implementierungsmaßnahme in Schritt [6.2.2] zielt darauf ab, die Wirksamkeit der umgesetzten Maßnahmen festzustellen und zu reflektieren. Eine detailliertere Beschreibung ist in Abschn. 3.2.2 zu finden.

Schritt [6.3]: Realisierung und Bewertung Dimension Organisation
In der Realisierung und Bewertung aus organisatorischer Sicht in Schritt [6.3] werden die organisatorischen Maßnahmen umgesetzt [6.3.1] und anschließend in Schritt [6.3.2] bewertet. Hierbei wird insbesondere der Abgleich der realen Resultate mit den Ergebnissen aus dem virtuellen Abbild durchgeführt und bewertet (siehe Abschn. 3.2.3).

3.1.3 Transformation im Unternehmen systematisch gestalten

Für die Optimierung und Modernisierung von Fabriken sind bereits viele nützliche Methoden aus Produktionsforschung und Fabrikbetrieb verfügbar. Produktionssysteme,

Lean-Philosophien und Wertstromanalysen sind sehr verbreitete Ansätze, die zur Optimierung der Produktion herangezogen werden. Diese werden zwar auch in Zukunft weiterhin sehr wichtig für eine wettbewerbsfähige Produktion sein, jedoch mangelt es diesen Ansätzen häufig an dezidierten Methoden zur Realisierung der intelligenten vernetzten Produktion. Die in MetamoFAB entwickelten Methoden können produzierenden Unternehmen nachhaltig helfen, in den gewählten Betrachtungsfeldern mittels eines systemischen Vorgehens die Metamorphose zur intelligenten vernetzen Fabrik zu erreichen. Daher sollten die Vorgehensweise und darin enthaltene Methoden iterativ angewendet und ggf. in bestehenden Strategieentwicklungsprozessen und Produktionssystemen verankert werden.

Systematische Weiterentwicklung etablierter Prozesse und Methoden
Es empfiehlt sich, die gegenwärtig im Unternehmen angewandten Methoden und Prozesse zur Gestaltung der Dimensionen Mensch, Technik und Organisation mit dezidierten Methoden zur Realisierung der intelligenten vernetzten Produktion anzureichern und weiterzuentwickeln, um die Wettbewerbsfähigkeit nachhaltig zu sichern und zu steigern. Die Verankerung einer iterativen und systematischen Vorgehensweise im Unternehmen unter Berücksichtigung bereits etablierter Prozesse und Methoden kann allen Beteiligten Orientierung geben und die notwendigen praktischen Hilfsmittel für die Transformation bieten.

Erste Industrie 4.0-Lösungsansätze wurden in Fabriken von Pionier-Unternehmen implementiert. Abhängig von Branche, Unternehmen und Organisationsbereich sind diese je nach Fokusthemen und Ausprägung sehr unterschiedlich gestaltet. Selbst in einer Fabrik liegt typischerweise meistens eine starke Spreizung hinsichtlich der eingesetzten Technologien vor. Es können bspw. in einer Produktionslinie neben modernster Sensorik und hochvernetzten IT-Systemen auch sehr veraltete Messsysteme im Einsatz sein. Daher sind reifegradbasierte Bewertungsmethoden oder Benchmarking-Methoden nicht immer ausreichend, um aussagekräftige Auswertungen über den Industrie 4.0-Status oder die Fähigkeiten einer individuellen Fabrik zu erzielen. Die meisten Mitarbeiter kennen die einfache, intuitive und weitreichende Vernetzung aus der privaten Nutzung von smarten Devices und haben dadurch bereits eine hohe Erwartungshaltung an neue smarte Anwendungen für die Produktion. Werden die Erwartungen in der Umsetzung nicht erfüllt und der Mehrwert für alle Beteiligten nicht klar herausgestellt, kann es bereits im Vorfeld zu Akzeptanzproblemen und Ablehnung kommen. Daher wird empfohlen, einen interdisziplinären Ansatz zu wählen und die individuelle Zukunftsvision, die Transformationsschritte und die Umsetzungsanforderungen sorgfältig auszuarbeiten und durch schnelle Umsetzung von ausgewählten Use-Cases-Erfahrungen zu sammeln und zu lernen.

Iterative und umsetzungsorientierte Vorgehensweise
Der Transformationsprozess sollte sowohl eine mittel- und langfristige Zielstellung als auch die Fokussierung auf schnelle Umsetzungen mit hohem Erfolgspotenzial umfassen. Dabei wird empfohlen, in kleinen Schritten eigene praktische Erfahrungen zu sammeln und auf eine positive Fehlerkultur zu achten. Durch eine praxisorientierte und iterative Vorgehensweise kann der Mehrwert von Industrie 4.0-Lösungen für das Unternehmen und für die Mitarbeiter auf Basis erfolgreicher Umsetzungsbeispiele schneller aufgezeigt werden.

3.2   Befähigung der Entitäten und der Organisation

3.2.1   Kontextsensitive Mitarbeiterqualifizierung

André Ullrich, Gergana Vladova und Norbert Gronau

Cyberphysische Systeme und das Internet der Dinge forcieren einen Wandel der Produktionsbedingungen. Eine zunehmende Vernetzung der Entitäten einer Fabrik sowie die Durchdringung der Fabrik mit Automatisierungstechnologien führen zu Veränderungen auf Prozess- und Aufgabenebene. Neben der Entwicklung und Auswahl technischer Entitäten sowie der Gestaltung organisationaler Rahmenbedingungen ist die Qualifizierung der Mitarbeiter ein wesentlicher Bestandteil der Transformation von Fabriken hin zu einem nachhaltig wettbewerbsfähigen Zielzustand [Kag-14]. Diese neuen Anforderungen können die Mitarbeiter mit ihren vorhandenen Qualifikationen und Kompetenzen oftmals nicht erfüllen [Spa-13], [Gro-15]. Darauf reagieren Unternehmen mit standardisierten Weiterbildungsprogrammen. Darüber hinaus mangelt es an praktikablen und kontextsensitiven Vorgehensmodellen und Qualifizierungsangeboten zur betrieblichen Weiterbildung [ACA-16, S. 7]. Die jeweiligen Rahmenbedingungen eines Unternehmens sowie die individuellen Ausgangspositionen der Mitarbeiter und Tätigkeitstypen sind vielschichtig und müssen die Ausgangspunkte solcher Qualifizierungsmaßnahmen darstellen. Bei Betrachtung der Anwendungspartner konnte bspw. festgestellt werden, dass keine systematische Erfassung der Anforderungen an die betriebliche Qualifizierung und der Handlungsbedarfe durchgeführt wurde. Darüber hinaus wurde Handlungsbedarf bei der konkreten Ausgestaltung von Lernszenarien aufgedeckt. Diese Punkte münden letztendlich in der Notwendigkeit, ein durchgängiges Vorgehen zur Qualifizierung der Mitarbeiter zu erarbeiten und im Unternehmen zu verankern. Die Vorteile der Verwendung eines solchen Vorgehens liegen auf der Hand: Einerseits ermöglicht die systematische Qualifizierung einen bedarfs- und ressourcenadäquaten Mitteleinsatz durch die Identifikation von Handlungsbedarfen und deren direkte Adressierung. Darüber hinaus sichert die Durchgängigkeit des Vorgehens – von der Ist-Aufnahme hin zur Evaluation der Maßnahmen sowie der Einstellung –

einen nachhaltig hohen Wirkungsgrad bei der Durchführung. Andererseits können damit Strategien zum kontinuierlichen Ausbau der Qualifikationen und Kompetenzen der Mitarbeiter für unterschiedliche Zeithorizonte verfolgt werden.

Ziel dieses Abschnittes ist es, das im Projekt MetamoFAB entwickelte (und testweise angewendete) Vorgehensmodell zur betrieblichen Mitarbeiterqualifizierung im Kontext von Industrie 4.0 vorzustellen, dessen einzelne Bestandteile zu erläutern sowie die Anwendung exemplarisch darzustellen. Zu diesem Zweck wird im Folgenden zuerst der zugrundeliegende methodische Ansatz kurz erläutert. Anschließend werden das gesamte Vorgehensmodell dargestellt und die einzelnen Phasen inklusive jeweiliger Zielstellung und methodischer Hilfsmittel detailliert beschrieben. An passenden Stellen sind konkrete Handlungsempfehlungen für Umsetzung in den Unternehmen eingefügt.

Methodisches Vorgehen

Zur Erarbeitung des Vorgehensmodells wurde ein dualer Ansatz verfolgt. Zunächst erfolgte eine Sichtung der in den Anwendungsunternehmen vorhandenen Konzepte zur Mitarbeiterqualifizierung. Die gewonnenen Informationen wurden theoriegeleitet angereichert. Begonnen wurde mit einer Bestandsaufnahme hinsichtlich vorhandener Vorgehensmodelle zu Qualifizierung, Qualifizierungs- und Dokumentationsansätzen mittels Ist-Aufnahme im Projektkonsortium sowie mit einer Literaturanalyse und -synthese. Darauf folgte eine Analyse der vorhandenen Ansätze und Methoden. Dabei konnte festgestellt werden, dass für jeweilige spezifische Problemstellungen zwar geeignete und praktikable Insellösungen vorhanden waren, jedoch keine von der Erfassung der Anforderungen bis zur konkreten Qualifizierung der Mitarbeiter und Evaluation der Maßnahmen durchgängige Lösung existierte. Mittels Methodensynthese wurde ein ganzheitlicher Ansatz entwickelt, der bei den Anwendungspartnern (partiell) eingesetzt und dessen Eignung anhand von Pilottests überprüft wurde. Dabei ergab sich die Notwendigkeit der Anpassung des Vorgehens. Vor allem die Evaluation durchgeführter Bildungsmaßnahmen sowie die Akzeptanz der Mitarbeiter bezüglich der Transformationsmaßnahmen wurden als erfolgskritisch betrachtet und erhielten mehr Gewichtung.

Vorgehensmodell zur betrieblichen Mitarbeiterqualifizierung

Das Vorgehensmodell besteht aus sechs aufeinanderfolgenden Phasen: (1) Ist-Aufnahme, (2) Soll-Definition und Bedarfsanalyse, (3) Spezifikation der Ausgestaltung, (4) Einführungsstrategie, (5) Einführung und (6) Evaluation. In Abb. 3.10 sind die Phasen sowie jeweilige Ziele und zu verwendende Hilfsmittel veranschaulicht. Der Umfang einiger Tasks ist skalierbar. Dies ermöglicht deren Anwendung entsprechend individueller Präferenzen oder Restriktionen. Dabei kann mit minimalem Aufwand eine ausreichend detaillierte Bearbeitung geschehen. Zu berücksichtigen ist allerdings, dass mit dem investierten Aufwand auch die Präzision und damit die Qualität der Ergebnisse steigen, was sich möglicherweise in einem effizienteren Qualifizierungsprozess sowie letztlich in besser ausgebildeten Mitarbeitern niederschlägt.

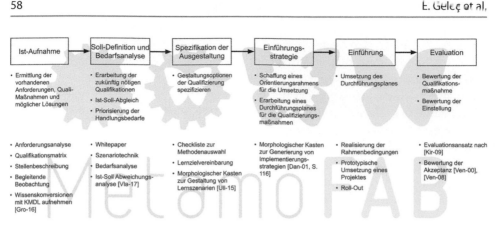

Abb. 3.10 Darstellung des Gesamtvorgehens

Vorgehensmodell als Rahmen mit Gestaltungsspielraum

Das Vorgehen kann entsprechend der individuell vorhandenen Rahmenbedingungen bezüglich des damit verbundenen Umfangs skaliert werden. Dabei gilt: lieber präzise in der Tiefe als oberflächlich in der Breite arbeiten. Vor allem bei der Ist-Analyse kommt es darauf an, dass gründlich erhoben wird, da die Nacherhebung von Anforderungen für einen Produktionsprozessschritt sehr aufwendig ist. Es gilt der Grundsatz: individuell relevante Komponenten verwenden. Das hier vorgestellte Vorgehensmodell stellt einen Rahmen dar, in dem die einzelnen Bestandteile konkretisierende Hinweise auf die Ausführung bieten.

Expertenteam „Qualifizierung"

Institutionalisierung eines Expertenteams „Qualifizierung", das als Ansprechpartner für Fragen und Hinweise der Mitarbeiter bezüglich des Qualifizierungsvorhabens auftritt sowie für die Durchführung und entsprechende Sensibilisierungsmaßnahmen verantwortlich ist. Eine klare Zuordnung von Verantwortlichkeiten und Kompetenzen ist dabei hilfreich.

Es ist empfehlenswert, ein für die Durchführung des hier beschriebenen Qualifizierungsprojektes verantwortliches Team aufzubauen. Dieses Team sollte aus kompetenten und erfahrenen Qualifizierungsexperten sowie Vertretern aller relevanten Anspruchsgruppen im Unternehmen bestehen und in Form eines Expertenteams „Qualifizierung" agieren, indem es das Vorhaben ausführt, betreut, koordiniert, überwacht und evaluiert sowie als Ansprechpartner für Fragen und Hinweise zur Verfügung steht. Darüber hinaus ist das Expertenteam auch für die Sensibilisierung der Mitarbeiter hinsichtlich entsprechender Maßnahmen verantwortlich.

Einsatz von Promotorengruppen und Informationsveranstaltungen
Die Mitarbeiter eines Unternehmens sind diejenigen, die den Transformationsprozess tragen. Dazu ist es notwendig, dass sie der Veränderung positiv gegenüber-
stehen. Es muss *Akzeptanz* geschaffen werden z. B. über Promotorengruppen oder
Informationsveranstaltungen. Eine umfassendere Darstellung hilfreicher Maßnahmen zur Förderung der Mitarbeiterakzeptanz bei Transformationsvorhaben ist in
[Ull-16] zu finden.

Phasen und Arbeitsschritte zur betrieblichen Mitarbeiterqualifizierung

Im Folgenden werden die jeweiligen Phasen bezüglich deren Verortung im Gesamtvorgehen zur Transformation und der jeweiligen verwendeten (methodischen) Hilfsmittel
einzeln beschrieben sowie deren Anwendung beispielhaft aufgezeigt.

Ist-Aufnahme

Die Ziele der Ist-Aufnahme sind die Erfassung der Anforderungen und die Identifikation
infrage kommender Lösungsansätze für das Unternehmen. Dementsprechend ist dieser
Task in Schritt 1 und 2 des Transformationsvorgehens verortet und gliedert sich in vier
Arbeitsschritte: die Erfassung (1) der vorhandenen Anforderungen an die Qualifizierung,
(2) der Ist-Qualifikationen der Mitarbeiter, (3) der Qualifizierungsmaßnahmen und (4)
möglicher Lösungsansätze (Abb. 3.11).

- (1) Zur Erfassung der Anforderungen an die Qualifizierungsmaßnahmen wird eine
  Anforderungsanalyse (vgl. [Bli-11]) durchgeführt. Dabei werden zuerst die Anforderungen der betroffenen Anspruchsgruppen aufgenommen. Anschließend werden diese
  Anforderungen bezüglich möglicher inhaltlicher Abhängigkeiten fachlich-logisch strukturiert. Abschließend erfolgt deren Bewertung, damit im Ergebnis relevante Anforderungen vorliegen, die entsprechend ihrer Wichtigkeit geordnet sind. Diese drei Teilschritte
  können in Form von Workshops oder Einzelinterviews mit betroffenen Anspruchsgruppen aus den einzelnen Bereichen und in Teamarbeit durchgeführt werden.
- (2) Die Erfassung der Ist-Qualifikationen erfolgt in vier Teilschritten. Zuerst müssen –
  falls diese nicht bereits vorhanden sind – (1) Stellenbeschreibungen erarbeitet werden.
  Relevante Einzelaufgaben, notwendige Kompetenzen, selbst erkannte Qualifizierungsbedarfe und Motivationsausprägungen der Mitarbeiterseite sowie die geforderte Team-
  beschaffenheit werden anhand von Gesprächen mit Stelleninhabern (Experten ihres
  eigenen Handelns) und Gruppenleitern identifiziert sowie dokumentiert. Darauf aufbauend erfolgt die Auswertung von Gemeinsamkeiten und Unterschieden. Eventuell
  sind noch Ergänzungen notwendig, sodass Kategorien (Anforderungen, Zielsetzungen,
  Verantwortlichkeiten etc.) gebildet werden können, um die Stellenbeschreibungen
  abzuschließen. Danach ((2-)optional) wird dem gründlichen Durchführer die Modellierung der Wissenskonversionen in den jeweiligen Rollen-Prozessschritten mittels der
  Aktivitätssicht der Knowledge Modelling and Description Language (KMDL) [Gro-16]

Ist-Aufnahme	
1.2 Interne Analyse	
1.2.1 Erfassung der Anforderungen an Qualifizierung	AS 1: Ableitung und Definition der Anforderungen an die Qualifizierung und Tätigkeiten aus dem Arbeitskontext mittels Anforderungsanalyse 1. Erhebung von Anforderungen relevanter Anspruchsgruppen 2. Strukturierung und Abstimmung der Anforderungen (Abhängigkeiten, fachlich-logische Gruppierung) 3. Bewertung der Anforderungen
1.2.2 Erfassung Ist-Qualifikationen	AS 1: Erstellung/Nutzung existierender Stellenbeschreibungen zur Erfassung der Ist-Qualifikationen 1. Identifikation von Einzelaufgaben, notwendigen Kompetenzen, Charaktereigenschaften, Motivationsausprägungen, Teambeschaffenheit anhand von Gesprächen mit Stelleninhabern 2. Auswertung von Gemeinsamkeiten, Unterschieden und Ergänzungen 3. Kategorien bilden (Anforderungen, Zielsetzungen, Verantwortlichkeiten, etc.) 4. a) Erstellen der Stellenbeschreibungen b) Heranziehen von vorhandenen Stellenbeschreibungen zur Identifikation der Ist-Qualifikationen AS 2: Identifikation der Wissenskonversionen mittels KMDL AS 3: Erstellung/Nutzung Qualifikationsmatrix 1. Qualifikationsanforderungen und/für Tätigkeitstypen aus dem Arbeitskontext ableiten und definieren 2. Definition von Bewertungskriterien 3. Erfüllungsgrad der MA gegenüberstellen AS 4: Strukturierung der Qualifikationen entsprechend Kompetenzfacettenansatz
1.2.3 Erfassung vorhandener Qualifizierungsmaßnahmen	AS 1: Sichtung der intern verfügbaren Qualifizierungsmaßnahmen AS 2: Strukturierung und Auflistung der vorhandenen Qualifizierungsmaßnahmen
2. Identifikation von Lösungselementen	
2.1-2.4 Erfassung möglicher Qualifizierungsmaßnahmen	AS 1: Identifikation am Markt vorhandener Qualifizierungsmaßnahmen AS 2: Erarbeitung von Vor- und Nachteilen der Qualifizierungsmaßnahmen AS 3: Strukturierung und Bewertung der identifizierten Qualifizierungsmaßnahmen AS 4: Kommunikation

Abb. 3.11 Phase 1 – Ist-Aufnahme

empfohlen. Dies fokussiert die Identifikation von Wissensflüssen und ermöglicht dabei die prozessbezogene Identifikation von notwendigen Kompetenzen. In einem dritten Teilschritt wird eine Qualifikationsmatrix durch das Team mithilfe der Stellenbeschreibungen oder ergänzend mit der Methode der begleitenden Beobachtung erstellt – falls diese nicht ebenfalls schon vorhanden ist. Dies dient der Übersicht auf der Ebene von Teams oder Bereichen. Dazu werden zuerst die Qualifikationsanforderungen für die jeweiligen Tätigkeitstypen abgeleitet und definiert, um diese anschließend mittels Kriterien, wie bspw. Dringlichkeit, Umsetzbarkeit oder Relevanz, zu bewerten. Schließlich lässt sich so der Erfüllungsgrad des Qualifikationsniveaus der Mitarbeiter im Vergleich zu den Qualifikationsanforderungen ermitteln. Dieser sollte bei reibungslosem Betrieb in der Regel nicht abweichen. Jedoch werden bei solchen Vergleichen regelmäßig erstaunliche Lücken aufgedeckt. So könnte dabei zutage treten, dass ein Mitarbeiter, obwohl er schon jahrelang an unterschiedlichen Maschinen arbeitet, nicht über die entsprechenden zur Bedienung notwendigen formalen Zertifikate verfügt. Zudem kann aufgrund der Ablösung einer Excel-Lösung durch ein ERP-System die Notwendigkeit entstehen, einigen Mitarbeitern ERP-Wissen und -Fertigkeiten zu vermitteln. Zum Zweck der Übersichtlichkeit sollte abschließend eine (4) Strukturierung der Qualifikationen entsprechend dem Kompetenzmodell nach [Wie-16] erfolgen, in dem die einzelnen Kompetenzfacetten (Organisationskompetenz, Prozesskompetenz, Interaktionskompetenz Fachkompetenz, personale Kompetenz, kulturelle Kompetenz, Methodenkompetenz, Führungskompetenz, Sozialkompetenz) sowie deren konkrete Ausprägungen festgehalten sind.

- (3) Die Erfassung vorhandener Qualifizierungsmaßnahmen dient dem Zweck, einen Überblick über die interne Situation im jeweiligen Unternehmen zu gewinnen. Zuerst erfolgt die Sichtung vorhandener Qualifizierungsmaßnahmen anhand vorhandener Schulungsdokumente, Anfragen bei entsprechenden internen Stellen oder selbständiger Bestandsaufnahme. Darüber hinaus bieten sich Interviews mit Mitarbeitern an, um qualitativ herauszufinden, welche Maßnahmen in der Belegschaft als zielführend betrachtet werden. Anschließend werden die Maßnahmen entsprechend ihrer Einsatzzwecke sowie Merkmalsausprägungen einzelner Parameter (bspw. Ort der Maßnahme: direkt an der Maschine, vgl. Tab. 3.1) strukturiert, sodass eine kompakte Darstellung bereits im Unternehmen vorhandener Maßnahmen vorliegt.

Sorgfältige Informationsbeschaffung
Solch ein Projekt steht und fällt vielmehr mit der Sorgfältigkeit bei der Ausführung der einzelnen Schritte als mit dem investiertem Umfang. Vor allem in der Startphase ist es daher wichtig, (1) das Vorhaben zu konzipieren sowie (2) vorhandene, wenn auch verteilt vorliegende relevante Informationsquellen (Dokumente wie bspw. Stellenbeschreibungen oder Qualifizierungspläne, oder erfahrene Mitarbeiter) zu identifizieren und zu verwenden.

- (4) Die Erfassung möglicher Qualifizierungsmaßnahmen besteht aus vier Teilschritten und dient dazu, einen Überblick über die am Markt vorhandenen und für das Unternehmen relevanten Qualifizierungsmaßnahmen zu generieren. Dazu müssen zuerst – bspw. bei Qualifizierungsberatungen oder in Eigenregie – mögliche Ansätze oder Best Practices ausfindig gemacht werden. Darauf aufbauend können vor dem Hintergrund der eigenen Zielstellungen Vor- und Nachteile sowie wesentliche Charakteristika der Qualifizierungsmaßnahmen erarbeitet werden, sodass diese – analog zu Schritt 1.3.2 –strukturiert und bewertet werden können. Abschließend erfolgt die Aufbereitung der Maßnahmen zur internen (und externen) Kommunikation.

Soll-Definition und Bedarfsanalyse

Dieser Task, der in Schritt 4 des Gesamtvorgehens stattfindet, zielt darauf ab, die zukünftig nötigen Qualifikationen der einzelnen Tätigkeitstypen und Rollen zu erarbeiten, einen Ist-Soll-Abgleich der Kompetenzen durchzuführen sowie die Handlungsbedarfe zu priorisieren (Abb. 3.12).

Zuerst sind die zukünftig erforderlichen Qualifikationen zu erarbeiten. Dazu werden unter Zuhilfenahme des Zielszenarios die Qualifikationsanforderungen abgeleitet. Dies erfordert eine präzise Vorstellung und Beschreibung der Ausgestaltung der zukünftigen Vision sowie der damit verbundenen Aufgaben der Mitarbeiter und der Anforderungen an deren Kompetenzen. Anschließend erfolgt die Strukturierung und Abstimmung der Qualifikationsanforderungen entsprechend des Kompetenzfacettenansatzes (analog zu Schritt 1.2.4), sodass folglich die Bewertung der Qualifikationsanforderungen des Soll-Zustandes mittels Kriterien, wie Priorität, Aufwand oder Nutzen, erfolgen kann. Abschließend werden die Qualifikationsanforderungen in Kompetenzsteckbriefe je Tätigkeitstyp transformiert. Diese Kompetenzsteckbriefe sind eine kompakte Darstellung der Soll-Kompetenzen und können für den schnellen Abgleich hinsichtlich Kompetenzanforderungen je Tätigkeitstyp sowie für zukünftige Stellenbeschreibungen verwendet werden.

Soll-Definition und Bedarfsanalyse	
4.1 Auswahl der wesentlichen Lösungselemente - Mensch	
4.1.1 Erarbeitung zukünftig notwendiger Qualifikationen	AS 1: Unter Zuhilfenahme des entwickelten Zielszenarios werden Qualifikationsanforderungen abgeleitet AS 2: Strukturierung und Abstimmung der Qualifikationsanforderungen entsprechend des Kompetenzfacettenansatzes AS 3: Bewertung der Qualifikationsanforderungen mittels Bewertungskriterien AS 4: Transformation der Qualifikationsanforderungen in Kompetenzsteckbriefe
4.1.2 Ist-Soll-Abweichungs-analyse	AS 1: Installation Modelangelo AS 2: Erstellung von Skill requirements template, welches alle Soll-Kompetenzen innerhalb eines Kontextes (Prozess, Aufgabe etc.) in Tabellenform zusammenfasst AS 3: Erstellung eines (Aktivitäts- oder Kompetenz-)Modells, welches alle Ist-Kompetenzen abbildet/beinhaltet AS 4: Automatisches Matching des Templates mit den Modellen und Generierung einer Übersicht in Tabellenform über vorhandenen bzw. fehlenden Soll-Kompetenzen
4.1.3 Priorisierung der Handlungsbedarfe	AS 1: Priorisierung der Handlungsbedarfe gemäß Bewertung der Kritikalität der Qualifizierungsbedarfe in Bezug zu den Prozessmodifikationen

Abb. 3.12 Phase 2 – Soll-Definition und Bedarfsanalyse

Spezifikation der Ausgestaltung	
5.1 Festlegung der Transformationsstrategie - Mensch	
5.1.1 Spezifikation der Lernszenarien	AS 1: Abgleich der Anforderungen an die Qualifizierung (aus der Ist-Aufnahme) mit den konkreten Eigenschaften der Qualifizierungsmaßnahmen (vorhandener Maßnahmen aus Ist-Aufnahme sowie nicht vorhandene aus Erarbeitung). Dabei dienen die Merkmalsausprägungen der Eigenschaften als Grundlage für die Entwicklung von Lernszenarien. Hier werden die morphologischen Kästen zur Erarbeitung unterschiedlicher Gestaltungsvarianten verwendet. AS 2: Kosten-Nutzwert-Analyse der unterschiedlichen Gestaltungsvarianten AS 3: Festlegung auf Qualifizierungsmaßnahmen AS 4: Erstellung eines Qualifizierungsplans

Abb. 3.13 Phase 3 – Spezifikation der Ausgestaltung

Anschließend kann die Bedarfsanalyse in Form einer Ist-Soll-Abweichungsanalyse entweder aufbauend auf den Modellen der Wissenskonversionen (Schritt 1.2.2) mittels des (a) Modellierungstools „Modelangelo" (vgl. Abschn. 4.3) oder (b) händisch auf Basis der identifizierten Ist- und Sollkompetenzen durchgeführt werden. Dazu werden die Sollkompetenzen bspw. in einem Tabellenkalkulationsprogramm erfasst und den vorhandenen Ist-Kompetenzen gegenübergestellt.

Zur Priorisierung der Handlungsbedarfe (Schritt 4.1.3) werden aus den zukünftig notwendigen Qualifikationen entsprechend den veränderten Prozessen und damit einhergehenden veränderten Anforderungen an die Fähigkeiten der Mitarbeiter die Qualifizierungsbedarfe gemäß ihrer Kritikalität bewertet. Die Leitfrage bei dieser Kritikalitätsbetrachtung lautet: Was passiert, wenn einige Qualifizierungsmaßnahmen nicht rechtzeitig erfolgreiche Resultate bringen, und wie wahrscheinlich ist dies? Dazu ist ein umfassender Überblick über die Wechselwirkungen im Unternehmen erforderlich. Operativ kann dies in einer Eintrittswahrscheinlichkeit-Auswirkungsmatrix umgesetzt werden.

Spezifikation der Ausgestaltung

Nachdem im vorherigen Task Handlungsbedarfe identifiziert und priorisiert wurden, gilt es jetzt, die Gestaltungsoptionen der Qualifizierung entsprechend den Handlungsbedarfen zu spezifizieren (Abb. 3.13). Im Gesamtvorgehen ist dieser Task in Schritt 5 verortet.

Ist eine Priorisierung geschehen, kann mit der Spezifikation der Lernszenarien begonnen werden. Dazu erfolgt in einem ersten Teilschritt der Abgleich der Anforderungen an die Qualifizierung (Schritt 1.1) mit den konkreten Eigenschaften der intern und extern verfügbaren Qualifizierungsmaßnahmen (Schritt 1.3 und 2.1). Die Merkmalsausprägungen der Eigenschaften dieser Qualifizierungsmaßnahmen sind die Grundlage für die Entwicklung der Lernszenarien. Als methodisches Hilfsmittel können dabei morphologische Kästen (vgl. Tab. 3.1) herangezogen werden [Ull-15]. Anschließend wird empfohlen, eine Aufwand-Nutzen-Betrachtung vor dem Hintergrund des eigenen Handlungs- und Gestaltungsspielraums durchzuführen, welche die Basis für die Festlegung auf bestimmte

Tab. 3.1 Morphologischer Kasten – Qualifizierungsdurchführungsmanagement

Parameter	Ausprägungen			
Klasse: Qualifikationsdurchführungsmanagement				
Ort der Maßnahme	Direkt an der Maschine	Maschinenumfeld	Fortbildungszentrum des Unternehmens	Externer Dienstleister
Zeitfenster der Maßnahme	Alles zu einem Zeitpunkt	Sequentiell über kurzen Zeitraum	Sequentiell über mittleren Zeitraum	Sequentiell über längeren Zeitraum
Zeitpunkt der Maßnahme	Akut	Kurzfristig	Mittelfristig	Langfristig
Aufteilung der Durchführung	Alles zu einem Zeitpunkt	In wenigen Teilen	In vielen Teilen	
Eingesetzte Medien	Tablets	Demonstratoren	AR-Brille	PC
Eingesetzte Methoden	Virtuelle Simulation	Hardware-basierte Simulation	Entdeckendes Lernen	Mehrdimensionales Lernen
Eingesetzte Personen	Kollegen	Interner Fortbilder	Externer Fortbilder	
Mindestanzahl der Teilnehmer	Ein Mitarbeiter	Kleine Gruppe (2–5)	Mittlere Gruppe (6–10)	Große Gruppe (11–25)
Inhalte	Selbsterstellt	Selbsterstellt nach Vorlage	Extern eingekauft	
Kosten	Niedrig	Mittel	Hoch	
Kosten(-stelle)	Personalbudget	Maschinenbudget	Abteilungsbudget	Nicht direkt zuordenbar
Interdependenzen zu anderen Qualifizierungsmaßnahmen	Nicht vorhanden – Lerneinheit ist unabhängig	Vorkenntnisse aus anderen Lerneinheiten notwendig	Diese Lerneinheit stellt Vorkenntnisse für weitere Maßnahmen bereit	
Rolle im Prozess	Ausführen	Gestalten	Entscheiden	Regulieren
Berufslebensphase der Teilnehmer	Anfang	Mitte	Ende	Irrelevant
Ruhezeitabhängigkeit	In Produktivzeit	Während der Arbeitszeit	Außerhalb der Arbeitszeit	
Interaktionsgrad	Niedrig	Mittel	Hoch	

Einführungsstrategie	
5.1 Festlegung der Transformationsstrategie - Mensch	
5.1.2 Erstellung eines Implementierungsplanes zur Qualifizierung	*Anwendung der Morphologie zur Generierung möglicher Implementierungsstrategien [Dan-01, S. 116]* AS 1: Festlegung des Verhaltensstils der Implementierung (direktiv-partizipativ) AS 2: Festlegung auf den Umfang des zu implementierenden Objekts (gesamtes Implementierungsprojekt auf einmal - stufenweise Einführung) AS 3: Festlegung auf die angestrebte Objektperfektion (Ideallösung - Näherungslösung) AS 4: Festlegung des Einführungsbereichs (simultan im Gesamtkontext - sukzessive in Kontextbereichen) AS 5: Festlegung des Kontextübergangs vom alten auf den neuen Kontext (gekoppelt - entkoppelt) AS 6: Festlegung des Einführungszeitpunkts AS 7: Dokumentation dieser Entwurfsentscheidungen der Implementierungsstrategie

Abb. 3.14 Phase 4 – Einführungsstrategie

Qualifizierungsmaßnahmen darstellt. Dies kann auch anhand von Erwartungswerten geschehen. Abschließend wird in diesem Schritt ein Qualifizierungsplan erstellt. Dieser umfasst i.A. eine Beschreibung der Prozesse, der verwendeten Anlagen, der Verantwortlichkeiten, die Ausgestaltung der Qualifizierungsstrategie sowie die Beschreibung weiterer kritischer Parameter, wie bspw. die Akzeptanz der Mitarbeiter, und entsprechender möglicher Lösungen der Umsetzung.

Einführungsstrategie

Die Ziele dieses Tasks sind die Schaffung eines Orientierungsrahmens für die Umsetzung sowie die Erarbeitung eines konkreten Implementierungsplanes für die Qualifizierungsmaßnahmen (Abb. 3.14). Mit diesem inhaltlichen Fokus ist dieser Task Teil des Schrittes 5 im Gesamtvorgehen.

Die Erstellung eines Planes zur Durchführung der Qualifizierungsmaßnahmen ist in acht Teilschritte untergliedert und an die Morphologie zur Generierung von Implementierungsstrategien nach [Dan-01] angelehnt (vgl. Tab. 3.2). Dementsprechend muss sich zuerst für einen Verhaltensstil bei der Implementierung (direkt oder partizipativ) entschieden werden. Beide Stile haben je nach vorhandenen Rahmenbedingungen ihre Vor- und Nachteile. Jedoch sei an dieser Stelle darauf verwiesen, dass ein partizipativer Ansatz bei der Sensibilisierung der Mitarbeiter für das Vorhaben deutliche Vorteile bietet, indem die Bereitschaft der Mitarbeiter gefördert wird und dieser daher insbesondere für Veränderungen in Richtung Industrie 4.0 geeignet ist. Anschließend erfolgt die Festlegung des Umfangs der Qualifizierungsmaßnahmen. Hier wird entschieden, ob die Qualifizierungsmaßnahmen simultan oder sukzessive eingeführt werden oder eine Ausgestaltungsform

Tab. 3.2 Morphologie zur Generierung von Implementierungsstrategien (i.A.a. [Dan-01, S. 116])

Implementierungsstrategie-Dimensionen			Gestaltungsoptionen			
Verhaltensdimensionen		**Wie** implementieren (Verhaltensstil)?	Direktiv <-> partizipativ			
Sachdimensionen	**Objektdimension**	**Wieviel** einführen?	Gesamtobjekt		Stufenweise Einführung von Objektmodulen	
		Welche Objektperfektion einführen?	Ideallösung		Näherungslösung mit Nachbesserungsoption	
	Kontextdimension	**Wo** einführen?	Gesamtkontext		Sukzessive Einführung in Kontextbereichen	
		Mit welchem Kontextübergang einführen?	Gekoppelt	Überlappend	Parallel	Entkoppelt
	Zeitdimension	**Wann** einführen?	Orientierung am einführungsrelevanten Reifegrad		Orientierung an „günstigen Gelegenheiten"	

dazwischen gewählt wird. Darauf aufbauend muss die Frage geklärt werden, ob jeweils sofort eine allumfassende Ideallösung oder aber Näherungslösungen mit der Möglichkeit zur Nachbesserung zielführender sind. Weiterhin muss bestimmt werden, ob alle betroffenen Unternehmensbereiche gleichzeitig oder nacheinander mit den Qualifizierungsmaßnahmen versorgt werden. Daneben erfolgt die Festlegung des Übergangs der Qualifizierungsmaßnahmen, dies kann entweder gekoppelt oder entkoppelt sowie überlappend oder parallel zu den bestehenden Prozessen geschehen. Dieser Punkt steht in enger Abhängigkeit von der Entscheidung, wie die Prozesse der Fabrik umgestaltet werden, und muss dementsprechend abgestimmt sein. Im Rahmen dieser sechs Entwurfsentscheidungen kann das „Ausrollen" des Vorhabens individuell gestaltet werden. Die Dokumentation dieser Entwurfsentscheidungen ist im Nachgang notwendig, um diese transparent kommunizieren zu können. Abschließend sollten wieder Sensibilisierungsmaßnahmen in Richtung der Mitarbeiter ergriffen werden.

Kontinuierliche Sensibilisierung der Mitarbeiter
Die Sensibilisierung der Mitarbeiter ist ein begleitender Prozess. Die Mitarbeiter sollten kontinuierlich während des Transformations- und Qualifikationsvorhabens mit entsprechenden Maßnahmen und aufklärenden Inhalten adressiert werden.

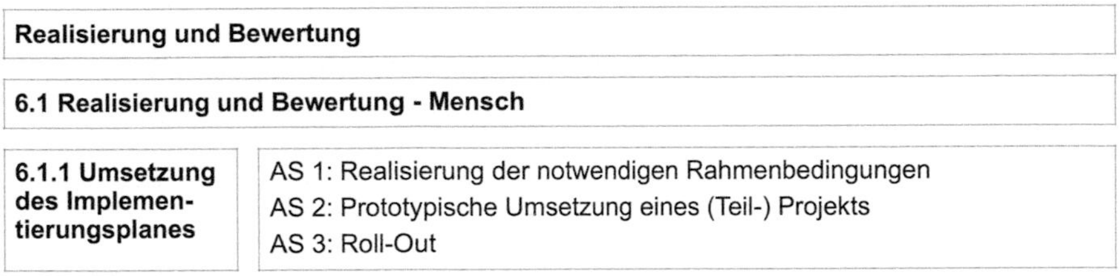

Realisierung und Bewertung

6.1 Realisierung und Bewertung - Mensch

6.1.1 Umsetzung des Implementierungsplanes	AS 1: Realisierung der notwendigen Rahmenbedingungen AS 2: Prototypische Umsetzung eines (Teil-) Projekts AS 3: Roll-Out

Abb. 3.15 Phase 5 – Einführung

Einführung

Dieser Task zielt auf die Umsetzung des Implementierungsplanes ab (Abb. 3.15) und ist dementsprechend Teil der Realisierung (Schritt 6) im Gesamtvorgehen.

Die Umsetzung der Qualifizierungsmaßnahmen ist in drei Teilschritte strukturiert. Zuerst müssen die notwendigen Rahmenbedingungen realisiert werden. Wesentliche, dabei zu beachtende Aspekte sind: Sensibilisierung der Mitarbeiter, Gleichgewicht von Bedarf und Bereitschaft der Mitarbeiter sowie technologische, räumliche und rechtliche Aspekte für eine schnelle und effiziente Umsetzung. Anschließend kann eine prototypische Umsetzung eines (Teil-)Projektes realisiert werden. Ist diese erfolgreich, kann direkt der Roll-Out entsprechend der erarbeiteten Einführungsstrategie durchgeführt werden.

Evaluation

Der abschließende – und teilweise parallel zum Task Einführung erfolgende – Task Evaluation fokussiert die Bewertung der Qualifizierungsmaßnahmen sowie der Einstellung in Form der Akzeptanz der Mitarbeiter bezüglich der Technologie- und Aufgabenveränderungen (Abb. 3.16). Den Inhalten entsprechend ist dieser Task Bestandteil von Schritt 6 des Gesamtvorgehens.

Für die Bewertung der Qualifizierungsmaßnahmen wird der vierstufige Evaluationsansatz nach [Kir-09] empfohlen. Zuerst erfolgt eine Analyse und Bewertung der Reaktionen (Einstellung und Verhalten) der Nutzer während und nach den Qualifizierungsmaßnahmen. Darauf aufbauend werden Lernerfolg-Tests vor und nach der Qualifizierungsmaßnahme sowie bei Bedarf vor und nach einzelnen Lerneinheiten durchgeführt. Bspw. sollte einige Zeit nach den Schulungen das Verhalten der Mitarbeiter in der Arbeitsumgebung bezüglich der gelernten Inhalte und Anwendung der Kompetenzen überprüft werden. Abschließend empfiehlt sich – um das Trainingsprogramm in seiner Gesamtheit bewerten zu können – die Überprüfung, welche Lernziele erreicht wurden. Dies kann mittels begleitender Beobachtung sowie Interviews der Mitarbeiter während deren Arbeitseinsatzes oder mittels Fragebögen erfolgen.

Evaluation der Qualifizierung- und Akzeptanzmaßnahmen

Die Evaluation durchgeführter Maßnahmen ist ein bewährtes Mittel, um den Erfolg und Wirkungsgrad der Tätigkeiten zu bestimmen und daraus Handlungsbedarfe für Nachschulungen oder Akzeptanzmaßnahmen zu identifizieren. Die Evaluation der Maßnahmen sollte im Sinne kontinuierlicher Verbesserungsprozesse eine begleitende Maßnahme sein und somit durch Zwischenevaluation ergänzt werden.

In Analogie zur Bewertung der Qualifizierungsmaßnahmen kann eine Bewertung der Einstellung der Mitarbeiter durchgeführt werden. Hierfür kann das Technologieakzeptanzmodell [Ven-00] (sowie entsprechende Fragebögen) herangezogen werden. Dabei gilt es, Faktoren wie bspw. wahrgenommene Nützlichkeit, wahrgenommene Benutzerfreundlichkeit, Image oder Ergebnisqualität, die einen wesentlichen Einfluss auf die Einstellung der Mitarbeiter ausüben, zu adressieren [Ven-08].

Systematische Qualifizierung

Die wesentlichste Handlungsempfehlung ist, einen *systematischen Ansatz* (wie den hier beschriebenen) *zur Durchführung von Qualifizierungsmaßnahmen* zu verfolgen.

Realisierung und Bewertung	
6.1 Realisierung und Bewertung - Mensch	
6.1.2 Bewertung der Quali-Maßnahmen	*Evaluation von Quali-Maßnahmen nach Kirkpatrick 2009* AS 1: Analyse und Bewertung der Reaktionen (Einstellung und Verhalten) der Nutzer während und nach den Qualifikationsmaßnahmen AS 2: Durchführung von Lernerfolg-Tests vor und nach der Qualifikationsmaßnahme/Lerneinheit AS 3: Beobachtung des Verhaltens der Mitarbeiter (einige Zeit nach der Qualifikationsmaßnahme) in der Arbeitsumgebung hinsichtlich Anwendung der Inhalte AS 4: Überprüfung, welche (Lern-)Ziele erreicht wurden, zu dem Zweck das Trainingsprogramm in seiner Gesamtheit bewerten zu können
6.1.3 Bewertung der Einstellung	*Evaluation der Einstellung zu den Veränderungen nach Venkatesh, Davis 2000 oder Venkatesh, Bala 2008* AS 1: Festlegung auf einen Ansatz zur Bewertung AS 2: Verteilung der Fragebögen AS 3: Analyse und Auswertung der Fragebögen AS 4: Erarbeitung entsprechender Maßnahmen

Abb. 3.16 Phase 6 – Evaluation

3.2.2   Methode zur Befähigung technischer Entitäten

René von Lipinski und Dirk Buße

Der Begriff technische Entität beschreibt Gegenstände, welche über eigene Objekte inner-halb der Informationswelt verfügen [VDI-14]. Im industriellen Umfeld können Produk-tionsanlagen sowie die Produkte selbst den technischen Entitäten zugeordnet werden, wenn diese über entsprechende Objekte der Informationswelt verfügen. Bei diesen Objek-ten handelt es sich um digitalisierte und individuell zuzuordnende Informationen verschie-denster Art (Abb. 3.17).

Neben den Organisationsstrukturen und menschlichen Entitäten eines Unternehmens, müssen auch die technischen Entitäten zur Interaktion in der vernetzten und intelligenten Fabrik von morgen befähigt werden. In diesem Sinne sind gewisse Herausforderungen zu berücksichtigen. Wie in Abschn. 2.3 bereits näher beschrieben, ist hierbei vor allem der heterogene Aufbau jahrelang gewachsener betrieblicher Strukturen zu nennen. In den sel-tensten Fällen werden Fabriken auf der grünen Wiese von Grund auf neu errichtet. Aus-gangspunkt für die Metamorphose zur vernetzten und intelligenten Fabrik von morgen ist zumeist ein Produktionsstandort mit Brownfield-Charakter. Nicht unerhebliche Schwierigkeiten bei der Vernetzung derartiger Fabriken resultieren aus dem unterschied-lichen Alter und der damit verbundenen unterschiedlichen technologischen Ausgangs-situation der Produktionsanlagen. Sollen die für den Transformationsprozess relevanten

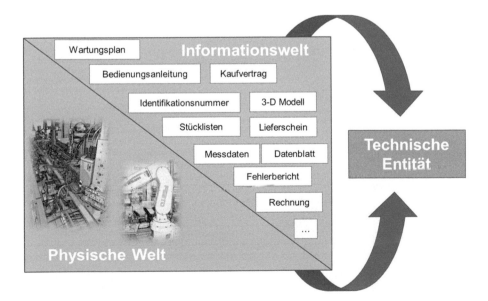

Abb. 3.17 Technische Entität als physischer Gegenstand mit eigenen Elementen der Informationswelt

technischen Entitäten – unter Berücksichtigung der jeweiligen Rahmenbedingungen – erfolgreich in die vernetzten Strukturen der individuellen Industrie 4.0-Vision überführt werden, kann nach der im folgenden vorgestellten Methode vorgegangen werden.

Methodenübersicht

Die Methode zur Befähigung technischer Entitäten umfasst zwölf Teilschritte. Die Zuordnung der jeweiligen Teilschritte im Rahmen der Gesamtmethodik entspricht dem in Abschn. 3.1 vorgestellten Schema und ist in Abb. 3.18 veranschaulicht.

Den Anfang der Methode bilden die Teilschritte 1.3.1 und 1.3.2 als Teil der internen Analyse, welche die Erfassung eines detaillierten Abbilds der technologischen Ausgangssituation ermöglichen soll. Parallel hierzu erfolgt in Teilschritt 2 die Sichtung relevanter technologischer Trends. Die sich anschließende Teilschritte 4.2.1 bis 4.2.3 sollen technologische Zielkriterien festlegen, diese mit der zuvor erfassten Ausgangssituation vergleichen und prioritär zu behandelnde Maßnahmen aufzeigen. Innerhalb der Schritte 5.2.1 bis 5.2.4 erfolgen die Festlegung der Transformationsstrategie durch das Definieren von Teilaufgaben, die Erstellung von Implementierungskonzepten sowie die Auswahl und Ausarbeitung einer Implementierungsstrategie. Deren Umsetzung und die Evaluierung der durchgeführten Maßnahmen bilden den Abschluss der Methode zur Befähigung technischer Entitäten.

Innerhalb der einzelnen Teilschritte kommen verschiedene, im Ingenieursalltag bewährte Werkzeuge zum Einsatz. Durch die hier vorgestellte Anordnung der Teilschritte

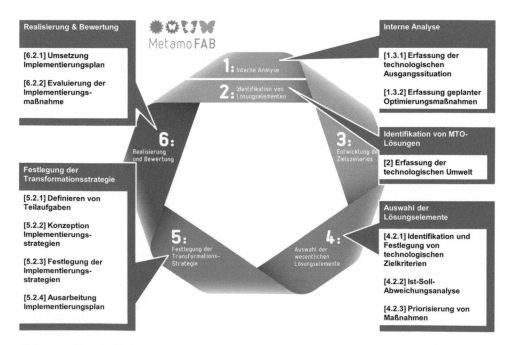

Abb. 3.18 Einordnung der Methode zur Befähigung technischer Entitäten innerhalb des Transformationsprozess zur vernetzten und intelligenten Fabrik

im Sinne der Gesamtmethodik sollen diese systematisch für die Befähigung technischer Entitäten angewendet werden. Die zur Bearbeitung der jeweiligen Teilschritte empfohlenen Werkzeuge variieren bezüglich Aufwand und Ergebnisqualität. Der Anwender der Methode hat somit die Möglichkeit, das für den Individuellen Anwendungsfall und die zur Verfügung stehende Ressourcen passende Werkzeug auszuwählen. Im Folgenden sind die einzelnen Teilschritte näher beschrieben.

Teilschritte

Schritt 1.3.1 Erfassung der technologischen Ausgangssituation

Ziel von Schritt 1.3.1 ist die Erfassung der technologischen Ausgangssituation des zu transformierenden Unternehmens. Hierfür ist es zunächst erforderlich, den Betrachtungshorizont der folgenden Analysen festzulegen. Im Vordergrund steht dabei die Erfassung der grundlegenden betrieblichen Infrastruktur. Als erster Schritt bietet sich hierfür die Erstellung und anschließende Sichtung von Prozessmodellen an. Mithilfe von Prozessmodellen können auf einfache Art und Weise die an den Kernprozessen beteiligten Ressourcen erfasst und katalogisiert werden (Abb. 3.19). Ebenso können so Schnittstellen zwischen menschlichen und technischen Entitäten ermittelt werden. Als mögliches Werkzeug sei an dieser Stelle auf die Modellierungssoftware Mo2Go verwiesen [Fra-16]. Sind die an den Prozessen beteiligten Ressourcen bekannt, können diese im Rahmen von Werksrundgängen, Gesprächen mit Experten oder der Sichtung technischer Unterlagen näher analysiert werden. Das Ziel ist eine Standortbestimmung der eigenen technischen Entitäten bezüglich der in Abschn. 2.1 aufgeführten Industrie 4.0-relevanten Technologiefelder. Hierbei gilt es zu klären: Auf welche Weise kommunizieren die vorhandenen technischen Entitäten? Wie sind die aktuellen Mensch-Maschine-Schnittstellen gestaltet? Welche Sensorik, Aktorik, und Software kommt zu Einsatz? Gib es eingebettete Systeme? Sind diese Fragen beantwortet, müssen die entsprechenden Ergebnisse dokumentiert und für die am weiteren Transformationsprozess beteiligten Personen zugänglich gemacht werden. Dies kann bspw. mithilfe einer Datenbank erfolgen, auf der für die untersuchten Anlagen entsprechende Entitätenkarteien hinterlegt werden.

Schritt 1.3.2 Erfassung geplanter Optimierungsmaßnahmen

Je nach Ausgangssituation können innerhalb des zu transformierenden Unternehmens bereits Optimierungsmaßnahmen geplant sein oder sich bereits in der Umsetzungsphase befinden. Eine derartige Optimierungsmaßnahme kann z. B. die geplante Erneuerung eines veralteten Maschinenparks sein. Ebenso können im Rahmen des Qualitätsmanagements bereits Verbesserungen, Erneuerungen oder Ergänzungen technischer Entitäten geplant sein. Ziel des Schritt 1.3.2 ist es, derartige Optimierungsmaßnahmen zu erfassen und auf Ihre Relevanz für den Transformationsprozess hin zu prüfen. Ist eine entsprechende Relevanz für das angestrebte Zielszenario ersichtlich, sollten die bereits geplanten Optimierungsmaßnahmen in den Transformationsprozess mit einbezogen werden. Mögliche Informationsquellen für Analysezwecke können Investitionspläne, Umsetzungspläne des Qualitätsmanagements oder aus Auditierungen resultierende Vorgaben sein. Im Rahmen

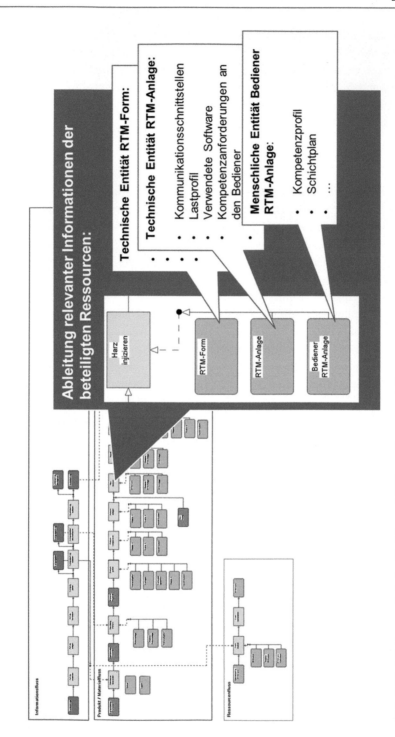

Abb. 3.19 Ableitung technischer Entitäten mithilfe von Prozessmodellen

von Schritt 1.3.2 müssen auch gegebenenfalls zu erfüllende Vorgaben durch Gesetzesänderungen erfasst werden. Als Beispiel sei an diese Stelle auf das 2015 in Kraft getreten Gesetz zur Erhöhung der Sicherheit informationstechnischer Systeme (IT-Sicherheitsgesetz) verwiesen [BSI 15]. Ebenfalls können für die Erlangung bestimmter Zertifikate wie der DIN EN ISO 50001 bzw. DIN EN 16247-1 Optimierungen der bestehenden Infrastruktur erforderlich sein [ISO 50001].

Schritt 2 Erfassung der technologischen Umwelt
Neben der Erfassung der technologischen Ausgangssituation innerhalb eines Unternehmens ist für einen erfolgreichen Transformationsprozess die Kenntnis über die technologische Umwelt jenseits der Betriebsgrenzen von Bedeutung. Ziele des Schritts 2 sind die Sichtung relevanter technologischer Trends und der dazugehörigen Technologiefelder sowie deren Schlüsseltechnologien [BMWI-15]. Zusätzlich soll die unternehmensinterne Kenntnis vom Stand der Technik und Wissenschaft geprüft (z. B. durch ein geeignetes Wissensmanagementsystem) und wenn nötig erweitert werden.

Wissensmanagement
Die Nutzung eines Wissensmanagementsystems (WM-System) ist eine in großen Unternehmen etablierte Vorgehensweise, um auf das betriebsintern verfügbare Wissen zurückzugreifen. Durch WM lässt sich unter anderen Wissensverlust vorbeugen und die Vernetzung von Wissensinseln vorantreiben [Inn-16]. Auch Unternehmen mit KMU-Struktur können mithilfe eines WM-System vorhandene Wissenspotenziale identifizieren und in Problemlösungsprozesse mit einbeziehen [BMWI-13].

Folgende Schwerpunkte sollten im Rahmen des Teilschrittes 2 bearbeitet werden:

• Sichtung Stand der Technik,
• Sichtung Stand der Wissenschaft,
• Sichtung relevanter technologischer Trends und Entwicklungen,
• Prüfung der Marktsituation und Verfügbarkeit von Technologien.

Für die Erfassung der technologischen Umwelt können Werkzeuge wie Patentrecherche, Benchmarking, Messebesuche, Konferenzteilnahmen oder auch Fachjournale hilfreich sein. Ebenso bieten die Newsletter- und Filterfunktionen von kommerziellen bzw. freien Wissensdatenbanken gute Möglichkeiten für einen bedarfsgerechten Wissensausbau.

Schritt 4.2.1 Identifikation und Festlegung von technologischen Zielkriterien
Basis für die Arbeiten innerhalb dieses Abschnitts ist die zuvor im Whitepaper definierte individuelle Zielvision des transformierenden Unternehmens. Hieraus werden nun technologische Zielkriterien abgeleitet. Dies kann zum Beispiel im Rahmen eines Workshops erfolgen.

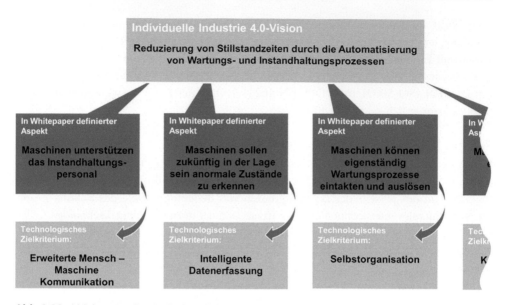

Abb. 3.20 Ableitung technologischer Zielkriterien auf Basis der individuellen Industrie 4.0-Vision

Der beteiligte Personenkreis sollte sich hierbei aus Entscheidungsträgern der Werks- und Abteilungsleitung sowie entsprechenden Experten der jeweiligen Bereiche zusammensetzen. Am Ende eines solchen Workshops sollten dann klar definierte technologische Zielkriterien feststehen. In Abb. 3.20 ist dies an einem einfachen Beispiel veranschaulicht.

Als nächstes sollen für die zuvor definierten technologischen Zielkriterien Mindest- bzw. Maximalziele formuliert werden. Hierfür ist die Erstellung eines Anforderungsprofils erforderlich. Dies sollte im Rahmen eines weiteren Workshops erfolgen. Die Teilnehmer beraten dann über die Mindest- bzw. Maximalziele, welche in den jeweiligen technologischen Zielkriterien erreicht werden sollen. Hierbei ist zu klären, wie die Zielgrößen zu definieren und zu messen sind. Eine Möglichkeit ist die Beschreibung der Ziele durch einen prozentualen Erfüllungsgrad von 0 bis 100 %. Im Rahmen des Workshops muss dann geklärt werden, wie der Erfüllungsgrad zu bewerten ist. Hierfür ist auf den in Schritt 2 erarbeiteten Kenntnisstand über die technologische Umwelt zurückzugreifen. Demnach könnte ein Erfüllungsgrad von 100 % durch den aktuellen Stand der Wissenschaft repräsentiert werden. Der Stand der Technik ist dann durch einen geringeren Erfüllungsgrad im Mittelfeld der Skala dargestellt. Etablierte oder Basistechnologien sind durch einen entsprechend geringen Erfüllungsgrad dargestellt (siehe Abb. 3.21). Als Orientierungshilfe für die Erstellung einer derartigen Skala können Publikationen wie der Leitfaden Industrie 4.0 (Orientierungshilfe für den deutschen Mittelstand) herangezogen werden [VDMA-15]. In diesem Sinne bietet sich auch die Anwendung von interaktiven Werkzeugen an, z. B. der Industrie 4.0-Readiness Online-Selbst-Check für Unternehmen [Lic-15, IMP-16].

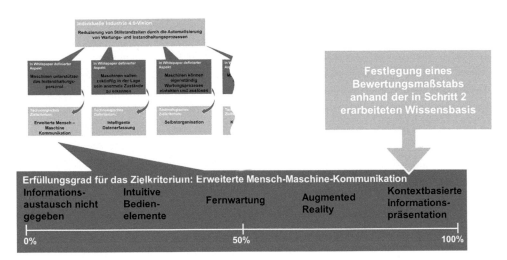

Abb. 3.21 Beispielhafte Ableitung eines Bewertungsmaßstabs für technologische Zielkriterien

---

Industrie 4.0-Reifegradmodelle
Im Rahmen des Teilschrittes empfiehlt sich die Prüfung des Stands der Wissenschaft bezüglich der Industrie 4.0-Reifegradmodelle. Aktuell arbeiten verschiedene Einrichtungen parallel an der Entwicklung von Industrie 4.0-Reifegradmodellen. Es ist daher sinnvoll, die neusten Erkenntnisse und Werkzeuge für den eigenen Transformationsprozess zu nutzen.

Ist die Frage der Bewertung festgelegt, muss geklärt werden, in welchem Bereich der Skala die Zielvorstellungen für das jeweilige Kriterium nach der Transformation liegen sollen. Dieser sollten von vornherein nicht zu hoch angelegt werden, da durch Overengineering unnötig Ressourcen gebunden werden. In Abhängigkeit von der individuellen Zielvision ist ein angemessener Wert bzw. Zielbereich nach dem aktuellen Kenntnisstand festzulegen. Dieses Prozedere ist für alle technologischen Zielkriterien durchzuführen. Im Anschluss werden die einzelnen Zielvorstellungen zu einem technologischen Anforderungsprofil zusammengefasst und durch geeignete Mittel visualisiert. Bei einer geringen Anzahl von Kriterien bieten sich hierfür Darstellungsformen wie das Netzdiagramm an. Sollen mehr als zehn Kriterien veranschaulicht werden, empfiehlt sich für die Visualisierung des Anforderungsprofils ein Balkendiagramm. Das Anforderungsprofil dient als erste Orientierung für die Bearbeitung der folgenden Transformationsschritte. Sollten sich die anfänglichen Zielvorstellungen im fortgeschrittenen Transformationsverlauf als ungenügend erweisen, ist eine iterative Anpassung des Anforderungsprofils erforderlich.

Schritt 4.2.2 Ist-Soll-Abweichungsanalyse

Nach Erarbeitung des technologischen Anforderungsprofils ist dieses mit der aktuellen Ausgangssituation im Unternehmen abzugleichen. Ziel ist es zu untersuchen, inwieweit vorhandene Technologien für den Transformationsprozess genutzt werden können. Hierfür werden zunächst die zuvor erarbeiteten Bewertungsmaßstäbe für eine Beurteilung der eigenen Ausgangssituation angewendet. Dies erfolgt auf Basis der in Schritt 1.3.1 und 1.3.2 erarbeiteten Analyseergebnisse. Wird hierbei das Fehlen von Informationen festgestellt, sind nach Bedarf vertiefende Analysen spezifischer Bereiche einzuleiten. Anschließend erfolgt die Erstellung des technologischen Ist-Profils des Unternehmens. Ist dieses bekannt, kann es mit dem Anforderungsprofil verglichen werden, um festzustellen, inwieweit Ausgangssituation und Zielvision divergieren. Das Ergebnis wird abschließend entsprechend dokumentiert bzw. visualisiert. Ein mögliches Visualisierungsbeispiel zeigt Abb. 3.22.

Schritt 4.2.3 Priorisierung von Maßnahmen

Ein weiterer Bestandteil von Hauptschritt 4 ist die Priorisierung von Maßnahmen. Mithilfe der zuvor erfolgten Ist-Soll-Abweichungsanalyse sind die Schwächen des Ist-Profils bezüglich der Erfüllung der Zielkriterien verdeutlicht worden. Nun gilt es, hieraus prioritär zu behandelnde Maßnahmen abzuleiten. Hierdurch können Ressourcen effizient

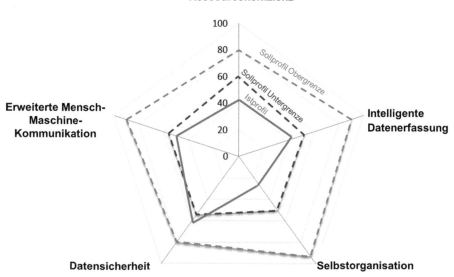

Abb. 3.22 Beispielhafte Gegenüberstellung von Ist-und Sollprofil eines zu transformierenden Unternehmens

Abb. 3.23 Beispielhafte Ableitung von Teilaufgaben

eingesetzt und Neuerungen schneller implementiert werden. Das Beispiel aus Abb. 3.22 zeigt, dass die Anforderungen an die Datensicherheit bereits innerhalb des Zielkorridors liegen. Demgegenüber steht die schwache Ausprägung im Bereich der Selbstorganisation. Hier besteht daher ein stärkerer Handlungsbedarf. Bei ausgeglichen Profilen – wie im Bereich der übrigen Kriterien – kann eine Priorisierung durch entsprechend etablierte Werkzeuge vorgenommen werden. Als Beispiel sei hier auf Strukturierungsverfahren wie das Paretoprinzip (80/20) verwiesen.

Schritt 5.2.1 Definieren von Teilaufgaben

Als nächster Schritt der Umsetzungsplanung müssen aus den priorisierten Zielkriterien konkret umzusetzende Teilaufgaben abgeleitet werden. Ziel ist hierbei die Verringerung des Abstraktionsgrads und somit eine Konkretisierung der Aufgabenstellung. Lautet ein Zielkriterium z. B. Erhöhung der Energieeffizienz, so ist dies noch ein sehr abstrakter Begriff. Eine Auswahl der sich hieraus ergebenen Teilaufgaben ist in Abb. 3.23 dargestellt.

Schritt 5.2.2 Konzeption von Implementierungsstrategien

Das Ziel von Schritt 5.2.2 ist die Konzeption potenzieller Implementierungsstrategien. Grundlage hierfür bilden die im vorangegangenen Schritt definierten Teilaufgaben. Aufgrund der Analysen aus Schritt 2 (Erfassung der technologischen Umwelt) besteht nunmehr Zugriff auf eine breitgefächerte Wissensbasis, und es können den Teilaufgaben entsprechende Lösungsoptionen zugeordnet werden (siehe Abb. 3.24).

Teilaufgaben und etwaige Lösungsoptionen können jetzt zu konzeptionellen Implementierungsstrategien zusammengefügt werden. Des Weiteren ist hierbei auch zu klären, in welcher zeitlichen Abfolge die verschiedenen Teilaufgaben gelöst werden sollen. Die Bearbeitung dieser Aufgabe erfolgt idealerweise im Rahmen eines moderierten Workshops unter Nutzung von Kreativmethoden.

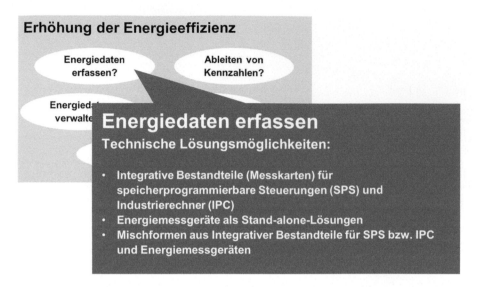

Abb. 3.24 Beispielhafte Ableitung von Lösungsoptionen zur Teilaufgabe Energiedaten erfassen

Einbeziehung technischer Experten und Entscheidungsträger
Der am Workshop beteiligte Personenkreis sollte sich aus Entscheidungsträgern und technischen Experten zusammensetzen. Diese Konstellation gewährleistet zum einen den globalen Überblick über den gesamten Transformationsprozess und zum anderen ausreichende Kompetenz zur technischen Beurteilung von Lösungskonzepten.

Als bewährte Kreativmethode sei an dieser Stelle der Morphologische Kasten empfohlen. Hierbei werden Teilaufgaben und die jeweils zugehörigen Lösungselemente zu einer Matrix zusammengestellt. Durch systematisches oder intuitives Verbinden der Lösungselemente entstehen verschieden Lösungsvarianten. Die Bearbeitung in der Gruppe erhöht die Vielseitigkeit der Lösungsvarianten, da auf diese Weise Teilnehmer mit unterschiedlichen Betrachtungsperspektiven zur Problemlösung beitragen. Es ist jedoch ratsam, nicht alle theoretisch möglichen Variationen zu bewerten und die Anzahl der betrachtenden Varianten im Verlauf des Workshops durch gemeinsame Diskussionen weiter zu reduzieren. Am Ende sollten sich die teilnehmenden Personen auf etwa drei bis fünf konzeptionelle Implementierungsstrategien einigen.

Schritt 5.2.3 Festlegung der Implementierungsstrategie
Nach der zuvor erfolgten Konzeption von Implementierungsstrategien erfolgt nun die finale Festlegung einer Implementierungsstrategie. Hierfür müssen die verschiedenen Varianten strukturiert bewertet werden, um die geeignetste Implementierungsstrategie auszuwählen.

Für diesen Entscheidungsprozess kann bspw. eine Nutzwertanalyse durchgeführt werden. Hierbei werden die verschiedenen Varianten gegenübergestellt und durch ein aus Experten und Entscheidungsträgern bestehendes Team im Rahmen mehrerer Workshops bewertet.

> **Bewertung der Implementierungsvarianten**
> Eine Bewertung der verschiedenen Implementierungsvarianten erfolgt zum einen hinsichtlich des angestrebten Erfüllungsgrads der in 4.2.2 festgelegten technologischen Zielkriterien. Zum andern ist es erforderlich, die Randbedingungen, welche sich aus den Transformationen der organisatorischen und menschlichen Dimensionen des Unternehmens ergeben, zu berücksichtigen. Bspw. können bestimmte Technologien erst dann eingeführt werden, wenn auch sichergestellt ist, dass entsprechende menschlichen Entitäten dazu befähigt sind, diese zu bedienen.

Bei Anwendungsfällen mit komplexen Wechselwirkungen innerhalb der Produktionsprozesse oder erhöhten Sicherheitsansprüchen ist der Einsatz aufwendigerer Werkzeuge für den Entscheidungsprozess notwendig. Als Beispiel sei hier die Failure Mode and Effects Analysis kurz FMEA erwähnt [DIN EN 60812]. Eine FMEA bietet den Vorteil, dass potenzielle Fehler frühzeitig aufgedeckt und auf ihre Auswirkung hin bewertet werden. Demgegenüber stehen ein erhöhter zeitlicher Aufwand und der Bedarf an mit der Methode vertrauten Mitarbeitern.

Schritt 5.2.4 Ausarbeitung eines Implementierungsplans

Ziel von Schritt 5.2.4 ist die Ausarbeitung eines Implementierungsplans für die Umsetzung der zuvor festgelegten Implementierungsstrategie. Bei genauerer Betrachtung kann die Umsetzung der Implementierungsstrategie als Projekt innerhalb des Projektes angesehen werden (so beim Umsetzungspartner Infineon). Somit sind auch gängige Werkzeuge des Projektmanagements (PM) hilfreich für die Ausarbeitung des Implementierungsplans zur Befähigung der technischen Entitäten. Die Beantwortung der sieben W-Fragen des Projektmanagements [Ste-03] (siehe Tab. 3.3) ist dabei eine praktikable Möglichkeit, um alle relevanten Informationen zusammenzutragen und in den sich anschließenden Planungsprozess zu überführen.

Als Werkzeug für die Erstellung des Implementierungsplans kann auf bewährte Programme, wie MS-Projekt, aber auch kostenlose Softwarelösungen, wie Asana oder Bitrix24, zurückgegriffen werden.

Schritt 6.2.1 Umsetzung des Implementierungsplans

Die für die Umsetzung des Implementierungsplans aus Schritt 6.2.2 nötigen Tätigkeiten sind eher dem alltäglichen Engineering – mit der entsprechenden Vielzahl an Werkzeugen – zuzuordnen. Erfolgt die Implementierung prototypisch als isolierter Demonstrator oder für alle Produktionsbereiche parallel während des laufenden Betriebs, können sich jedoch

Tab. 3.3 Anwendung der sieben W-Fragen des Projektmanagements als Orientierungshilfe für die Umsetzungsplanung

W-Frage	Frage konkretisiert bezüglich der Befähigung der technischen Entitäten
Wo stehen wir?	Wie sieht die konkrete Implementierungsstrategie aus?
	Wie sehen die aktuellen Randbedingungen aus?
Warum machen wir das Projekt?	Wie wichtig ist die Implementierung für den Gesamttransformationsprozess?
Was soll konkret erreicht werden?	Was ist das Gesamtziel der Implementierung?
	Was sind Teilziele?
	Was sind messbare Ergebnisse?
Wer ist involviert?	Wer leitet die Implementierung?
	Welche Kompetenzen werden für die Implementierung benötigt?
	Wer sind interne Ansprechpartner?
	Wer sind externe Ansprechpartner?
Wie strukturieren wir das Projekt?	Wie lässt sich die Implementierungsstrategie in Arbeitspakete überführen?
	Welche Einflussfaktoren und Risiken sind zu beachten?
Bis wann müssen Teilziele erreicht werden?	Wie lange dauert die Bearbeitung der Arbeitspakete?
	Wann müssen die einzelnen Arbeitspakete abgeschlossen sein?
Wie viel kostet das Projekt?	Welche finanziellen, sachlichen und personellen Ressourcen stehen für die Implementierung zur Verfügung?

unterschiedliche Herausforderungen ergeben. Aufgrund der Vielfältigkeit der etwaigen Anwendungsszenarien wird an dieser Stelle auf vertiefende Beschreibungen verzichtet. Anregungen zur finalen Umsetzung der Transformation können den Anwendungsbeispielen den Abschn. 5.1 bis 5.3 entnommen werden. Übergreifend ist jedoch zu erwähnen, dass die Umsetzung der Implementierung von Maßnahmen zur Befähigung technischer Entitäten nicht isoliert betrachtet werden kann, da auch die Weiterentwicklung der menschlichen und organisatorischen Rahmenbedingungen die Umsetzungsphase beeinflusst. Des Weiteren muss der durch Industrie 4.0 verursachte Innovationsschub beachtet werden. Für die Anpassung der eigenen Implementierungsstrategie an entscheidende Weiterentwicklungen Industrie 4.0-relevanter Technologien muss daher auch in der Umsetzungsphase genügend Raum zur Verfügung stehen. Die Umsetzung und Evaluierung von Maßnahmen zur Befähigung der technischen Entitäten sollten daher parallel erfolgen.

Schritt 6.2.2 Evaluierung der Implementierungsmaßnahmen
Die Evaluation der geplanten und durchgeführten Implementierungsmaßnahmen bildet den letzten Schritt der Methode zur Befähigung der technischen Entitäten. Mit der Evaluation werden mehrere Ziele verfolgt. Diese sind die Gewinnung von Erkenntnissen, die Ausübung von Kontrolle, die Schaffung von Transparenz als Basis für Lernprozesse und

Abb. 3.25 Zielfunktionen von
Evaluationsprozessen nach
[Sto-14]

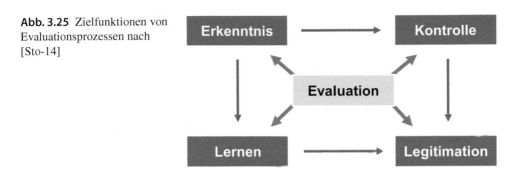

die Legitimation der durchgeführten Maßnahmen anhand der Dokumentation von Erfolgen (siehe Abb. 3.25) [Sto-14].

Um die aus der Evaluation gewonnenen Erkenntnisse aktiv in den Transformationsprozess mit einzubeziehen, sollte die Bearbeitung von Schritt 6.2.2 nicht erst nach Abschluss der Implementierung sondern parallel dazu erfolgen. Hierfür ist der kontinuierliche Abgleich des erreichten Zustandes mit den anfänglich definierten Zielszenario erforderlich. Für die Evaluierung kann auf aus dem Qualitätsmanagement bekannte Werkzeuge wie z. B. Audits zurückgegriffen werden. Alternativ bieten aber auch interaktive Werkzeuge, wie das im Rahmen von MetamoFAB entwickelte Transformationscockpit (siehe Abschn. 4.1), praktikable Lösungen zur Beurteilung und Bewertung des Transformationsfortschritts.

Fazit

Die Befähigung der technischen Entitäten eines Unternehmens im Rahmen der Transformation zur intelligenten und vernetzten Fabrik kann mithilfe bekannter Methoden und Vorgehensweisen erfolgen. Diese müssen jedoch an Rahmenbedingungen einer Transformation im Sinne von Industrie 4.0 angepasst werden. Ein genauer Fahrplan zur Industrie 4.0-konformen Fabrik kann jedoch nicht erstellt werden. Die in diesem Abschnitt getroffenen Ausführungen sollen vielmehr den Rahmen für den eigenen Entwicklungsprozess des technologischen Betrachtungshorizonts bilden. Wichtig ist hierbei, die eigene Ausgangssituation genau zu analysieren und die Werkzeuge den zur Verfügung stehenden Ressourcen anzupassen. Zusätzlich ist es für eine erfolgreiche Transformation erforderlich, den durch Industrie 4.0 bedingten Innovationsschub kontinuierlich zu beobachten und relevante Ergebnisse in den eigenen Entwicklungsprozess mit einzubeziehen.

3.2.3   Vorgehen zur Bewertung und Auswahl geeigneter Organisationsprinzipien

Manuel Kern

Ein potenzielles Mittel, um basierend auf Zusammenhängen der Organisation ein systemisches Modell zu schaffen, ist die Multiple Domain Matrix (MDM). Wie der Name sagt, lassen sich in einer derartigen Matrix Zusammenhänge verschiedenster Entitäten oder Faktoren aus unterschiedlichen, für die Organisation relevanten Domänen des Unternehmens erfassen. Der Ansatz wird im Normalfall für die Neuausrichtung der Ablauforganisation eingesetzt und zeigt Rückschlüsse zu Aufgaben, Kompetenzen und Verantwortlichkeiten von Rollen auf. Dazu wird der Ist-Zustand erfasst, der Soll-Zustand und der Umfang der notwendigen Änderungen oder Maßnahmen des Wandels abgeleitet. Eine MDM ist in der Lage, verschiedene koexistierende Beziehungstypen zu erfassen. Auf diese Weise können auch Prozesse oder Ursache-Wirkung-Zusammenhänge, die mehreren Netzwerken in unterschiedlichen Domänen angehören oder unterschiedliche Zusammenhänge innerhalb einer Domäne haben, leicht dargestellt werden [Kön-08].

Um einen Schritt näher an die Möglichkeiten eines virtuellen Abbildes zu gelangen, war das Bestreben im Rahmen des Projekts, sich der immanenten Information der MDM zu bedienen. In bestehenden Ansätzen werden die offenkundigen Informationen verarbeitet, die Information der komplexen Netzwerkstruktur wird nicht oder nur zur gezielten Analyse einzelner Defizite, Prozesse oder Rollenprofile herangezogen [Kön-08]. MDM-Matrizen haben allerdings einen erheblichen Nachteil: Die Komplexität wächst exponentiell mit der Anzahl betrachteter Elemente, was gemeinhin versucht wird zu vermeiden, auch um die Analyse nicht zu erschweren. Graphentheoretisch betrachtet, ist die MDM eine Adjazenz-Matrix, das heißt die Matrixdarstellung einer Repräsentation von Knoten (Systemelemente, die wirken bzw. Wirkung erfahren) und verbindenden Kanten (Wirkung zwischen den Systemelementen). In der Analytik von Internet-Systemen – wie z. B. Ranking von Suchergebnissen, Vorschlagssystemen in Onlineshops und sozialen Netzwerken – spielt die Adjazenz-Matrix eine zentrale Rolle. Durch diesen Umstand kann auf einen immensen Pool von Algorithmen zur Strukturierung, Analyse und Darstellung von Knoten und Kanten zurückgegriffen werden. In Anbetracht der Größe der im Internet analysierten Strukturen stellt die Komplexität der MDM in diesem Kontext kein Hindernis dar. Die Annahme ist, dass die enthaltene Information größerer Systeme mit der entsprechenden Algorithmik nutzbar gemacht und die Auswertung des komplexen Netzwerks einer Organisationsentwicklung einen Mehrwert erzielen kann.

Ähnliche Ansätze der Informationsstrukturierung und -vernetzung finden sich auch in der Zukunftsforschung. Die Struktur der Einflussmatrix, wie sie häufig im Szenariomanagement Anwendung findet, gleicht ebenfalls einer Adjazenz-Matrix. Allerdings wird diese durch das Zuordnen möglicher zukünftiger Zustände bzw. Projektionen von Systemelementen weitergedacht und zur Ableitung integrativer und stabiler Zukunftsvarianten genutzt.

Für die Betrachtungen im Projekt bildete die Vernetzung von Entitäten, Faktoren und deren Zusammenwirken das Grundgerüst für den modellhaften Aufbau virtueller Abbilder von Organisationen. Ein wichtiger Ausgangspunkt für Forschungsinitiativen zu Industrie 4.0 ist das Management von komplexen technischen Systemen [Aca-13]. Im Rahmen von MetamoFAB werden der gezielte Aufbau und das Management des Organisationssystems, das sich aus der Transformation einer Fabrik oder eines Unternehmens ergibt, in der Fortführung dieses Ausgangspunkts als Steuerung eines komplexen Netzwerks betrachtet.

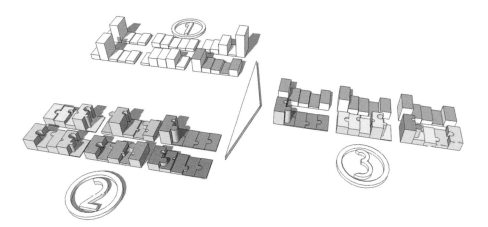

Abb. 3.26 Schematische Darstellung des Ansatzes der Organisationsentwicklung

Systemisch gestützte Organisationsentwicklung

Der entwickelte Ansatz besteht aus drei Bausteinen. Abbildung 3.26 zeigt diese sche-matisch. Der erste Baustein repräsentiert die systemische Analyse des zu betrachtenden Umfangs und die Ableitung eines organisatorischen Anforderungsprofils. Der zweite Block stellt den Aufbau eines generischen Eignungsprofils von Organisationsformen, -paradigmen und Managementansätzen dar. Der dritte Block repräsentiert den Abgleich beider vorhergehenden Blöcke.

Analyse des organisationsrelevanten Einflusssystems

Wie oben beschrieben, ist der Ausgangspunkt der systemischen Analyse (Baustein 1) die MDM einer ausgewählten Menge an Einflussfaktoren. Im Rahmen von MetamoFAB wurde für alle drei Anwendungspartner eine Version der Matrix durch Prozessaufnahme und Aufnahme von Faktoren mit Einfluss auf die individuelle Transformation durch Indus-trie 4.0 erstellt. Abbildung 3.27 zeigt beispielhaft einen MDM-Auszug mit den Domänen Einflussfaktoren, Key Performance Indikatoren (KPI), Prozessschritte und Ressourcen. Die beiden letztgenannten wurden insbesondere aufgenommen für eine weitere Verwen-dung bei der Erstellung modularer Prozesse und der Cockpits.

Es hat sich gezeigt, dass für die Transformation einer Fabrik die Analyse der orga-nisationsrelevanten Einflüsse und KPI das wesentliche Betrachtungssystem darstellen, weshalb weitere Ausführungen sich vornehmlich darauf beziehen.

Der relevante MDM-Auszug wird unter Nutzung eines Visualisierungstools, das auch statistische und algorithmische Auswertungsfunktionen besitzt, untersucht. Dabei helfen insbesondere Algorithmen, die zur Auffindung von Communities in sozialen Netzwer-ken [Blo-08] entwickelt wurden, und Relevanzbildungsalgorithmen – wie der bekannte PageRank Algorithmus [Bri-98] – oder die Errechnung der Eigenvektorzentralität von Knoten. Das Ergebnis dabei ist eine Modulstruktur des gesamten Systems, die sowohl pro Modul als auch innerhalb der Module mit Relevanzwerten versehen ist. Das Ergebnis der beschriebenen Auswertung ist in Abbildung 3.28 beispielhaft visualisiert.

Logik: Zelle wird grün markiert, wenn ein unmittelbarer Einfluss vom Zeilen- auf das Spaltenelement besteht.		A. Einflussfaktoren			B. KPI			C. Prozessschritte			D. Ressourcen		
		Faktor A.1	Faktor A.2	Faktor A.3	KPI B.1	KPI B.2	KPI B.3	Schritt C.1	Schritt C.2	Schritt C.3	Ressource D.1	Ressource D.2	Ressource D.3
A. Einflussfaktoren	Faktor A.1	░		■		■				■			
	Faktor A.2	■				■							■
	Faktor A.3	■		░	■						■		
B. KPI	KPI B.1												
	KPI B.2	■				░						■	
	KPI B.3												
C. Prozessschritte	Schritt C.1								■				
	Schritt C.2				■				░				
	Schritt C.3					■							
D. Ressourcen	Ressource D.1	■						■					
	Ressource D.2							■				░	
	Ressource D.3										■		

Abb. 3.27 Beispielhafte Darstellung einer MDM

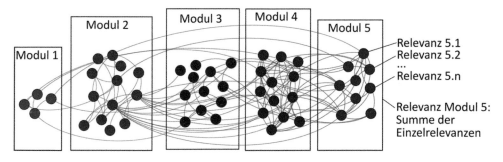

Abb. 3.28 Visualisierung der Modularisierung und Relevanzbildung

Ebenfalls erlaubt die Analyse von Cliquen und Zyklen – das sind kleine Untersysteme mit vollständiger Vernetzung – den Abgleich mit dem vorher bewerteten Wirkungshorizont (kurz-, mittel-, langfristige Wirkung) der einzelnen Faktoren. Sind hier beispielsweise sehr relevante und kurzfristig wirkende Faktoren stark in Cliquen vertreten, kann man von einem sehr dynamischen Systemverhalten ausgehen. Graphentheoretische Cliquen und Zyklen besitzen in diesem Verständnis die Eigenschaften von kybernetischen Regelkreisen und damit verbunden die Eigenschaften von selbstverstärkenden oder auch dämpfenden Zusammenhängen zwischen Faktoren. Es kann eine Risikoabschätzung anhand der Kontrollierbarkeit der Faktoren der einzelnen Zeithorizonte erfolgen.

Informationsgewinnung, Workshops

Einige relevante Informationspakete für den Aufbau einer MDM-Matrix sind in Unternehmen mit wenig Aufwand erfassbar, insbesondere härtere Fakten wie Prozessabbildungen, Netzwerkpläne, Organigramme, KPI-Berechnungsformeln oder Ressourcen-Allokations-Dokumente. Die weniger greifbaren, weicheren Einflussfaktoren können in Workshops mit direkt Beteiligten erfasst werden. Es empfiehlt sich, mit kleineren Subsystemen und der Fokussierung auf das Wesentliche zu starten. Eine spätere Aggregation ist mit vertretbarem Aufwand möglich.

An dieser Stelle wird die Ebene der einfachen Adjazenz-Matrix verlassen. Es findet eine nähere Spezifikation der Stärke und Richtung der Kausalbeziehungen oder Korrelationen zwischen den Faktoren statt. Anhand dieser Spezifikationen kann eine Cross-Impact-Bilanz (CIB) Matrix abgeleitet werden. In der bekannten Herangehensweise zur Erstellung der CIB-Matrix (vgl. [Wei-08]) ist die Bewertung von einzelnen Zuständen der jeweiligen Faktoren als Ursache und als Wirkung vorgesehen. Anhand der erfassten Zusammenhangsspezifikationen werden diese Zustandspaarungen abgeleitet. Eine Bedingung für dieses Vorgehen ist, dass jeder Faktor nur in einer Dimension Variabilität besitzt, Faktoren mit mehreren Dimensionen müssen geteilt werden. Zur Berechnung von in sich konsistenten gesamtheitlichen Systemzuständen wird ein Softwaretool eingesetzt.

Im Normalfall befinden sich unter den errechneten Szenarien wünschenswerte Systemzustände und weniger anstrebenswerte Zustände. In den MetamoFAB-Anwendungsfällen konnte anhand von KPI-Ausprägungen der Szenarien abgelesen werden, welches Szenario als Zielszenario dienen sollte. Dabei ist das Zielszenario auf Whitepaper-Ebene, also als Teil der individuellen Industrie 4.0-Standortvision zu verstehen. Der aktuelle Systemzustand sollte zumindest näherungsweise ebenso in der errechneten Lösungsmenge enthalten sein. Konsistente Szenarien, die zwischen Ziel und Ausgangszustand liegen, können

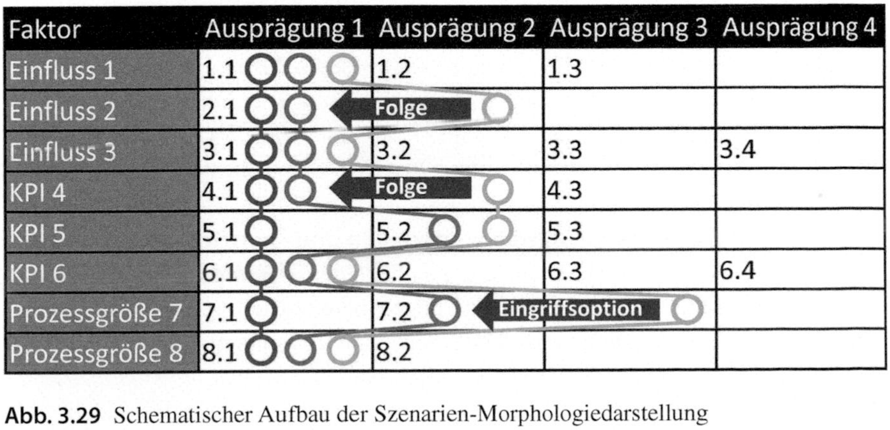

Faktor	Ausprägung 1	Ausprägung 2	Ausprägung 3	Ausprägung 4
Einfluss 1	1.1	1.2	1.3	
Einfluss 2	2.1	Folge		
Einfluss 3	3.1	3.2	3.3	3.4
KPI 4	4.1	Folge	4.3	
KPI 5	5.1	5.2	5.3	
KPI 6	6.1	6.2	6.3	6.4
Prozessgröße 7	7.1	7.2	Eingriffsoption	
Prozessgröße 8	8.1	8.2		

Abb. 3.29 Schematischer Aufbau der Szenarien-Morphologiedarstellung

potenzielle Blueprint-Szenarien sein. Eine morphologische Visualisierung (s. Abb. 3.29) der Szenarien unterstützt hier die Identifikation der Optionen, mit möglichst wenig, jedoch gezielter Änderung, einen möglichst idealen Systemzustand herbeizuführen. Für das Ziel der Anwendung in MetamoFAB, einen möglichst positiven Wandlungsschritt zu einzuleiten, bedeutet dies, Änderungen in einem Systemmodul herbeizuführen, dessen Systemrelevanz besonders hoch ist (z. B. nach der Summe der EigenVektor-Zentralitäten).

Die Auswahl des besten nächsten Schrittes oder "Best-Next-Step" ist nicht zwangsweise über linear-kausales Management möglich. In vielen Fällen wird sie den Charakter eines systemorientierten Managementeingriffes mit Organisationsbezug haben. Systemorientiertes Management kann als ständiges Bemühen verstanden werden, ein komplexes System zu steuern, das von einer hohen Anzahl an sich wandelnden Elementen geprägt ist. In der Folge bedeutet dies, dass das Management die Aufgabe hat, die Dynamik einer Organisation zu kanalisieren und zu lenken. Die Perspektive der systemorientierten Managementlehre liegt im Aufbau und der Steuerung komplexer, dynamischer Systeme [Mal-04].

Die Steuerung derartiger Systeme funktioniert hauptsächlich über die Einflussnahme auf systemimmanenten Balancen. Der kybernetische Managementansatz basiert auf den Elementen der Systemtheorie und beinhaltet Denkweisen, die auf der Vernetzung von Elementen und der Analyse ihrer gegenseitigen Beziehungen basieren [Fre-05].

Das Ziel des ersten Bausteins der beschriebenen Methodik ist die Ableitung eines Anforderungsprofils des "Best-Next-Step" an die Organisation. Dazu werden alle bis dahin gesammelten Informationen ausgewertet und je nach individueller Zielstellung und Treibern für die Erreichung des Zielszenarios mit den Eignungsprofilen der Organisationsprinzipien abgeglichen. Diese werden im nächsten Abschnitt beschrieben.

Gemeinsame Visionsentwicklung

Unabhängig von der Nutzung der gesamten Methodik ist das Erarbeiten von Zielszenarien für die eigene Industrie 4.0-Transformation eine sinnvolle Übung. Erfahrungen aus dem Szenariomanagement zeigen, dass der Prozess der gemeinsamen Meinungsbildung mindestens genauso wichtig ist wie das übergeordnete Ziel der Erarbeitung eines integrativen Zukunftsbilds. Das Miteinbeziehen von Entscheidern mit direktem Bezug zu den betrachteten Themen kann dazu beitragen, dass bei Diskussionen zur strategischen und taktischen Weiterentwicklung des Produktionssystems an einem Strang gezogen wird.

Eignungsprofile von Organisationsformen, -modellen und -prinzipien

Ziel dieses Bausteins ist es, eine Typologisierung anhand der Eignung für definierte organisatorische Aufgabenstellungen bzw. Anforderungen bereitzustellen. Dazu wurde eine Datenbank aufgebaut, die Aufbauorganisationstypen, Ablauforganisationstypen und Optimierungsprinzipien listet und diesen jeweils Eignungsprofile zuordnet.

Die Aufbauorganisationstypen enthalten zum einen starre Organisationsmodelle wie Ein- und Mehrliniensysteme, Matrix- oder Tensororganisation. Dabei wird zwischen funktionaler und objektorientierter Struktur unterschieden. Ein zweiter Bestandteil sind flexible Organisationskonzepte wie z. B. Centerless Organization, Fluide Organisation oder virtuelle Organisationsformen. Der dritte Block unter den Aufbauorganisationen ist die Projektorganisation, wobei hier verschiedene klassische Konzepte und agile Frameworks beinhaltet sind. Die Ablauforganisationstypen sind stark an die Fertigungsorganisation angelehnt. Hier gibt es die grundsätzliche Trennung zwischen Verrichtungs- und Flussprinzipien. Die Datenbank beinhaltet auch Optimierungsprinzipien. Im Kontext von MetamoFAB sind hier Ansätze aus dem Lean-Management und Multi-Agenten Systeme zu nennen.

Das Herzstück der Datenbank sind die Eignungsprofile. Hier wurde jedes enthaltene Organisationsparadigma anhand der zuvor genannten Eignungskriterien bewertet. In dieser Bewertung sind organisationstheoretische Aspekte enthalten, die in die Kriterien (1) Prinzip der Stellenbildung, (2) Leitungsprinzip und (3) Verteilung der Entscheidungskompetenz untergliedert sind. Für den Kontext Industrie 4.0 wurden aus [Aca-13] grundsätzliche Kriterienbereiche abgeleitet. Diese sind Wandlungsfähigkeit, Flexibilität, Mitarbeiterorientierung, Vernetzung und Transparenz. Das Kriterium Wirtschaftlichkeit wurde hinzugenommen. Auch hier sind jeweils mehrere Aspekte abgedeckt. Die Kriterien und deren Aspekte sind in Abb. 3.30 dargestellt.

Matching von systemischen Anforderungsprofilen und organisatorischen Eignungsprofilen

Im dritten Baustein der Methodik zur Organisationsentwicklung wird das zuvor hergeleitete Anforderungsprofil des identifizierten "Best-Next-Step" an die Begrifflichkeiten der Eignungsprofile angepasst. Dies geschieht, um den Abgleich zu ermöglichen und einen geeigneten organisatorischen Ansatz auszuwählen. Im Prinzip wird die Datenbank der Organisationsparadigmen nach Optionen, die den Anforderungen entsprechen, gefiltert. Natürlich ergeben sich aus dieser Automatisierung auch nicht oder nur teilweise umsetzbare Optionen. Die Ausgabe ist nicht als direkte Handlungsempfehlung zu sehen sondern eher als Hinweis auf generische Fallbeispiele, die den Anwender dabei unterstützen, konkrete Organisationsmodelle aus einem oder mehreren Mustern individuell zu komponieren. Im Weiteren wird dies anhand der Anwendungsfälle im Projekt erläutert.

Individuelle Organisationsform
Für den Aufbau einer eigenen Sammlung von organisatorischen Eignungsprofilen empfiehlt es sich, nicht strikt bei dem zu bleiben, was als Organisationsform betitelt ist. Interessante Aspekte finden sich in den verschiedensten Modellen und Anwendungsfallbeschreibungen. Auch wenn kein direkter Bezug zur eigenen Problemstellung erkennbar ist, können über den Abgleich von Anforderungs- und Eignungsprofilen interessante Aspekte erkannt werden. Ein Blick über den Tellerrand klassischer oder auch agiler Organisationsformen hilft, das individuell passende Paket zu schnüren.

Organisationstheoretische Kriterien	Prinzip der Stellenbildung	Objekt/Produkt
		Verrichtungsprinzip/Aufgabe/Prozess
		Region/Markt
	Leitungsprinzip	Zielvorgabe durch eine Instanz
		Zielvorgabe durch mehrere Instanzen
	Entscheidungskompetenz	Dezentral
		Zentral
Industrie 4.0 Kriterien	Wandlungsfähigkeit	Universalität
		Mobilität
		Modularität
		Kompatibilität
	Flexibilität	Arbeitskräfte
		Prozess
		Produktion
		Anpassungsfähigkeit / Dynamik
		Veränderungskompetenz Mensch
		Werkstück / Rohmaterial
		Rekonfigurierbarkeit
	Mitarbeiterorientierung	Situationskompetenz
		Ganzheitliches Arbeiten
		Verantwortung & Motivation
		Flexibler Personaleinsatz (Probleme)
		Förderung der individ. Leistungsfähigkeit
	Vernetzung	Horizontale Datenvernetzung
		Vertikale Datenvernetzung
		Vertikale Integration
	Transparenz	Visualisierung & Kommunikation
		Monitoring
		Datentransparenz
		Wissens- und Informationstransfer
		Kennzahlensystem
	Wirtschaftlichkeit	Ökonomische Chancen
		Umsetzungsaufwand
		Öko-Bilanz

Abb. 3.30 Kriterienbaum der Eignungskriterien von Organisationsparadigmen

Dezentrale Entscheidungsorganisation bei Siemens
Im Anwendungsfall Siemens ergab die Auswertung der MDM ein relativ stabil aufgebautes System. Dynamisch wirkende Aspekte mit langfristigem Charakter ergaben sich durch die Integration der Produktionsbereiche und entsprechende Datenstrukturen. Für die standortspezifische Vision ergeben sich die vielversprechendsten Potenziale in Planung und Steuerung, in der Datenintegration und in den darauf basierenden Sequencing-Entscheidungen.

Nach Erfassung und Auswertung der MDM wurden nach oben beschriebener Logik Module mit entsprechenden Relevanzwerten errechnet. Das Ergebnis ist in Abb. 3.31 dargestellt. Die höchste Relevanz für das betrachtete Einfluss-KPI-System ist in Modul 1 zu finden.

Die daraus resultierende Information wurde mit möglichen morphologischen Profilen, die eine Annäherung an das Zielszenario darstellen, abgeglichen. Im Fall der Transformatorenfertigung von Siemens ergab sich, dass als kurzfristig wirkend klassifizierte Einflüsse in sehr enger Interaktion standen, also in einigen graphentheoretischen Cliquen und Zyklen vernetzt sind. Beschreibende Faktoren, die hier als längerfristig klassifiziert, dennoch stark eingebunden und beeinflusst werden können, sind: Datenerfassung und Forecasting-Analytik zu Betriebsdaten.

Diese bilden den Ausgangspunkt für die Erarbeitung des "Best-Next-Steps". Bereits aus der Problemstellung des Projekts war klar, dass die Aushärteöfen der Transformatorenproduktion einen potenziellen Bottleneck darstellen. Da derzeit für alle Produkte dasselbe Temperaturprofil durchlaufen wird, ist die Komplexität noch handhabbar. Im Hinblick auf

Element	Modul	Relevanz [nach PageRank]	Modulrang
Planungsadaption	0	0,114429406	
Entscheidungsregeln proaktiv	0	0,046683757	
Informationsbereitstellung vorhergesehene Ereignisse	0	0,029670618	
Vertikale Vernetzung	0	0,02941762	4
Einfluss Entscheiderebene	0	0,025615639	
Zielgrößen	0	0,012200097	
Einfluss Kunde	0	0,010689506	
Datenerfassung	1	0,069553334	
Entscheidungsregeln reaktiv	1	0,060942686	
Datenanalyse	1	0,053682517	
Forecasting "Betriebsdaten"	1	0,048551747	1
Datendurchgängigkeit	1	0,041015373	
Freiheitsgrade Entscheidungen Planabweichungen	1	0,013512126	
Ablaufsteuerung bereichsübergreifend	2	0,063399532	
Mensch als agiler Problemlöser	2	0,048831211	
Änderung in Aufgaben und Qualifikationen	2	0,041907918	3
Reaktionseinforderung	2	0,032373891	
Entscheidungshierarchie	2	0,017100987	
Produktivität	3	0,071419982	
Planungsmaßnahmen	3	0,058252197	
Automatisierte Identifikation von Produkten	3	0,039650322	2
Informationsbereitstellung unvorhergesehene Ereignisse	3	0,033202752	
Horizontale Vernetzung	3	0,032896801	

Abb. 3.31 Modularisierung und Relevanzbestimmung im Anwendungsfall Siemens

den möglichen übernächsten vorteilhaften Transformationsschritt bzw. Blueprint-Punkt – einem Planungssystem, das auf der Identifikation und Real-Time Lokalisierung von Produkten basiert – ist eine den Produkten angepasste individuelle Ofenlastkurve möglich und kann zu einer deutlichen Produktivitätssteigerung beitragen.

Um die notwendige Voraussetzung dafür zu schaffen, ist eine integrative Abstimmung der Ofenlastkurven notwendig, um in (R)echtzeit Entscheidungen zu Prozessanlaufzeitpunkten zu treffen und im Rahmen von definierten Variationen im Temperaturprofil zu steuern.

Die organisatorischen Anforderungen für die Erreichung dieses "Best-Next-Steps" sind insbesondere: (1) Zielvorgaben müssen durch mehrere Instanzen und Entitäten vorgegeben werden können, da Determinanten bspw. aus dem Sequencing, entsprechenden Auslieferterminen und der Gesamtlastkurve resultieren. (2) Die Kompatibilität zu vorgelagerten Steuerungsinstanzen und Produktionsschritten muss gegeben sein, und die Erweiterbarkeit ist zu gewährleisten. (3) Bei Ausfällen einzelner Öfen und bei produktindividuellen Lastkurven muss die entsprechende Rekonfigurierbarkeit gewährleistet werden. Um ein Forecasting der Betriebsdaten möglich zu machen, müssen die horizontale und vertikale Datenvernetzung gegeben sowie die entsprechende Datentransparenz hergestellt sein.

Dieses Anforderungsprofil wurde mit der Datenbank der organisatorischen Eignungsprofile abgeglichen. Mit großem Abstand waren die besten Übereinstimmungen bei den verschiedenen Logikvarianten des Multiagentenprinzips zu finden. Dieses ist in diesem Zusammenhang als organisatorisches Paradigma zu verstehen. Die Entscheidung, dass der Siemens-Projektdemonstrator auf Multiagentenabstimmung basiert, fiel dazu parallel an anderer Stelle.

Temporäre Organisation für die Transformation bei Infineon

Im Rahmen des Anwendungsfalls Infineon ergab die Auswertung der MDM ein relativ stabil aufgebautes System, das allerdings mit einem sehr dynamischen Zentrum versehen ist. Dieses Zentrum setzt sich aus Faktoren zusammen, die die aktuelle Bestrebung der globalen Integration der Wertschöpfungsketten erklärt. Demzufolge ergibt sich für das Zielszenario ein wünschenswertes Bild, das ein positives Zusammenwirken der standortübergreifenden Priorisierung der WIP-Lose (Work In Progress) ergibt, bei gleichzeitig sehr guter Anlagenproduktivzeit.

Der übernächste vorteilhafte Schritt, um dieses Zielszenario zu erreichen, ist die Implementierung eines Systems, das die Verteilung von Daten und Informationen durchgängig in einer einheitlichen Systemlandschaft integriert und darauf basierende Sequencing- und Priorisierungsentscheidungen in (R)echtzeit zulässt. Eine Infineon-interne Initiative, die ein Konzept dazu entwickelt, läuft derzeit bereits konzernweit. Aus der Relevanz der Systemmodule geht hervor, dass die Faktoren mit langfristigem Wirkungshorizont und standortübergreifendem Charakter starke Stellhebel sind, um entsprechende Voraussetzungen zu schaffen. Die hochgradige Vernetzung und Komplexität des weltweiten Produktionsverbunds rückt eine dezidierte und temporäre Organisation für die Transformation ins Zentrum des "Best-Next-Steps". Die in Abb. 3.32 dargestellte

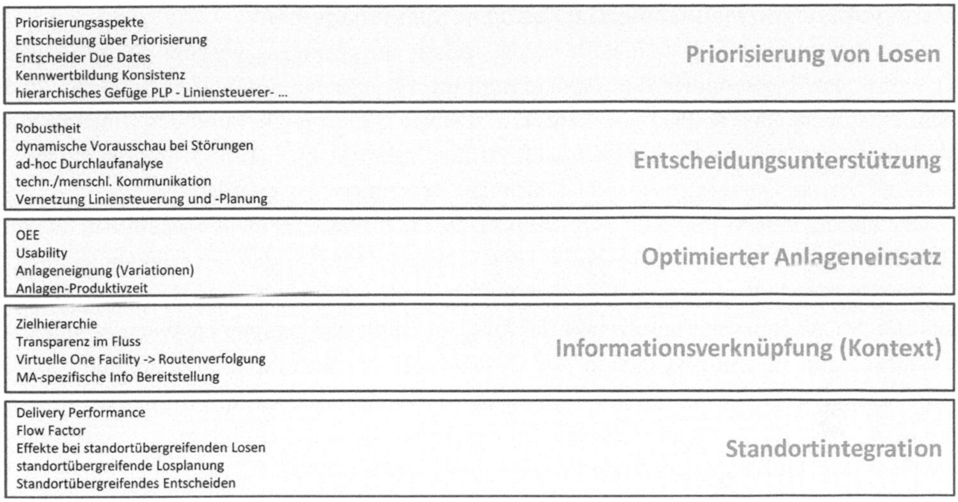

Priorisierungsaspekte Entscheidung über Priorisierung Entscheider Due Dates Kennwertbildung Konsistenz hierarchisches Gefüge PLP - Liniensteuerer- ...	**Priorisierung von Losen**
Robustheit dynamische Vorausschau bei Störungen ad-hoc Durchlaufanalyse techn./menschl. Kommunikation Vernetzung Liniensteuerung und -Planung	**Entscheidungsunterstützung**
OEE Usability Anlageneignung (Variationen) Anlagen-Produktivzeit	**Optimierter Anlageneinsatz**
Zielhierarchie Transparenz im Fluss Virtuelle One Facility -> Routenverfolgung MA-spezifische Info Bereitstellung	**Informationsverknüpfung (Kontext)**
Delivery Performance Flow Factor Effekte bei standortübergreifenden Losen standortübergreifende Losplanung Standortübergreifendes Entscheiden	**Standortintegration**

Abb. 3.32 Modulstruktur des Einflusssystems bei Infineon

algorithmisch erzeugte Modulstruktur des Einflusssystems kann dabei als Aufhänger für entsprechende abgegrenzte Organisationseinheiten, die in enger Interaktion stehen, herangezogen werden.

Die organisatorischen Anforderungen des ersten Blueprints im Anwendungsfall Infineon sind: (1) Zielvorgaben durch mehrere Instanzen aus dem globalen Netzwerk müssen harmonisiert werden. (2) Das Produktionssystem ist durch weitreichende Dezentralität geprägt. (3) Die angestrebten Wandlungsmaßnahmen erfordern einen gewissen Grad an Generalisierbarkeit, und gleichzeitig muss die entsprechende Organisationsstruktur rekonfigurierbar sein. (4) Im standortübergreifenden Wissens-Informationstransfer haben Visualisierung und Kommunikation einen hohen Stellenwert, was auch Datentransparenz zur zentralen Anforderung macht.

Das Matching dieses Anforderungsprofils mit der Datenbank der organisatorischen Eignungsprofile ergibt die Anhaltspunkte für die Annahmen, dass geeignete Organisationsparadigmen in der virtuellen Organisation und in der Holacracy zu finden sind. Aus der virtuellen Organisation sind insbesondere die Aspekte der dynamischen Vernetzung modularer Organisationseinheiten und die darin abgebildeten nicht-hierarchischen Koordinationsforen hervorzuheben [Rei-14]. Virtuelle Organisationen zeichnen sich durch eine starke Aufgabenorientierung aus [Rei-14]. Für die temporäre Transformationsorganisation bei Infineon bietet Holacracy das Modell fraktaler „Holarchie" statt Hierarchien. Dabei stehen selbstorganisierende Teams im Vordergrund, die jeweils Abgeordnete anderer Teams einschließen [Rob-07]. Übertragen auf die in Abb. 3.32 gezeigte Modulstruktur würde dies bedeuten, dass jedes Aufgabenmodul durch ein Team mit entsprechenden Kompetenzen abgedeckt ist. Zwischen allen Teams gibt es personelle Überschneidungen, um schnelle Feedback-Schleifen zu ermöglichen.

Management von Maßnahmen im Festo Energiemanagement

Das bei Festo erfasste System stellt sich als relativ ausgewogen zwischen Stabilität und Dynamik dar. Insbesondere die Aspekte rund um Fähigkeiten des MTO-Dreiklangs und dem entsprechenden Aufbau von Fähigkeiten sowie die Strategien und der Umgang mit Wandlungsmaßnahmen hin zur energieeffizienten Industrie 4.0-Fabrik definieren die individuelle Vision. Dementsprechend ist auch das Zielszenario ausgeprägt.

Der übernächste vorteilhafte Schritt im Festo Energiemanagement-System betrifft die Optimierungsflexibilität des Ansatzes. Dies schließt auch ein, das Energiemanagement-system als Geschäftsmodell an die Infrastruktur des Kunden anzupassen. Die Ableitungen aus der MDM-Relevanzanalyse und der Untersuchung der geeigneten Wege zum Ziel-szenario legen als "Best-Next-Step" die Organisation der Wandlungsstrategie und -taktik nahe. Daraus ergibt sich folgendes organisatorisches Anforderungsprofil: (1) Es besteht ein hoher Anspruch an Ergebnissicherung und Kontrolle. Demzufolge müssen ein Kenn-zahlensystem und das entsprechendes Monitoring gewährleistet sein. (2) Horizontale und vertikale Datenvernetzung spielen in diesem Zusammenhang und auch für das eigentliche Energiemanagement eine zentrale Rolle. (3) Die Wandelbarkeit anhand von Einzelein-griffen erfordert die Modularität von Maßnahmen. Die Organisation muss die entspre-chende Anpassungsfähigkeit bieten. Anders als bei den zuvor aufgeführten Fällen erfolgt bei Festo die Zielvorgabe durch die zentrale Instanz „Energiemanagementsystem".

Der Abgleich mit entsprechenden organisatorischen Eignungsprofilen ergibt folgende organisatorische Anhaltspunkte: aus der Lean-Welt das Externalisierungsparadigma des „Single Minute Exchange of Die" (SMED) und aus der Welt der agilen Ansätze die Grundstruktur des „Eclipse Way Process". Das Ziel von SMED ist die Reduzierung der Eingriffszeit in ein laufendes System. Dazu wird zwischen externalisierbaren Eingriffen und internen Eingriffen unterschieden [Mor-11]. Mit anderen Worten ist das Ziel, mög-lichst umfassende Subsysteme aufzubauen und – wenn diese als Modul validiert sind – möglichst schnell in das Bestimmungssystem zu integrieren. Der Eclipse Way Process ist ein agiles Framework, das sich von anderen agilen Konzepten durch die Strukturierung einzelner Arbeitsphasen in Planung, Entwicklung/Aufbau und Stabilisierung unterschei-det. Abbildung 3.33 zeigt schematisch wie die entsprechende Maßnahmenorganisation nach diesen Paradigmen aussehen könnte.

Fazit und Ausblick

Einerseits zeigt das vorgestellte Vorgehen in nahezu automatisierter Weise Ansätze auf, die mit dem herkömmlichen konsensbasierten und fallweisen Vorgehen vermutlich nicht in Betracht gezogen würden. Andererseits beinhaltet das Vorgehen auch einen gewissen Grad an selbsterfüllender Prophezeiung: Die Problemstellung war zum Zeitpunkt der Erfassung bereits in Zügen vorhanden, und auch wenn dies nicht der Fall sein sollte, spielt das Bias der Workshopteilnehmer in der MDM-Aufnahme eine gewichtige Rolle. Die Methodik wurde im Rahmen von MetamoFAB aus der Beobachtungsperspektive angewandt, um zu überprüfen, ob Schlüsse aus einem entsprechend aufgebauten virtu-ellen Abbild ein ähnliches oder gleiches Ergebnis zur Folge haben wie konsensbasierte

Abb. 3.33 SMED-Integration in Eclipse Way Process

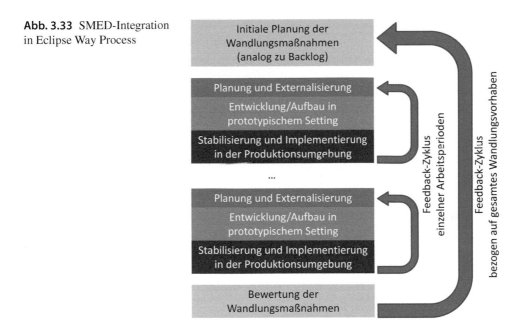

Experentenentscheidungen. Sie erreicht dieses Ziel im Rahmen der zuvor genannten Einschränkung. In allen drei Fällen wurden entsprechende Strukturen gestaltet. Der Aufwand ist im Vergleich zu herkömmlichen Organisationsentwicklungsmaßnamen sehr gering. Allerdings kann angezweifelt werden, ob Ergebnisse, die rein auf modellhaften Abbildern basieren, in realen Reorganisationsfällen Anklang finden und umgesetzt werden könnten.

Bei weiterer Automatisierung und in Strukturen, die das MTO-System im stetigen Wandel sehen, macht das Vorgehen Sinn, z. B. wenn auf feinerer und kurzfristigerer Ebene ad-hoc-Entscheidungen getroffen werden müssen. In diesem Fall müssten sich Faktoren und gegenseitige Beeinflussungen ebenfalls automatisiert zusammenfinden. Grundsätzlich sind in den entsprechenden Forschungspipelines durchaus Konzepte zu finden, die langfristig eine Umsetzung möglich erscheinen lassen. In dieser Zukunftsvariante ist auf Basis von ähnlichen Logiken wie der hier vorgestellten, ein virtueller Schatten der Organisation möglich, der mit vergleichbar kleinem Ressourceneinsatz die Organisationsentwicklung mit Entscheidungsvorlagen unterstützt.

3.2.4 Begleitung des Transformationsprozesses

Nicole Oertwig

Bestehende Produktionssysteme in intelligente und vernetzte Fabriken umzuwandeln, gelingt – wie in Abschn. 3.1 beschrieben – nicht innerhalb eines einzelnen Planungs- und Realisierungsschrittes. Stattdessen müssen insbesondere die unterschiedlichen

Technologiepotenziale und deren Zusammenspiel mit der Organisation und dem Menschen als iterativer Transformationsprozess aufgefasst werden. Alle beteiligten Elemente dieses Prozesses wie Mitarbeiter, Maschinen und Anlagen, Produkte, Informationen sowie deren Vernetzung müssen einbezogen und über ein intelligentes Informationsmanagement für eine effektive Entscheidungsfindung während der Transformation verknüpft werden. Ausschließlich funktionsorientierte Organisationsstrukturen stünden dieser Vernetzung durch die arbeitsteilig geschaffenen Grenzen und hierarchischen Schnittstellen sogar im Weg. Eine erfolgreiche Umsetzung einer solchen Transformation ist also immer durch Veränderungen in den Prozessen, Strukturen und dem Verhalten der Organisation und eines jeden einzelnen Beteiligten geprägt. Mehr Transparenz, mehr Flexibilität, kleinere Losgrößen, tiefere Wertschöpfung und Prozessautomation – all diese Anforderungen werden im Kontext von Industrie 4.0 immer wieder aufgeführt [Bin-14]. Wie kann also der Weg zur Vernetzung funktionieren und welche Transformationsschritte können prozessorientiert unterstützt werden, um in einer profitablen Art und Weise die individuelle Digitalisierung zu schaffen?

Inwieweit Methoden der Geschäftsprozessmodellierung den innerhalb des Projektes entwickelten Transformationsprozess von der digitalen Transparenz der Unternehmensstrukturen bis hin zur digitalen Transparenz im operativen Geschäft unterstützen können, wird in diesem Abschnitt beschrieben.

Als Entscheidungshilfe für die Auswahl eines Modellierungswerkzeuges und für ein methodisches Vorgehen werden je Schritt des Transformationsprozesses Handlungsempfehlungen für eine geschäftsprozessorientierte Begleitung dargestellt.

Geschäftsprozessmodellierung im Kontext des Transformationsprozesses

Geschäftsprozesse sind die Verbindung zwischen Aufträgen, Produkten, Abläufen und Ressourcen in und zwischen Organisationen. Sie sind eine zusammengehörende Abfolge von Wertschöpfungsaktivitäten die für den internen oder externen Kunden von Nutzen sind [Sce-02]. All diese Elemente, wie auch ihre Verkettung untereinander, spielen innerhalb des vorgeschlagenen Transformationsprozesses eine tragende Rolle und müssen durchgängig in allen Phasen bis hin zur Realisierung abbildbar und digitalisierbar sein. Betrachtet man den Transformationsprozess unter der Maßgabe der Geschäftsprozessmodellierung, sind für eine integrierte Begleitung innerhalb des Projektes sechs wesentliche Elemente identifiziert worden, die für ein prozessgestütztes Vorgehen erforderlich sind. Abbildung 3.34 setzt den in Abschn. 3.1 beschriebenen Transformationsprozess mit den wesentlichen Begleitaktivitäten des Prozessmanagements und den zu erreichenden Transformationslevels in Beziehung.

Im Mittelpunkt dieses Abschnitts steht die Entwicklung einer Methode, mit der die Unternehmensmodellierung so dynamisiert werden kann, dass die klassischen Phasen der Prozessidentifikation, -beschreibung, -analyse, -implementierung und -ausführung ineinander übergehen und während des gesamten Transformationsprozesses eine entsprechende Rück- und Nachverfolgbarkeit der einzelnen Transformationsschritte ermöglichen. Hierzu ist es erforderlich, insbesondere neue manuelle Prozessschritte zur Realisierung einer

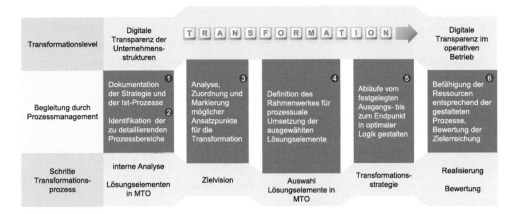

Abb. 3.34 Zusammenhang von Transformationsprozess, Prozessmanagement und Transformationslevel

schrittweisen Transformation in kürzester Zeit zu erfassen und strukturiert in die operative Planung und Steuerung zu übergeben sowie deren Überwachung zu gewährleisten. Auf Basis des projektbezogenen Transformationsprozesses wurde ein integriertes Vorgehensmodell etabliert, das den Transformationsprozess bis zur digitalen Transparenz im operativen Betrieb unterstützt.

Im Folgenden werden die jeweiligen Begleitaktivitäten, bezogen auf die Schritte des Transformationsprozesses, näher erläutert und der Mehrwert einer modellbasierten Unterstützung hervorgehoben.

Schritt 1: interne Analyse

Der erste Schritt der internen Analyse hat das primäre Ziel, die individuelle Ausgangssituation für die Transformation zu Industrie 4.0 zu erfassen, zu beschreiben und Verständnis für übergreifende Zusammenhänge zu schaffen. Denn Grundvoraussetzung für Transparenz hin zur Digitalisierung des Unternehmensbetriebs ist eine digitale Transparenz von Unternehmensstrategie, Unternehmensstrukturen und Prozessen. Hier lässt sich die Geschäftsprozessmodellierung als Instrument zur Betrachtung der unterschiedlichen Sichtweisen, wie bspw. Strategie, Organisation, Abläufe, Informationssysteme, Qualität und Kosten, auf einer Basis nutzen.

Innerhalb des Projektes wurden hierzu mit den Anwendungspartnern zunächst Workshops zur Erfassung der wesentlichen strategischen Ziele des Unternehmens durchgeführt. Diese wurden in ein digitales Strategiemodell übertragen und hinsichtlich ihrer Wechselwirkungen in Beziehung gesetzt. In einem weiteren Schritt wurden initiale Prozesslandkarten mit den Anwendungspartnern erstellt. Eine Prozesslandkarte initiiert das Denken in Prozessen und kann somit auch als Startpunkt des Change-Prozesses oder der Transformation aufgefasst werden. Hierbei werden zunächst alle wesentlichen Prozessbereiche von der strategischen Planung bis hin zur operativen Steuerung und des Produktlebenszyklus abgebildet [Bal-10]. Die so geschaffenen Strukturen der Ablauforganisation wurden im Anschluss genutzt, um zu visualisieren, welche Prozesse im Unternehmen vorhanden sind, wie diese logisch zusammenhängen und welche Schnittstellen zu Kunden bzw. Lieferanten im Unternehmen besondere Beachtung erfordern. Zur Unterstützung dieses Schrittes lassen sich die klassische Regeln der ordnungsmäßigen Modellierung [Bec-95, Joc-01] und das Vorgehen zur Prozessdefinition [Mer-97] heranziehen.

Im Anschluss an die Erstellung der Prozesslandkarten fand eine integrierte Zuordnung der strategischen Ziele zu den Prozessbereichen statt. Durch diese strukturierte Abbildung der strategischen Ausrichtung des Unternehmens in Bezug auf die vorhandenen Geschäftsprozesse werden die nachgelagerten Entscheidungsprozesse während der Planung und Realisierung einer Transformation optimal unterstützt.

Diese Phase ist abgeschlossen, wenn die erstellten Modelle die relevanten Ausschnitte des realen Systems in ausreichendem Umfang beschreiben.

Grafische Prozessmodellierung

Für die Erstellung einer Strategie-/Prozesslandkarte erwies es sich innerhalb des Projektes als sinnvoll, diese in interdisziplinären Workshops abzubilden. Die Nutzung eines möglichst einfachen und formal eindeutigen grafischen Prozessmodellierungswerkzeugs half bei der vereinfachten Darstellung komplexer Zusammenhänge und unterstützte von Beginn an die Schaffung einer digitalen Transparenz. Die zusätzliche integrierte Betrachtung der Unternehmensstrategie und die Zuordnung der Strategieelemente zu den Geschäftsprozessen schuf eine eindeutige Grundlage für die darauffolgenden Transformationsschritte.

Schritt 2: mögliche Lösungselemente aus Mensch, Technik, Organisation

Die initial erstellte Strategie- und Prozesslandkarte wurde in diesem Schritt genutzt, um die identifizierten möglichen Lösungselemente aus Mensch, Technik und Organisation (MTO) mit den aktuell vorhandenen Prozessen und der Strategie abzugleichen. Die geschaffene Transparenz bezüglich der strategischen Ziele, der Abläufe, der Organisation, der Qualifikationen und der Technologien im Unternehmen ermöglicht ein Erkennen von besonders relevanten Themen, aber auch von möglichen Informationsdefiziten. Die daraus hervorgehende kommunizierte Zusammenstellung der möglichen Lösungselemente sollte anhand der Prozesse gespiegelt und hinsichtlich Machbarkeit überprüft werden. Gleichzeitig kann anhand der Ergebnisse aus Schritt 2 die Identifikation der Prozesse erfolgen, die in den weiteren Schritten der Transformation einer detaillierten Betrachtung bedürfen. Innerhalb des Projektes wurden auf Basis der Prozesslandkarte weitere Workshops mit den entsprechenden Prozessexperten durchgeführt, um das Detaillierungslevel je nach Anwendungsperspektive der Ist-Prozessbeschreibungen zu vertiefen. Hierzu wurde zunächst die Dimension des Lösungselementes herangezogen und auf Basis der Prozesslandkarte definiert, welche Prozessbereiche für das Lösungselemente zu detaillieren sind. Dabei sollte ein zweites Detaillierungslevel nicht überschritten werden (Abb. 3.35).

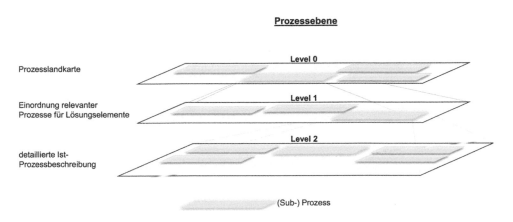

Abb. 3.35 Ebenenstruktur für die Ist-Prozessbeschreibung

Als Beispiel kann hier das Energietransparenzsystem als technologisches Kernelement von Festo dienen. Die Bedeutung eines solchen Lösungselements betraf neben den technischen Elementen, wie der Ausstattung der Gebäude und Maschinen mit einer entsprechenden Infrastruktur, insbesondere auch die Organisation und die Abläufe. Aus diesem Grund wurden zunächst die Ist-Prozesse der Produktion und der Instandhaltung detailliert in ihren Abläufen und ihrer Organisation erfasst und dokumentiert. Das so erreichte Prozessverständnis in den relevanten Unternehmensbereichen bildete eine solide Grundlage für die spätere Entwicklung einer neuen Prozessstruktur für die konkreten Lösungselemente.

> **Übersichtliche Notation**
> Für die Detaillierung der durch die Auswahl der Lösungselemente relevanten Prozesse wurde die Nutzung des Modellierungswerkzeuges fortgesetzt. Hierbei war es von Vorteil, dass sich das verwendete Werkzeug auf sehr wenige Elemente beschränkte und damit eine Einführung der hinzugeladenen Prozessexperten in die grafische Darstellung innerhalb weniger Minuten möglich war. Gleichzeitig konnte damit die aufzubringende Zeit für eine Modellierung der Detailprozesse und die sich anschließende Reviewphase auf ein Minimum beschränkt werden. Weiterhin erwies es sich als sehr zielführend, dass ein verteiltes Arbeiten an einem gemeinsamen Modell möglich war. Somit konnten die einzelnen Expertengruppen ihre Prozesse dokumentieren, ohne eine aufwendige Zusammenführung aller Teilergebnisse durchzuführen zu müssen.

Schritt 3: Entwicklung Zielszenario (Whitepaper)

Innerhalb der Entwicklung einer Zielvision hinsichtlich Industrie 4.0 geht es primär darum, die eigenen Stärken herauszuarbeiten und im Anschluss zu eruieren, mit welchen Produkten und Dienstleistungen in der Zukunft ein Bestehen am Markt gesichert werden kann.

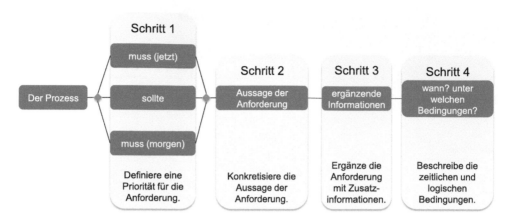

Abb. 3.36 Template für Prozessanforderungen

Dazu müssen die wertschöpfenden Geschäftsbeziehungen definiert und in Geschäftsprozessen beschrieben sein. Die bestehende Prozesslandkarte wurde hierbei genutzt, um die
Enabler der Veränderung, die sich aus den möglichen Lösungselementen für die Transformation ergeben, auf die Wertschöpfungsketten der Anwender und auf deren Produktmix in
Form von Prozessanforderungen zu übertragen. Diese Prozessanforderungen lassen sich
aus der textuell beschriebenen Zielvision ableiten und werden im Anschluss den relevanten Prozessbereichen zugeordnet. Um eine möglichst einheitliche Formulierung und eine
entsprechende Vollständigkeit solcher Prozessanforderungen zu erreichen, wurde hier ein
Template verwendet (Abb. 3.36).

Auf dieser Basis konnte ein erster grober Prozessanforderungskatalog abgeleitet
werden, um die Grundbausteine der Zukunftsvision sowie deren strategische Stoßrichtung
zu dokumentieren und für die unternehmensinterne Kommunikation verfügbar zu machen.
Durch dieses Vorgehen wurden die Ansatzpunkte für die Transformation semiformal festgehalten und können im weiteren Planungsverlauf transparent nachvollzogen werden.

Ermitteln von Prozessanforderungen
Es empfiehlt sich, die innerhalb des Zielszenarios identifizierten Enabler in einen
initialen Prozessanforderungskatalog zu überführen. Dieser hilft insbesondere
dabei, alle Aspekte in der Visionsformulierung vor Augen zu haben und deren
Berücksichtigung innerhalb der Geschäftsprozesse sicherzustellen. Hilfreich kann
es hier sein, wenn das Modellierungswerkzeug Mechanismen für die Abbildung
der Prozessanforderungen vorhält und eine Verknüpfung mit den Prozessen zulässt.
Damit wird eine Datenbasis geschaffen, die die unterschiedlichen Planungsdiszi-
plinen optimal unterstützt.

Schritt 4: Auswahl wesentlicher Lösungselemente

Um die digitale Transparenz aufbauend auf den unternehmensbezogenen Whitepapern in eine individuelle Implementierungsstrategie zu überführen, ist zunächst die Auswahl konkreter Lösungselemente aus den Dimensionen Mensch, Technik und Organisation durchzuführen. Wie in den vorangegangenen Abschnitten beschrieben, führt diese zu einem Orientierungsrahmen für die Umsetzung, der sich auch in der Prozessgestaltung niederschlägt. Zunächst wurde dazu die Lücke zwischen den bestehenden Prozessen und dem möglichen Zielzustand, welcher sich aus den Prozessanforderungen ergibt, hinsichtlich der ausgewählten MTO-Lösungen ermittelt. Innerhalb dieses Schrittes sollten mögliche Prozessalternativen für die Implementierung der ausgewählten Lösungselemente entwickelt werden. Hierbei ist die Prozessgestaltung zunächst ein Teil der Strategieumsetzung. Typisch für solche Fälle ist es, dass Prozesse teilweise parallel und teilweise nacheinander gestaltet werden. Da während der Transformation neben der Prozessorganisation auch personelle, technische und informatorische Themen eine große Rolle spielen, kann sich die Prozessgestaltung durchaus als komplex erweisen. Aus diesem Grund wurde die Lösung dieser Aufgabe durch eine Projektorganisation vorangetrieben. Komplexe Prozesse führen häufig dazu, den roten Faden zu verlieren. Daher wurden zunächst Grobprozesse definiert, die folgende Punkte konkretisierten:

- Rahmenbedingungen: Einflussfaktoren, die bei der Prozessgestaltung nicht verändert werden können oder dürfen,
- Restriktionen: technische, personelle, räumliche, finanzielle, zeitliche oder inhaltliche Ausschlusskriterien,
- Prozessskizze: Aufzählung der wesentlichen Prozessschritte,
- Schnittstellen: Abbildung der mit anderen Prozessen und Organisationseinheiten ausgetauschten Informationen, Zwischenergebnisse oder Daten.

Die Prozessplanung erfordert ein geistiges Durchdringen der Gesamtstrategie mit ihren Wechselwirkungen. So muss vor allem geprüft werden, ob die ablauforganisatorischen Maßnahmen mit den ausgewählten Lösungselementen und den personellen Veränderungen harmonieren und den Prozessanforderungen entsprechen. Hierzu kann es hilfreich sein, alternative Prozesse zu gestalten und hinsichtlich der Zielerreichung sowie ihres Return on Invest zu bewerten. Im Ergebnis dieses Schrittes liegen für die ausgewählten Lösungselemente Soll-Prozesse vor. Je nach Anzahl der Alternativen als Realisierungspfade muss nun die Entscheidung für eine Gestaltungsvariante zur Umsetzung getroffen werden.

Verteilte Prozessgestaltung
Die Auswahl wesentlicher Lösungselemente erfordert im Anschluss eine initiale Prozessgestaltung. Diese Prozessgestaltung kann je nach Komplexität von verschiedenen Projektteams durchgeführt werden. An dieser Stelle führt die

Möglichkeit eines verteilten Arbeitens schneller zu Ergebnissen. Gleichzeitig sollte eine strukturierte Ablage und Einbindung der erstellten Prozessalternativen in Form von Prozessmodellen möglichen sein, um am Ende das Gesamtsystem mit den verschiedenen Alternativen schnell bewerten zu können. Hier kann es von Vorteil sein, wenn das Modellierungswerkzeug eine Bewertung hinsichtlich Kosten, Durchlaufzeit oder Ressourcenverbräuchen auf Basis der Prozessstrukturen und der entsprechenden Daten zulässt.

Schritt 5: Festlegung der Transformationsstrategie (Pfad)

In diesem Schritt unterstützen die erstellten Prozessmodelle insbesondere die Kommunikation zwischen den einzelnen Unternehmensbereichen. Da eine Transformationsstrategie das gesamte Unternehmen betreffen kann, empfiehlt es sich, frühzeitig eine transparente Kommunikationsstrategie zu wählen, um viele Mitarbeiter in die anstehende Veränderung einzubeziehen und die Transformation zu unterstützen. Dieses Ziel wird am besten erreicht, wenn man allen Beteiligten die Option eröffnet, an diesem Prozess teilzuhaben und damit die eigene „Handschrift" und das eigene Wissen mit einzubringen. So werden die Barrieren und Hemmnisse schon vor der eigentlichen Prozessimplementierung minimiert und die Erfolgswahrscheinlichkeit hinsichtlich Akzeptanz und Unterstützung maximiert. Die mithilfe des Projekt- und Expertenteams erstellte Gestaltungsvariante der Soll-Prozesse für die Transformation sollte vor einer konkreten Umsetzungsplanung hinsichtlich Vollständigkeit, Richtigkeit, Klarheit und Machbarkeit mit möglichst allen relevanten Unternehmensbereichen und Mitarbeitern abgestimmt sein. Hierzu erweist sich ein zweistufiges Workshopkonzept (Abb. 3.37) als zielführender Ansatz. Daran sollten Vertreter möglichst aller involvierten Organisationseinheiten teilnehmen. Zunächst wird in einem ersten Workshop das Gesamtkonzept anhand der Grobprozesse vorgestellt. Anschließend werden die Teilnehmer in interdisziplinäre Gruppen eingeteilt, die jeweils einen Teilprozess detailliert betrachten und validieren. In dieser Phase können Kreativitätstechniken wie Brainstorming Paradox oder User Stories dabei helfen, die Vollständigkeit und Richtigkeit des Prozesses sicherzustellen. Im Anschluss an den ersten Workshop werden die Ergebnisse in den Prozess überführt und für alle Mitarbeiter zugänglich veröffentlicht. Im Anschluss an diesen ersten Workshop werden die Ergebnisse in den Prozess überführt und für alle Mitarbeiter zugänglich veröffentlicht. Die Workshopteilnehmer sind nunmehr Kommunikationspaten für ihre Organisationeinheiten und haben die Aufgabe, das Vorhaben bis zum zweiten Workshop in ihrem Arbeitsumfeld zu erläutern. Alle Mitarbeiter müssen hier die Möglichkeit haben, innerhalb der Kommunikationsanwendung ihre eigenen Anmerkungen oder Fragen über eine Feedbackfunktion mitzuteilen. Der zweite Workshop dient dann der Diskussion und der finalen Validierung der geplanten Prozesse. Eine Veröffentlichung der vorab abgestimmten Prozessvariante erlaubt es nunmehr, eine Planung der Umsetzungsschritte für eine allseitig bekannte und transparente Gestaltungsvariante vorzunehmen.

Abb. 3.37 Workshopkonzept zur Validierung der Transformationsstrategie

Mit diesem Schritt lässt sich ein Kommunikationsinstrument etablieren, welches die in den Planungsphasen erstellten Prozessmodelle als allgemeines Informationsrückgrat nutzt. Insbesondere in der Realisierungsphase kann es für weitere modellbasierte Anwendungen eingesetzt werden, um eine operative digitale Transparenz während der stufenweisen Implementierung sicherzustellen. Ist die Entscheidung für eine Gestaltungsvariante getroffen, liegt ein festgelegtes Gesamtsystem als Prozessbeschreibung vor, das es erlaubt, eine zeitlich logische Beschreibung aller Umsetzungsschritte vorzunehmen.

Verwendung zweistufiger Workshops zur Einbindung der Mitarbeiter
Für die Integration möglichst vieler Mitarbeiter in den Prozess der Definition der zukünftigen Prozessabläufe empfiehlt sich ein zweistufiges Workshopverfahren. Hierbei sollte das Projektteam primär darauf achten, entsprechende Kommunikationsstrategien und -mittel verfügbar zu haben. Webbasierte Intranet-/Internetanwendungen, die die bis dahin erzielten Ergebnisse seitens der Prozessgestaltung für die verschiedenen Rollen im Unternehmen kontextsensitiv darstellen können und ein Feedback erlauben, helfen die Kommunikation zu vereinfachen und alle Mitarbeiter frühzeitig abzuholen.

Schritt 6: Realisierung und Bewertung

Die Implementierung einzelner Prozessschritte der Transformationsstrategie sollte in Abhängigkeit von der Komplexität, dem Aufwand, der Sicherheit und den personellen Ressourcen nach einer der folgenden Vorgehensvarianten eingeführt werden:

- schlagartig: Das betroffene Lösungselement erlaubt kein anderes zeitliches Vorgehen (bspw. durch strategische Vorgaben, Investmentpläne oder gesetzliche Regulierung).

- stufenweise: Das betroffene Lösungselement lässt eine stufenweise Einführung zu (bspw. werden Maschinen nach und nach mit Sensoren zur Prozessdatengewinnung ausgestattet).
- parallel verlaufend: Das betroffene Lösungselement lässt eine Paralleleinführung zu (bspw. wird eine neue Softwareanwendung als Testversion etabliert, während die alte robuste Lösung weiterhin für das operative Geschäft genutzt wird).

Welche dieser Vorgehensweisen ausgewählt wird, hängt unter anderem davon ab, aus welcher der Dimensionen Mensch, Technik und Organisation das zu implementierende Lösungselement stammt. Grundsätzlich sollte auch bei der Einführungsplanung der interdisziplinäre Ansatz weiter verfolgt werden. Dazu empfiehlt es sich, die für die Implementierung benötigten Anforderungen in einer strukturierten Form zu detaillieren und prozessbezogen darzustellen, wie es bereits im Schritt der Whitepaper-Erstellung beschrieben wurde. Dabei geht es im Falle der Transformation jedoch nicht nur um funktionale und nicht-funktionale Anforderungen für die Softwareentwicklung. Vielmehr müssen hier Anforderungen aus den drei Dimensionen Mensch, Technik und Organisation berücksichtigt werden. Jedes Lösungselement aus einer dieser drei Dimensionen beeinflusst die Geschäftsprozesse mehr oder weniger stark, so dass ein integriertes Prozess- und Anforderungsmanagement nicht nur eine genaue Anforderungsspezifikation an die Lösungselemente liefert, sondern auch eine anschließende Bewertung des Implementierungsstatus zulässt. Die wesentlichen Vor- und Nachteile einer solchen Herangehensweise fasst Tab. 3.4 zusammen.

Das aus dieser Anforderungserhebung für die Realisierung hervorgehende „Lastenheft" kann ebenfalls Teil eines modellbasierten Kommunikationsinstrumentes sein und eine Validierung über alle Unternehmensbereiche erfahren. Da die Anforderungen jedoch auf Basis

Tab. 3.4 Vor- und Nachteile eines integrierten Prozess- und Anforderungsmanagements

+	Verwendungsorientierte Anforderungserhebung/-analyse: Durch den Fokus auf den Geschäftsprozess können „nicht zielführende Anforderungen" schnell identifiziert bzw. erst gar nicht aufgenommen werden.
+	Einheitliches Informationsrückgrat: Das Prozessmodell bietet eine gemeinsame Arbeits- und Diskussionsgrundlage (speziell beim Arbeiten in verteilten Teams).
+	Schnelle Erhebung und Validierung der Anforderungen: Der Prozessfokus und die Nutzung von Templates bei der Anforderungserhebung ermöglichen eine strukturierte und damit schnelle Erfassung und Überprüfung.
+	Prozessorientierte Verfolgung der Umsetzung der Anforderungen: Die Umsetzung der Anforderungen kann je Prozessschritt nachvollzogen werden und ist damit in ein formales Auswertungsinstrument integrierbar.
−	Etwas höhere Anforderungen an die Beteiligten hinsichtlich des Abstraktionsvermögens

der abgestimmten Transformationsstrategie erhoben wurden, ist hier meist kein großes Review erforderlich, sondern lediglich eine Abstimmung mit den für die Implementierung relevanten Bereichen. Es spielt hierbei keine Rolle, ob die angestrebten Lösungen unternehmensintern oder unter Einbeziehung externer Partner oder Anbieter realisiert werden. Das „Lastenheft" kann immer als Diskussionsgrundlage genutzt und anschließend in ein Pflichtenheft überführt werden. Die Nutzung von Methoden des Anforderungs-Engineering, im Rahmen der Realisierung für Lösungselemente im Bereich Mensch und Organisation, schafft für alle Implementierungen einen einheitlichen Rahmen, der schlussendlich auch einen Vergleich der einzelnen Projekte zur Implementierung hinsichtlich Aufwand, Kosten und Auswirkungen zulässt. Dies erwies sich innerhalb des Projektes als zielführender Ansatz. Durch eine integrierte Abbildung der Anforderungen und der Prozessmodelle ist auch ein entsprechendes Monitoring zum Anforderungsmanagement als Begleitinstrument für den Transformationsprozess etablierbar, um eine Fortschrittsbewertung der Implementierung und ein entsprechendes Maßnahmenmanagement zu erlauben.

Ein weiterer wichtiger Aspekt für die Operationalisierung der Transformationsstrategie ist die digitale und rollenspezifische Verfügbarkeit von Vorgaben, Kennzahlen und Ergebnissen operativer Vorgänge für alle Mitarbeiter – wenn erforderlich auch in Echtzeit. Starre Planungs-, Modellierungs- und Monitoring-Systeme sind der notwendigen Flexibilität eines sich im ständigen Wandel befindlichen Produktionssystems nicht vollständig gewachsen. Will man die Transformation jedoch im laufenden Betrieb durchführen, ist es unabdingbar, die schrittweise auftretenden Veränderungen innerhalb des Gesamtsystems schnell und intuitiv zu etablieren und auch verfolgen zu können. Im Rahmen des Projektes wurden daher modellbasierte Mechanismen entwickelt und genutzt, die es erlauben, Datenquellen, Aufbau- und Ablaufstrukturen sowie Visualisierungskomponenten innerhalb kürzester Zeit zu konfigurieren – das Transformationscockpit, vgl. Abschn. 4.1 – und Schritt für Schritt in den operativen Betrieb zu übergeben. Mithilfe dieser Mechanismen wird jeder Mitarbeiter zu richtigen Zeit auf unterschiedlichsten Endgeräten mit auf ihn zugeschnittenen Informationen versorgt und kann seiner Prozessverantwortlichkeit im Sinne der Industrie 4.0 jeder Zeit gerecht werden.

Integrierte Betrachtung
In der Phase der schrittweisen Realisierung minimiert eine integrierte Betrachtung von Prozessen und Anforderungen den zeitlichen Aufwand enorm. Durch Vorgabe entsprechender Templates zur Anforderungserfassung wird die Konsistenz sichergestellt und eine einheitliche Bearbeitungsweise erreicht. Bietet das Modellierungswerkzeug eine Möglichkeit, die Anforderungen sofort den Prozessen zuzuordnen, kann ein aufwendiges Mapping dieser bei der Erstellung von Lastenheften vermieden werden. Gleichzeitig können auf Basis der zu implementierenden Prozesse die Fortschritte bewertet und visualisiert werden.

Erfassung und Messung des Projektfortschritts
Es sollte sichergestellt sein, dass eine flexible Monitoring-Lösung zur Fortschritts-verfolgung und für den operativen Betrieb der realisierten Projekte zur Verfügung steht.

Fazit

Zusammenfassend benötigt eine modellbasierte Begleitung des Transformationsprozesses, wie innerhalb des Projektes realisiert, sechs prozessorientierte Kernelemente (Abb. 3.38). Durch die integrierte Abbildung dieser Elemente, innerhalb eines Modellierungswerkzeuges, wurde die für die Transformation erforderliche Flexibilität zur Beherrschung der auftretenden Komplexität abgesichert.

Als Ergebnis entstand eine Vorgehensweise für die modellbasierte operative Unterstützung der Transformation. Deren Anwendung im Planungs- und Realisierungsprozess der Transformation für ein spezifisches Produktionsumfeld leitet den Nutzer hinsichtlich Ausführung und Controlling konsequent entlang der Geschäftsprozesse. Den Verantwortlichen wird es damit möglich, den Transformationsprozess auch vor dem Hintergrund verschiedener Innovations- und Investitionszyklen zu realisieren.

Gleichzeitig können die entstehenden Soll-Prozessmodelle in kleinen Teilen für die Umsetzung von ersten Demonstratoren genutzt werden. Um eine möglichst frühe Akzeptanz bei den Mitarbeitern zu erreichen, sollten während des gesamten Prozesses der Transformation kleine und möglichst selbstständige Industrie 4.0-Prototypen umgesetzt werden. Hierzu kann ein Prozessbereich aus dem Gesamtsystem entsprechend eines möglichen Lösungselements zur genaueren Betrachtung ausgewählt und mit den

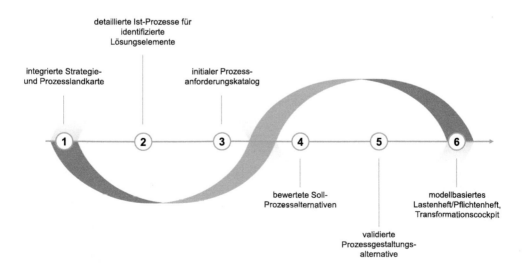

Abb. 3.38 Kernelemente für die Begleitung des Transformationsprozesses

unternehmensinternen Experten bis hin zur Implementierung weiterentwickelt werden. Die Vorteile dieser frühen Schaffung einer „anfassbaren" prototypischen Implementierung liegen darin, Erfahrungen auf dem Neuland zu erhalten und auf dieser Basis in den weiteren Schritten qualifizierte Anforderungen an die später zu implementierende Lösung zu stellen.

3.2.5   Geschäftsmodellprüfstand

Manuel Kern und Benjamin Schneider

Der Industrie 4.0 werden gemeinhin sehr große Potenziale für die Sicherung des langfristigen, wirtschaftlichen Erfolgs des Industriestandorts Deutschland zugeschrieben. Dabei ist das Ziel impliziert, mittels technologisch fortschrittlicher Lösungen wirtschaftliche Potenziale zu heben. Im Rahmen von MetamoFAB wurde eine Möglichkeit zur Bewertung bereits ausgearbeiteter Geschäftsmodellkonzepte für Industrie 4.0 erarbeitet.

Prüfung des Erfolgspotenzials von Geschäftsmodellen
Der Begriff des Prüfstands dient als Metapher für das vorgestellte Analysewerkzeug. Die Funktionsweise lässt sich am Beispiel eines realen Prüfstands, bspw. für Motoren, beschreiben. Es werden Faktoren analysiert, welche Rückschlüsse auf die Leistungsfähigkeit des untersuchten Objekts zulassen. Durch die Messung dieser Faktoren können Änderungen am untersuchten Objekt beurteilt und Potenziale abgeleitet werden. Im Geschäftsmodellprüfstand basiert die Prüfung nicht auf Messungen sondern auf Einschätzungen des Nutzers hinsichtlich des von ihm bereitgestellten Geschäftsmodellkonzepts. Die Einschätzungen finden auf Basis von Erfolgsfaktoren statt. Der Nutzer erhält vom Prüfstand eine Orientierung hinsichtlich der Potenziale seines Geschäftsmodells. Zusätzlich werden Handlungsempfehlungen und Hinweise auf eventuell bei der Umsetzung existierende Stolpersteine ausgesprochen.

Ein Geschäftsmodell kann am einfachsten als die Logik, mit der Unternehmen Geld zu verdienen, beschrieben werden [Bie-02]. In der Wissenschaft herrscht bis heute keine Übereinstimmung hinsichtlich einer eindeutigen Definition und Verortung des Geschäftsmodellbegriffs in der Unternehmenstheorie. Das Verständnis des Begriffs unterliegt jedoch einer stetigen Harmonisierung [Wir-16]. Die Abgrenzung des Geschäftsmodells von der Unternehmensstrategie ist ein häufig diskutierter Punkt (vgl. [Cas-10, Mag-02, Das-14, Tee-10, Zot-10]). Eine Kopplung von Geschäftsmodell und Strategie bzw. die Sicht auf das Geschäftsmodell als umgesetzte Strategie wird als zwingende Voraussetzung für den langfristigen Unternehmenserfolg angesehen [Tee-10]. Osterwalder [Ost-04] verortet Geschäftsmodelle anhand von drei Ebenen. Er definiert eine Planungsebene, eine Architekturebene und eine Implementationsebene. Die Architekturebene wird dem Geschäftsmodellkonzept, die Planungsebene der Strategie und die Implementationsebene den Prozessen im Unternehmen zugeordnet. Die drei Ebenen bauen hierarchisch aufeinander auf. Die Implementationsebene steht hierarchisch an unterster, die Planungsebene an oberster Stelle. Neben der Definition von Geschäftsmodellen werden in der Wissenschaft die Komponenten eines Geschäftsmodells beschrieben. Eine sehr verbreitete Struktur ist die nach Osterwalder und Pigneur [Ost-10], welche neun Komponenten definiert, die in ihrem Zusammenwirken ein Geschäftsmodell beschreiben.

Die Bewertung von Geschäftsmodellen ist besonders für noch in der Konzeption befindliche Modelle eine sehr komplexe Aufgabenstellung. Zum einen kann ein Geschäftsmodell nur dann erfolgreich sein, wenn die einzelnen Bestandteile aufeinander abgestimmt sind und optimal zusammenwirken. Zum anderen liegen in der Konzeptionsphase nur begrenzt Daten für die wirtschaftliche Beurteilung vor. Eine Einordnung noch nicht realisierter Konzepte hat jedoch für Nutzer eine sehr hohe Relevanz, da eine externe Validierung dazu beitragen kann, Vertrauen in erarbeitete Konzepte aufzubauen. Die in der Literatur beschriebenen Methoden bzw. Verfahren können in qualitative und quantitative Methoden unterteilt werden. Qualitative Methoden basieren in der Regel auf Erfolgsfaktoren, welche durch Experteninterviews oder Literaturrecherchen gewonnen werden. Diese Erfolgsfaktoren sind entweder branchenspezifisch und daher lediglich für einen begrenzten Nutzerkreis relevant oder sie sind sehr grob gehalten und können daher lediglich allgemeingültige Empfehlungen geben (vgl. [Ham-00, Afu-03 Hor-07, Ost-10]). Entsprechende Beispiele sind in der referenzierten Literatur gegeben. Quantitative Methoden basieren hauptsächlich auf der Modellierung des Geschäftsmodells und seiner Abhängigkeiten zum Umfeld in einer Modellierungssprache. Hierbei kann bspw. die Unified Modeling Language oder die Notation nach System Dynamics zum Einsatz kommen. Auf Basis der Modellierung werden Simulationen durchgeführt, welche eine Abschätzung der Erfolgspotenziale eines Geschäftsmodells ermöglichen. Die Simulationen dienen dabei weniger als präziser Nachweis der Wirtschaftlichkeit eines Geschäftsmodells sondern vielmehr dazu, Vertrauen in ein Geschäftsmodellkonzept aufzubauen. Sie sind in der Regel mit einem vergleichsweise großen Ressourcenbedarf verbunden (vgl. [Gor-02, Gra-08, Hei-12, Sch-13]). Entsprechende Beispiele sind in der referenzierten Literatur gegeben.

Im Rahmen des Forschungsprojekts wurde eine Methodik entwickelt, mit der Anwender Industrie 4.0-Geschäftsmodellkonzepte auf Basis von Erfolgsfaktoren im Rahmen eines Prüfstands überprüfen können. Aus der Analyse entsprechender Veröffentlichungen wurde ein Set von Erfolgsfaktoren abgeleitet. Diese sind im letzten Abschnitt dieses Kapitels mit einer Gewichtung, welche aus einer Expertenumfrage gewonnen wurde, dargestellt. Zusätzlich wurde zur Gewichtung der Erfolgsfaktoren eine Systemanalyse auf Basis einer Ursache-Wirkungs-Matrix durchgeführt. Die Erfolgsfaktoren adressieren nach dem Konzept von Osterwalder [Ost-04] die Planungs- und Implementationsebene und erlauben somit Rückschlüsse auf eine optimale Konfiguration eines Geschäftsmodells. Abbildung 3.39 zeigt den Aufbau des Prüfstands und stellt den Zusammenhang mit den Erfolgsfaktoren dar. Im Folgenden werden Ablauf und Logik des Prüfstands beschrieben.

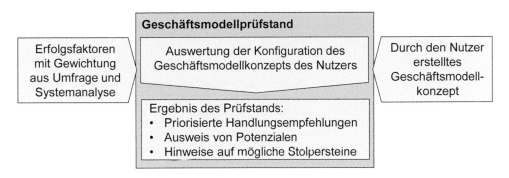

Abb. 3.39 Aufbau des Geschäftsmodellprüfstands

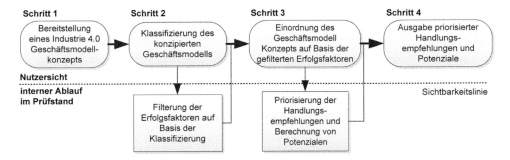

Abb. 3.40 Ablauf zur Bewertung von Industrie 4.0-Geschäftsmodellkonzepten, Darstellung angelehnt an das Service Blueprinting nach Shostack [Sho-84]

Detailbeschreibung Geschäftsmodellprüfstand

Die Bewertung eines Geschäftsmodellkonzepts folgt der in Abb. 3.40 dargestellten Logik. Die Abbildung beschreibt den Ablauf des Prüfstands aus Nutzersicht, ergänzt um die im Hintergrund ablaufenden Vorgänge. Die Perspektiven sind durch die Sichtbarkeitslinie voneinander abgegrenzt. Der Ablauf besteht aus vier Schritten. Schritt 1 stellt die Ausgangsbasis für eine Bewertung dar, in Schritt 2 und 3 interagiert der Nutzer aktiv mit dem Werkzeug und in Schritt 4 wird das Ergebnis des Prüfstands präsentiert. Die im Folgenden angeführten Abb. 3.42, Abb. 3.43 und Abb. 3.44 beschreiben ein durchgängiges Beispiel einer Bewertung.

Schritt 1 beschreibt im hier vorgestellten Ablauf des Geschäftsmodellprüfstands die Bereitstellung eines Geschäftsmodellkonzepts durch den Nutzer. Die Form der Bereitstellung spielt für die Nutzung des Prüfstands keine entscheidende Rolle. Die Ausarbeitung eines Konzepts sollte auf Basis einer anerkannten Definition von Geschäftsmodellbausteinen stattfinden. Die Konzeption anhand des Business Model Canvas [Ost-10] oder auf Basis einer Auflistung anhand des "Wer-Was-Wie-Wert?"-Konzepts des St. Galler Geschäftsmodells [Gas-13] sind weit verbreitete Methoden. Weitere Ansätze zur Erstellung und Visualisierung von Geschäftsmodellkonzepten sind bspw. in Schallmo [Sch-13], Weiner [Wei-12] und im Leitfaden Industrie 4.0 [And-15] beschrieben. Abbildung 3.41 stellt die genannten Methoden kurz visuell dar. Als Grundlage für die Ausarbeitung eines

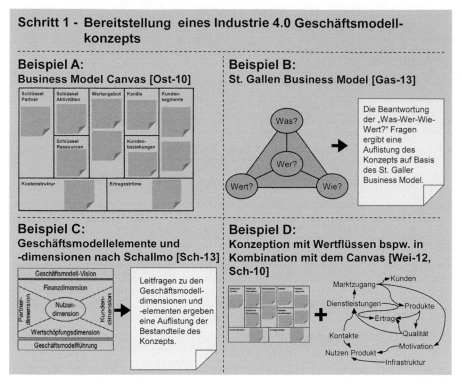

Abb. 3.41 Mögliche Bereitstellungsformen eines Geschäftsmodellkonzepts

Geschäftsmodellkonzepts können die im letzten Abschnitt des Kapitels gegebenen Erfolgsfaktoren für Geschäftsmodelle in Industrie 4.0 dienen.

In Schritt 2 klassifiziert der Nutzer sein Geschäftsmodellkonzept. Die abgefragten Faktoren adressieren die organisatorische Einordnung des Konzepts, den Status der Ausarbeitung und die Ausprägungen des Geschäftsmodellkonzepts. Die Klassifizierung erlaubt eine Abschätzung der bestehenden Lücken zwischen der aktuellen Unternehmensausrichtung und dem angedachten Geschäftsmodellkonzept und somit Rückschlüsse auf die notwendigen organisatorischen Anpassungen für die Implementation. Die Einordnung des Konzepts erfolgt auf Basis bipolarer Skalen und durch die Auswahl von Bereichen, die vom Konzept adressiert werden. Auf Basis der Klassifizierung erfolgt eine Filterung der für das Geschäftsmodellkonzept des Nutzers relevanten Erfolgsfaktoren. Dies ist aufgrund des breiten Spektrums das die Erfolgsfaktoren abdecken nötig und adressiert die Individualität des jeweiligen, gewählten Transformationspfads. Hierzu sind die Erfolgsfaktoren in Kategorien eingeteilt, welche auf der Analyse einer Ursache-Wirkungs-Matrix der Erfolgsfaktoren basieren. Die Kategorien sind mit den entsprechenden Ausprägungen, in die der Nutzer sein Konzept einordnet, verknüpft. Das Ergebnis von Schritt 2 ist eine Einordnung des Geschäftsmodellkonzepts im organisatorischen Konzept des Unternehmens, hinsichtlich des Grades der Ausarbeitung des Konzepts und der Übereinstimmung mit den

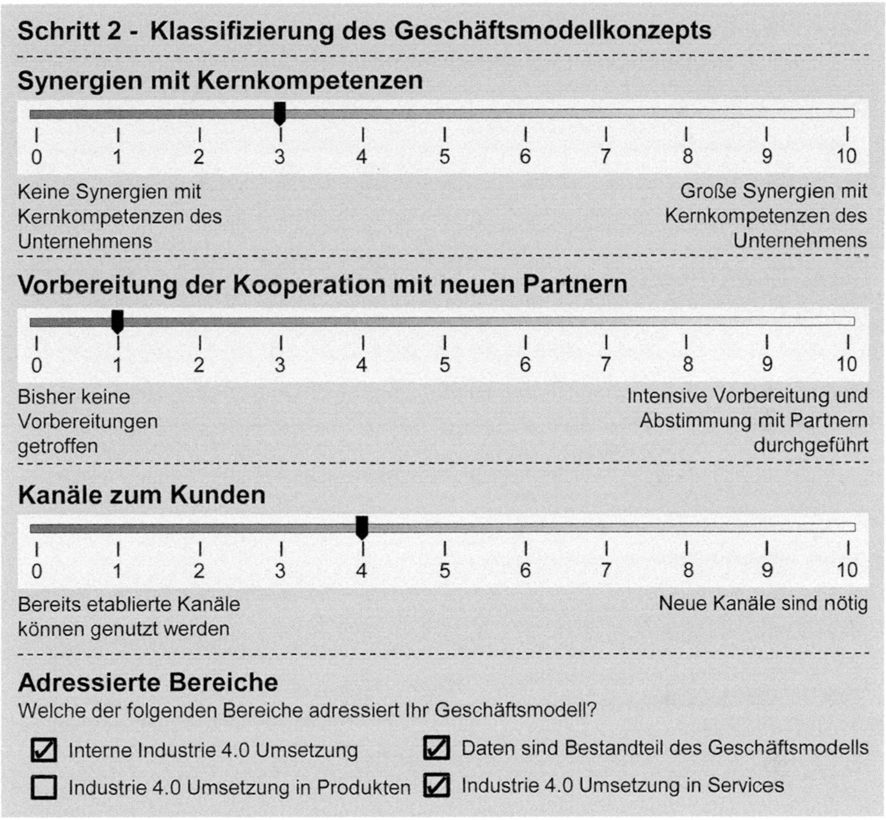

Schritt 2 - Klassifizierung des Geschäftsmodellkonzepts

Synergien mit Kernkompetenzen

| 0 | 1 | 2 | 3 | 4 | 5 | 6 | 7 | 8 | 9 | 10 |

Keine Synergien mit
Kernkompetenzen des
Unternehmens

Große Synergien mit
Kernkompetenzen des
Unternehmens

Vorbereitung der Kooperation mit neuen Partnern

| 0 | 1 | 2 | 3 | 4 | 5 | 6 | 7 | 8 | 9 | 10 |

Bisher keine
Vorbereitungen
getroffen

Intensive Vorbereitung und
Abstimmung mit Partnern
durchgeführt

Kanäle zum Kunden

| 0 | 1 | 2 | 3 | 4 | 5 | 6 | 7 | 8 | 9 | 10 |

Bereits etablierte Kanäle
können genutzt werden

Neue Kanäle sind nötig

Adressierte Bereiche

Welche der folgenden Bereiche adressiert Ihr Geschäftsmodell?

☑ Interne Industrie 4.0 Umsetzung ☑ Daten sind Bestandteil des Geschäftsmodells

☐ Industrie 4.0 Umsetzung in Produkten ☑ Industrie 4.0 Umsetzung in Services

Abb. 3.42 Beispieldarstellung der Abfrage von Kriterien zur Klassifizierung und Einordnung des Geschäftsmodellkonzepts

Ressourcen und der Strategie des Unternehmens. Ein beispielhafter Auszug der grafischen Oberfläche zur Abfrage der Kriterien zur Klassifizierung des Konzepts ist in Abb. 3.42 gegeben.

In Schritt 3 ordnet der Nutzer auf Basis der gefilterten Erfolgsfaktoren sein Geschäftsmodellkonzept anhand bipolarer Skalen und Reifegrade ein. Ein Auszug der grafischen Oberfläche zur Abfrage der Ausprägungen des Geschäftsmodellkonzepts des Nutzers ist in Abb. 3.43 dargestellt. Ziel dieser Abfrage ist die Auswertung der Ausprägungen hinsichtlich der für das betreffende Geschäftsmodellkonzept relevanten Erfolgsfaktoren. Auf Basis der Einordnung des Konzepts durch den Nutzer findet ein Abgleich mit den für ein Industrie 4.0-Geschäftsmodell als optimal erachteten Ausprägungen statt. Auf dieser Basis können in Schritt 4 entsprechende Empfehlungen ausgesprochen werden. Der erste im Beispiel abgefragte Erfolgsfaktor bezieht sich auf die Rolle des Kunden im Geschäftsmodell. Auf Basis der Erfolgsfaktoren stellt sich die Einbindung des Kunden in den Produktentwicklungsprozess als vorteilhaft dar, da das Produkt somit stark am Kundennutzen

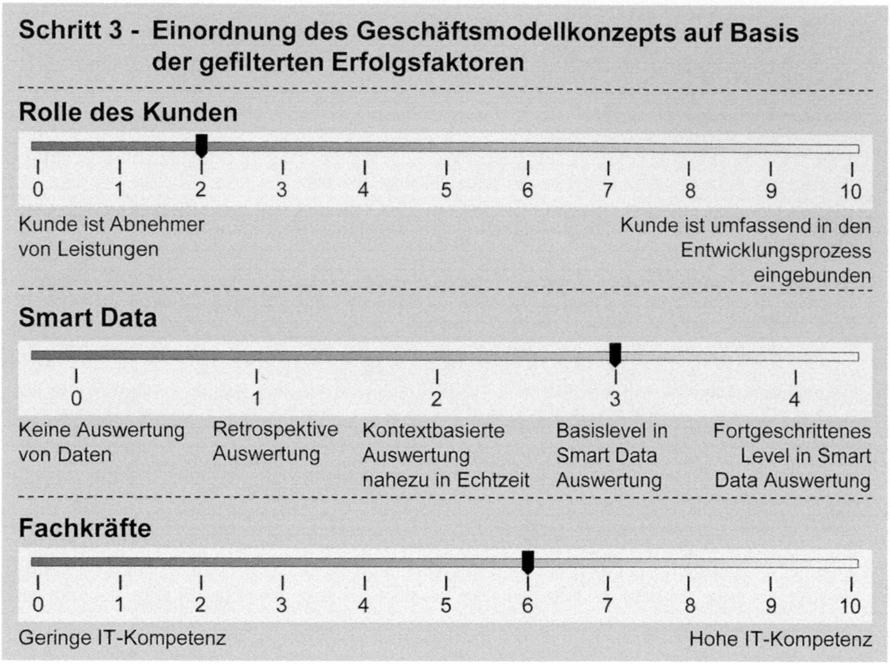

Schritt 3 - Einordnung des Geschäftsmodellkonzepts auf Basis der gefilterten Erfolgsfaktoren

Rolle des Kunden

| | | | | | | | | | | |
|0|1|2|3|4|5|6|7|8|9|10|

Kunde ist Abnehmer
von Leistungen

Kunde ist umfassend in den
Entwicklungsprozess
eingebunden

Smart Data

| | | | | |
|0| |1| |2|3| |4|

| Keine Auswertung von Daten | Retrospektive Auswertung | Kontextbasierte Auswertung nahezu in Echtzeit | Basislevel in Smart Data Auswertung | Fortgeschrittenes Level in Smart Data Auswertung |

Fachkräfte

| | | | | | | | | | | |
|0|1|2|3|4|5|6|7|8|9|10|

Geringe IT-Kompetenz

Hohe IT-Kompetenz

Abb. 3.43 Beispieldarstellung der Abfrage von Ausprägungen des Geschäftsmodellkonzepts auf Basis der Erfolgsfaktoren

orientiert ist. In Abb. 3.44, dem Ergebnis des Prüfstands, ist basierend auf der Einordnung, welche dem Kunden eine Rolle als reinen Abnehmer von Leistungen zuspricht, eine Handlungsempfehlung abgebildet, welche auf die mögliche Vorteilhaftigkeit der Einbindung des Kunden hinweist.

Hat der Nutzer sein Geschäftsmodellkonzept anhand der vorgegebenen Skalen eingeordnet, läuft im Hintergrund die Auswertung der Eingaben ab, welche die Grundlage für Schritt 4 bildet. Die Auswertung gleicht die vom Nutzer durchgeführte Einordnung seines Geschäftsmodellkonzepts mit den für jeden Erfolgsfaktor definierten erstrebenswerten Zuständen ab. Diese werden im nachfolgenden Abschnitt beschrieben. In Schritt 4 erhält der Nutzer priorisierte Handlungsempfehlungen. Zusätzlich wird eine Abschätzung der Potenziale des Geschäftsmodellkonzepts hinsichtlich Industrie 4.0 in Bezug auf die Wirtschaftlichkeit, auf die Erschließung von Blue Ocean-Potenzialen, auf Potenziale des Geschäftsmodellkonzepts aus Kundensicht und auf die Bewertung des Erfüllungsgrades bezüglich des Themenkomplexes Industrie 4.0 ausgegeben. Blue Ocean-Potenziale beschreiben die Erschließung bzw. Schaffung eines neuen, noch nicht durch Wettbewerber besetzten Marktes [Kim-16]. Darüber hinaus werden durch die Verknüpfung der in den Schritten 2 und 3 abgefragten Faktoren mögliche Stolpersteine bei der Umsetzung des Konzepts identifiziert. Im dargestellten Beispiel besteht ein Stolperstein bei der Umsetzung von Smart Data-Analysen, siehe Abb. 3.44.

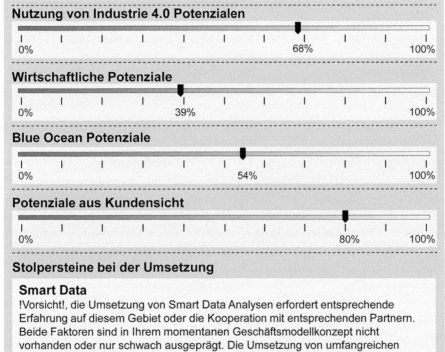

Schritt 4 - Ausgabe priorisierter Handlungsempfehlungen und Potenziale

Handlungsempfehlungen - priorisiert

Rolle des Kunden

Die Einbindung des Kunden in den Wertschöpfungsprozess verspricht Vorteile hinsichtlich der Ausrichtung auf die Anforderungen des Kunden und erhöht somit die Kundenbindung. Prüfen Sie ob eine Integration des Kunden in den Produktentstehungsprozess im Rahmen Ihres Geschäftsmodells sinnvoll ist.

Fachkräfte

Fachkräfte speziell mit ausprägten IT-Kenntnissen sind in Industrie 4.0 eine sehr wichtige Voraussetzung. Prüfen Sie ob durch den Aufbau von Kompetenz in diesem Bereich Mehrwerte für Ihr Geschäftsmodell entstehen können.

Nutzung von Industrie 4.0 Potenzialen

0%   68%   100%

Wirtschaftliche Potenziale

0%   39%   100%

Blue Ocean Potenziale

0%   54%   100%

Potenziale aus Kundensicht

0%   80%   100%

Stolpersteine bei der Umsetzung

Smart Data

!Vorsicht!, die Umsetzung von Smart Data Analysen erfordert entsprechende Erfahrung auf diesem Gebiet oder die Kooperation mit entsprechenden Partnern. Beide Faktoren sind in Ihrem momentanen Geschäftsmodellkonzept nicht vorhanden oder nur schwach ausgeprägt. Die Umsetzung von umfangreichen Smart Data Analysen erfordert daher Ihre höchste Aufmerksamkeit.

Abb. 3.44 Beispieldarstellung der Auswertung von Nutzereingaben und Ausgabe der Handlungsempfehlungen, Potenziale und Stolpersteine

Die Priorisierung der Handlungsempfehlungen basiert zum einen auf der Einordnung der Ausprägungen des Geschäftsmodellkonzepts des Nutzers und zum anderen auf der Gewichtung des jeweiligen Erfolgsfaktors. Die Gewichtung besteht aus zwei Komponenten, der Experteneinschätzung aus der Umfrage und der Systemanalyse, welche auf der Auswertung des gerichteten PageRanks [Bri-98] der Ursache-Wirkungs-Matrix der Erfolgsfaktoren basiert. Der Nutzer erhält somit priorisierte Empfehlungen. Im Beispiel besitzt der Erfolgsfaktor „Rolle des Kunden" eine hohe Gewichtung in Kombination mit einer weit vom erstrebenswerten Zustand abweichenden Ausprägung im Konzept.

Die Bewertung der Potenziale beruht sowohl auf der Einschätzung des Nutzers als auch auf der Gewichtung der Erfolgsfaktoren. Die Erfolgsfaktoren sind mit Indikatoren hinsichtlich der wirtschaftlichen Industrie 4.0-Potenziale, der Blue Ocean Industrie 4.0-Potenziale und der Potenziale hinsichtlich Industrie 4.0 aus Kundensicht verknüpft. Dies bildet die Grundlage für die Berechnung der genutzten Potenziale. Der Nutzer kann somit den Prüfstand einsetzen, um seine Geschäftsmodellkonzept hinsichtlich möglicher Stolpersteine bei der Umsetzung und der Ausnutzung der Industrie 4.0-Potenziale zu kontrollieren.

Zusammenfassend kann festgestellt werden, dass die vorgestellte Methodik dem Nutzer die Möglichkeit bietet, ein Industrie 4.0-Geschäftsmodellkonzept hinsichtlich der Ausnutzung der Industrie 4.0-Potenziale zu analysieren. Es werden Potenziale hinsichtlich Wirtschaftlichkeit, Blue Ocean und Kundensicht bewertet. Darüber hinaus ergeben sich priorisierte Handlungsempfehlungen und Hinweise auf mögliche Stolpersteine bei der Umsetzung des Konzepts. Der Prüfstand unterstützt den Nutzer somit bei der Kontrolle sowie Optimierung seines Geschäftsmodellkonzeptes und dem Aufbau von Vertrauen in dieses Konzept.

Erfolgsfaktoren

Zur Ableitung der Erfolgsfaktoren wurden 36 Veröffentlichungen analysiert. Aus diesen leiteten sich annähernd 550 Aussagen ab. Die Einteilung der daraus aggregierten 46 Erfolgsfaktoren wurde anhand der fünf Kategorien Daten, Produktionssystem, unternehmensinterne-, unternehmensübergreifende Wertschöpfung und Services und Produkte vorgenommen. Diese wurden im Rahmen der empirischen Untersuchung erarbeitet und dienen der Strukturierung der Erfolgsfaktoren. Die Gewichtung der Faktoren entstammt einer im Rahmen des Projekts durchgeführten Expertenumfrage.

Die Kategorie „Daten" (Tab. 3.5) basiert auf Digitalisierung und Vernetzung, die beide im Zentrum von Industrie 4.0-Lösungen stehen und somit auch in etablierten Branchen an Einfluss gewinnen. Sie lassen neue Möglichkeiten hinsichtlich der Gewinnung und Nutzung von Daten entstehen. Die Vernetzung ermöglicht die Generierung von großen Datenmengen, welche dem, der sie effizient und zielgerichtet auswerten kann, einen deutlichen Mehrwert versprechen. Bei der Entwicklung entsprechender Lösungen sind die Sicherheit bei der Generierung und der Schutz der generierten Daten ein zentraler Punkt. Hier kann die Kontrolle über die entsprechenden Schnittstellen eine entscheidende Rolle spielen. Ein zentraler Vorteil der Vernetzung ist die detaillierte Analyse von Kundenanforderungen und deren Nutzungskontext.

Weitere zentrale Erfolgsfaktoren und Potenziale können in der Kategorie „Produktionssystem" (Tab. 3.6) identifiziert werden. Hierzu gibt es in der Literatur inzwischen eine große Anzahl an Anwendungsfällen, welche Industrie 4.0 Lösungen am Beispiel von fertigen Produkten und prototypischen Umsetzungen zeigen. Die Umsetzungen verfolgen

Tab. 3.5 Erfolgsfaktoren in der Kategorie „Daten"

Erfolgsfaktoren	Gewichtung aus Umfrage
Detaillierte Analyse der Bedarfe des Kunden	●
Dynamische und agile Anpassungsfähigkeit von Geschäftsmodellen	●
Kontrolle über die Schnittstelle zwischen Produkt und Kunde	●
Fähigkeit, aus verfügbaren Daten Mehrwerte zu schaffen	◑
Sicherstellung von Datensicherheit und Datenschutz	●
Anbieten von Lösungen für Anwendungen, basierend auf und unterstützt durch Daten	◑

Skala: ○ 1-2 Punkte; ◐ 2-3 Punkte; ◑ 3-4 Punkte; ◕ 4-5 Punkte; ● 5-6 Punkte
Erfolgsfaktoren entsprechend [Sch-16]

dabei verschiedene Ansätze, zielen jedoch alle auf die Steigerung der innerbetrieblichen Effizienz und Flexibilität ab. Allen gemein ist ebenfalls die Optimierung der innerbetrieblichen Vernetzung und somit eine Steigerung der Transparenz, beziehungsweise die Einführung neuer Möglichkeiten basierend auf Intelligenz. Zur Beurteilung der Potentiale dieser Möglichkeiten werden Performance Indikatoren eingesetzt.

Die Kategorie „Unternehmensinterne Wertschöpfung" (Tab. 3.7) basiert auf den Möglichkeiten, welche aus Industrie 4.0 hinsichtlich der Optimierung unternehmensinterner Abläufe und Strukturen über das Produktionssystems hinaus entstehen. Hochqualifizierte Fachkräfte und die technologische Kompetenz gewinnen durch die Digitalisierung mehr und mehr an Bedeutung. Die Kombination von Effizienz und Flexibilität wird ein entscheidender Faktor für den langfristigen Unternehmenserfolg. Allerdings ist eine detailliert ausgearbeitete Differenzierungsstrategie, welche nicht zwingend auf Effizienz basiert, ebenfalls von sehr hoher Relevanz. Hier können die Ausrichtung auf die Anforderungen der Kunden und eine flexible Reaktion auf diese Wettbewerbsvorteile generieren. Die flexible Reaktion kann durch die kundenindividuelle Entwicklung von Bestandteilen eines Produkts entsprechend Kundenwünschen und entkoppelt von der Produktion der restlichen Bestandteile realisiert werden.

Die Kategorie „Unternehmensübergreifende Wertschöpfung" (Tab. 3.8) nimmt in Industrie 4.0 – ebenso wie Daten und die Möglichkeiten in den Produktionssystemen – eine zentrale Rolle ein, da sich der Fokus der Wertschöpfung langfristig von der Unternehmens- auf eine Ökosystemebene verschieben wird. Die Vernetzung aller Marktteilnehmer über Plattformen bzw. Ökosysteme ist eine zentrale These. Hierbei spielt die Transparenz eine zentrale Rolle. Die Vernetzung bietet große Chancen, birgt aber auch große Risiken, bedingt

Tab. 3.6 Erfolgsfaktoren in der Kategorie „Produktionssystem"

Erfolgsfaktoren	Gewichtung aus Umfrage
Erhöhung der „First Time Quality"	◕
Senkung der Ausschussrate	◕
Erhöhung der Ressourceneffizienz	◕
Reduktion der Anzahl der Work In Progress-Teile	◕
Reduktion der (Lager-)Bestände	◑
Senkung der Durchlaufzeiten	◕
Senkung der Rüstzeiten	◕
Reduktion des Instandhaltungsaufwands	◕
Reduktion von Stillständen	◕
Umsetzung in Produktionen mit hoher Variantenanzahl und geringen Stückzahlen – Losgröße 1	◕
Reduktion von Fixkosten und Investitionsbedarfen	◑
Nutzung des vollständigen Potenzials von Industrie 4.0 durch einen strukturellen Wandel hinsichtlich Flexibilisierung	●
Optimierung der Abstimmung im Shopfloor, unterstützt durch Daten	◕

Skala: ○ 1-2 Punkte; ◐ 2-3 Punkte; ◑ 3-4 Punkte; ◕ 4-5 Punkte; ● 5-6 Punkte; Erfolgsfaktoren entsprechend [Sch-16]

bspw. durch die Marktmacht der Betreiber etablierter Plattformen. Die Digitalisierung der Industrie eröffnet neue Märkte für Software-, Serviceanbieter und Anbieter von Automatisierung. Es gilt, die Stärken des eigenen Unternehmens bspw. durch Kooperationen mit Kunden und Wertschöpfungspartnern zu sichern und zu ergänzen. Erste Anwendungsfälle zeigen Plattformkonzepte, deren Mehrwert in der Konfigurierbarkeit der Leistung und großen Nutzerzahlen steckt.

Die Kategorie „Produkte und Services" (Tab. 3.9) beschreibt die neuen Paradigmen, welche sich durch die Vernetzung und Digitalisierung immer stärker in der Industrie etablieren. Es sind nicht mehr ausschließlich nischendeckende, technologisch überlegene Produkte, die große wirtschaftliche Potenziale versprechen. Vielmehr ist es das Anbieten von Lösungen für Problemstellungen beim Kunden. Diese können ein reiner Service,

Tab. 3.7 Erfolgsfaktoren in der Kategorie „Unternehmensinterne Wertschöpfung"

Erfolgsfaktoren	Gewichtung aus Umfrage
Hochqualifizierte Fachkräfte	●
Optimierung von Prozessen auf Basis vertikaler Vernetzung	●
Vereinigung von Effizienz und Flexibilität	●
Orientierung an Best Practices anderer Branchen	◕
Differenzierung durch Einzigartigkeit	◕
Intensivierung von Forschung und Entwicklung	◕
Technologische Kompetenz	◕
Traditionelle Kernkompetenzen	◕
„Entkopplung" von Produktentwicklung und Produktion	◑
Kundennutzen und Kundenanforderungen als Basis für Produkte und Services	●

Skala: ○ 1-2 Punkte; ◔ 2-3 Punkte; ◑ 3-4 Punkte; ◕ 4-5 Punkte; ● 5-6 Punkte
Erfolgsfaktoren entsprechend [Sch-16]

ein Produkt oder – im Optimalfall – eine Kombination aus Service und Produkt zu einer hybriden Lösung sein. Wenn Produkt und Service optimal aufeinander abgestimmt sind, können hybride Lösungen enorme Performance-Vorteile realisieren und somit einen echten Mehrwert beim Kunden generieren. Ebenso ist eine Beschleunigung des Wandels festzustellen, welcher die Fähigkeit zur flexiblen Reaktion auf Änderungen im Marktumfeld und auf den Kundenbedarfen erfordert. Die Offenheit von Systemen verspricht Wettbewerbsvorteile, etwa durch die Etablierung eines Ökosystems auf Basis eines Produkts.

Die dargestellten Erfolgsfaktoren bilden den aktuellen Stand der analysierten Literatur für Industrie 4.0-Geschäftsmodelle ab. Die Aggregation der 550 Aussagen fand empirisch statt. Die Validierung in der Expertenumfrage stellt die Gültigkeit und Relevanz der aggregierten Faktoren sicher. Ein Ergebnis des Forschungsprojekts MetamoFAB ist die Empfehlung, dass der Transformationsprozess zur Industrie 4.0 iterativ und individuell zu gestalten ist. Mit der Zunahme von Umsetzungen und den daraus ableitbaren Erfahrungen wird das Wissen über Erfolgsfaktoren für Industrie 4.0-Geschäftsmodelle wachsen. Daher sollten auch in Zukunft Erfolgsfaktoren und deren Auswirkungen untersucht werden, um schließlich den Geschäftsmodellprüfstand zu optimieren.

Tab. 3.8 Erfolgsfaktoren in der Kategorie „Unternehmensübergreifende Wertschöpfung"

Erfolgsfaktoren	Gewichtung aus Umfrage
Kooperation mit Wertschöpfungspartnern	●
Einbindung von Kunden in die Wertschöpfung	◕
Strategie für die Teilnahme an Plattformen	●
Teilnahme an Plattformen als Grundvoraussetzung für nachhaltigen Unternehmenserfolg	◕
Teilnahme an digitalen Ökosystemen zur Intensivierung von Transparenz und Vernetzung	◕
Absicherung gegen neue Marktteilnehmer	◕
Erhöhung der Transparenz	●

Skala: ○ 1-2 Punkte; ◓ 2-3 Punkte; ◑ 3-4 Punkte; ◕ 4-5 Punkte; ● 5-6 Punkte
Erfolgsfaktoren entsprechend [Sch-16]

Tab. 3.9 Erfolgsfaktoren in der Kategorie „Produkte und Services"

Erfolgsfaktoren	Gewichtung aus Umfrage
Digitalisierung des Produkt- und Serviceportfolios	●
Hybride Produkt- und Service-Kombination	●
Intelligente Produkte, die neue Zielgruppen ansprechen	●
Individualität und Modularität der Leistung	●
Skalierbarkeit der Leistung	●
Verfügbarkeit von Services und Produkten	●
Offenheit von Systemen	◕
Agilität durch Verkürzung von Produktlebenszyklen	◕
Steigerung der Performance von Produkten durch Vernetzung	●
Wirtschaftliche Gestaltung des Leistungsangebots	◕

Skala: ○ 1-2 Punkte; ◓ 2-3 Punkte; ◑ 3-4 Punkte; ◕ 4-5 Punkte; ● 5-6 Punkte
Erfolgsfaktoren entsprechend [Sch-16]

Literatur

[Aca-13]   Acatec: Deutschlands Zukunft als Produktionsstandort sichern. Umsetzungs-
               empfehlungen für das Zukunftsprojekt Industrie 4.0 Abschlussbericht des
               Arbeitskreises Industrie 4.0, Forschungsunion, Acatec, 2013.
[ACA-16]   acatech (Hrsg.): Kompetenzentwicklungsstudie Industrie 4.0 – Erste Ergeb-
               nisse und Schlussfolgerungen, München April 2016.
[Afu-03]   Afuah, A.; Tucci, C.: Internet business models and strategies. Text and cases.
               2nd ed. Boston: McGraw-Hill (McGraw-Hill international editions. Manage-
               ment & organization series), 2003.
[Alr-07]   Alroth, S.; Höjer, M.: Sustainable energy prices and growth: Comparing
               macrooeconomic and backcasting scenarios. In: Ecological Economics 46,
               S. 722–731, 2007.
[And-15]   Anderl, R.: Leitfaden Industrie 4.0. Orientierungshilfe zur Einführung in den
               Mittelstand. Frankfurt am Main: VDMA-Verlag, 2015.
[Bal-10]   Balzert, S.: Prozessmanagement: Strategien, Methoden, Umsetzung. 1. Aufl.
               Edited by Roland Jochem. Symposion Verlag, Düsseldorf, 2010.
[Bec-95]   Becker, J.; Rosemann M.; Schütte R.: Grundsätze ordnungsmäßiger Modellie-
               rung. In: Wirtschaftsinformatik 37 (5): S. 435–445, 1995.
[Bie-02]   Bienstock, C.; Gillenson, M.; Sander, T.: The complete taxonomy of web busi-
               ness models. In: Quarterly Journal of Electronic Commerce 3(2), S. 173–182,
               2002.
[Bin-14]   Binner, Hartmut F.: Industrie 4.0 bestimmt die Arbeitswelt der Zukunft. In:
               Elektrotechnik und Informationstechnik 37 (5): S. 230–236, 2014.
[Bli-11]   Blickle, G.: Anforderungsanalyse. In: Arbeits- und Organisationspsychologie
               (S. 195–208). Springer Berlin Heidelberg, 2011.
[Blo-08]   Blondel, V.D., Guillaume, J.-L., Lambiotte, R., Lefebvre, E.: Fast unfolding of
               communities in large networks, in Journal of Statistical Mechanics: Theory and
               Experiment 2008 (10), P1000, 2008.
[BMWI-13]   Bundesministerium für Wirtschaft und Technologie: Fit für den Wissenswettbe-
               werb, Wissensmanagement in KMU erfolgreich einführen. Bundesministerium
               für Wirtschaft und Technologie (BMWi) Öffentlichkeitsarbeit, Berlin, 2013.
[BMWI-15]   Bundesministerium für Wirtschaft und Energie: Erschließen der Potenziale der
               Anwendung von Industrie 4.0' im Mittelstand. agiplan GmbH, Mühlheim an
               der Ruhr, 2015.
[Bri-98]   Brin, S., Page, L., The Anatomy of a Large-Scale Hypertextual Web Search
               Engine, in Proceedings of the seventh International Conference on the World
               Wide Web (WWW1998):107–117, 1998.
[BSI-15]   Bundesamt für Sicherheit in der Informationstechnik: Gesetz zur Erhöhung der
               Sicherheit Informationstechnischer Systeme, IT-Sicherheitsgesetz. In: Bundes-
               gesetzblatt Jahrgang 2015 Teil 1 Nr. 31. Bundesanzeiger Verlag, Bonn, 2015.
[Cas-10]   Casadesus-Masanell, R.; Ricart, J.: From Strategy to Business Models and onto
               Tactics. In: Long Range Planning 43(2-3), S. 195–215, 2010.
[Dan-01]   Daniel, A.: Implementierungsmanagement Ein anwendungsorienterter Gestal-
               tungsansatz, DUV, Wiesbaden, 2001.
[Das-14]   DaSilva, C.; Trkman, P.: Business Model: What It Is and What It Is Not. In:
               Long Range Planning 47(6), S. 379–389, 2014.
[DIN EN 60812] Deutsches Institut für Normung.: Fehlzustandsart- und -auswirkungsanalyse
               (FMEA), DIN EN 60812. Beuth Verlag 2014.
[Fra-16]   Fraunhofer-Institute for Production Systems and Design Technology: MO²GO,
               Enterprise Modelling Analysis and Optimisation. http://www.moogo.de/

fileadmin/user_upload/Moogo/Documents/MOOGO_englisch.pdf, Abgerufen am: 05.10.2016.

[Fre-05]   Freisl, J.: Management Excelence, Steingaden, 2005.

[Gas-13]   Gassmann, O.; Frankenberger, K.; Csik, M.: Geschäftsmodelle entwickeln. 55 innovative Konzepte mit dem St. Galler Business Model Navigator. 2013 München: Hanser.

[Gor-02]   Gordijn, J.: Value-based Requirements Engineering – Exploring Innovative e-Commerce Ideas. Amsterdam, Vrije Universität Amsterdam, Diss., 2002.

[Gra-08]   Grasl, O.: Professional Service Firms: Business Model Analysis – Method and Case Studies. St. Gallen, Schweiz, Universität St. Gallen, Diss., 2008.

[Gro-15]   Gronau, N.; Ullrich, A.; Vladova, G.: Prozessbezogene und visionäre Weiterbildungskonzepte im Kontext Industrie 4.0. In Meier H (Hrsg.) Lehren und Lernen für die moderne Arbeitswelt. GITO-Verlag, Berlin, 2015.

[Gro-16]   Gronau, N.; Maasdorp, C.: Modelling of Organizational Knowledge and Information – Analyzing knowledge-intensive business processes with KMDL. GITO-Verlag, Berlin, 2016.

[Gru-02]   Grunwald, A.: Technikfolgenabschätzung. Eine Einführung. 2002, Edition Sigma: Berlin.

[Ham-00]   Hamel, G.: Leading the Revolution. Boston, Mass: Harvard Business School Press, 2000.

[Hei-12]   Heim, R.; Linden, M.: Konzeption eines Rahmenwerks zur Gestaltung und Bewertung von Geschäftsmodellen. 2012, http://de.slideshare.net/RalfHeim/ein-framework-zur-gestaltung-und-bewertung-von-geschftsmodellen, Datum des Aufrufes des Dokumentes: 29.08.2016

[Hor-07]   Horsti, A.: Essays on electronic business models and their evaluation. Helsinki, Helsinki School of Economics, Diss., 2007.

[IMP-16]   IMPULS-Stiftung des VDMA; Institut der deutschen Wirtschaft Köln Consult GmbH; Forschungsinstitut für Rationalisierung (FIR) e.V. an der RWTH Aachen: Industrie 4.0-Readiness Online-Selbst-Check für Unternehmen. https://www.industrie40-readiness.de/, Abgerufen am: 05.10.2016.

[Inn-16]   Innoventum, Innovations- und Wissensmanagement: Handlungsfelder des Wissensmanagements. http://www.diwis.net/?q=handlungsfelder, Abgerufen am: 05.10.2016.

[ISO 50001] Kahlenborn, W.; Kabisch, S.; Klein, J.; Richter, I.; Schürmann, S.: Energiemanagementsysteme in der Praxis ISO 50001, Leitfaden für Unternehmen und Organisationen. Bundesministerium für Umwelt, Naturschutz und Reaktorsicherheit, Berlin, 2012.

[Joc-01]   Jochem, R.: Integrierte Unternehmensplanung auf der Basis von Unternehmensmodellen. IPK (Berichte aus dem Produktionstechnischen Zentrum), Berlin, 2001.

[Kag-14]   Kagermann, H.: Chancen von Industrie 4.0 nutzen. In: Industrie 4.0 in Produktion, Automatisierung und Logistik (S. 603–614). Springer Fachmedien Wiesbaden, 2014.

[Kim-16]   Kim, W.C.; Mauborgne, R.: Der blaue Ozean als Strategie. Wie man neue Märkte schafft wo es keine Konkurrenz gibt [Online]. 2., aktualisierte und erweiterte Auflage. München: Hanser. ISBN 3446402179, 2016, Verfügbar unter: http://www.hanser-fachbuch.de/9783446446762.

[Kir-09]   Kirkpatrick, D. L.: Implementing the Four Levels: A Practical Guide for Effective Evaluation of Training Programs: Easyread Large Edition. ReadHowYouWant. Com, 2009.

[Kön-08]   König, C., Kreimeyer, M., Braun, T. MULTIPLE-DOMAIN MATRIX AS A FRAMEWORK FOR SYSTEMATIC PROCESS ANALYSIS, 10TH INTERNATIONAL

DESIGN STRUCTURE MATRIX CONFERENCE, DSM'08, STOCKHOLM, SWEDEN, 11–12 NOVEMBER 2008.

[Kos-08] Kosow, H.; Gassner, R.: Methoden der Zukunfts- und Szenarioanalyse. Überblick, Bewertung und Auswahlkriterien. 2008, IZT (Werkstattbericht / Institut für Zukunftsstudien und Technologiebewertung, Nr. 103), Berlin.

[Lic-15] Lichtblau, K.; Stich, V.; Bertenrath, R.; Blum, M.; Bleider, M.; Millack, A.; Schmitt, K.; Schmitz, E.; Schröter, M.: Industrie 4.0-Readiness. Impuls-Stiftung, Frankfurt, 2015.

[Mag-02] Magretta, J.: Why Business Models Matter. In: Harvard Business Review 80(5), S. 3–8, 2002.

[Mal-04] Malik, F.: Systemisches Management, Evolution, Selbstorganisation. Haupt-Verlag, Bern Stuttgart Wien, 2004.

[Mer-97] Mertins, K.; Jochem, R.: Qualitätsorientierte Gestaltung von Geschäftsprozessen. 1. Aufl. Beuth Verlag, Berlin, Wien, Zürich, 1997.

[Mor-11] Moreira, A. C., Pais, G.C.S. Single Minute Exchange of Die. A Case Study Implementation, Journal of Technology Management and Innovation, 2011, Volume 6, Issue 1, 2011.

[Ost-04] Osterwalder, A.: The business model ontology – a proposition in a design science approach,Lausanne, University of Lausanne, Diss., 2004.

[Ost-10] Osterwalder, A.; Pigneur, Y.; Clark, T.; Smith, A.: Business model generation. A handbook for visionaries, game changers, and challengers. New Jersey: John Wiley & Sons, 2010.

[Rei-14] Reichwald, R.; Möslein, K.: Organisation. Strukturen und Gestaltung. München: Lehrstuhl für Allg. und Industrielle Betriebswirtschaftslehre an der TUM (Arbeitsberichte des Lehrstuhls für Allgemeine und Industrielle Betriebswirtschaftslehre an der Technischen Universität München, Arbeitsbericht Nr. 14), 1997.

[Rob-07] Robertson, B. J.: Leading-Edge Organisation: Einführung in Holocracy. Online verfügbar: http://structureprocess.com/holacracy/was-ist-holacracy/, 2007.

[Rum-14] Rummel, S.: Eine bewertungsbasierte Vorgehensweise zur Tauglichkeitsprüfung von Technologiekonzepten in der Technologieentwicklung. Stuttgart, Univ., Diss., 2014. Stuttgart: Fraunhofer Verlag. Schriftenreihe zu Arbeitswissenschaft und Technologiemanagement. 16. ISBN 978-3-8396-0810-4.

[Sce-02] Scheer, August W.: ARIS – vom Geschäftsprozess zum Anwendungssystem. durchges. 4. Aufl. Springer Verlag, Berlin, 2002.

[Sch-10] Schallmo, D.; Brecht, L.: Business Model Innovation in Business-to-Business Markets – Procedure and Examples, Proceedings of the 3rd ISPIM Innovation Symposium: "Managing the Art of Innovation: Turning Concepts into Reality", 2010, Quebec City, Canada.

[Sch-13] Schallmo, D.: Geschäftsmodelle erfolgreich entwickeln und implementieren. Berlin, Heidelberg: Springer Gabler (Lehrbuch), 2013.

[Sch-16] Schneider, B.: Erfolgsfaktoren für Geschäftsmodelle in Industrie 4.0, Arbeitsbericht, 2016, Verfügbar unter: http://metamofab.de/wp-content/uploads/2016/12/Erfolgsfaktoren_Geschaeftsmodelle_I40.pdf.

[Sho-84] Shostack, G.L.: Designing services that deliver. Harvard Business Review 62 (1), S. 133–139, 1984.

[Spa-13] Spath, D. (Hrsg.): Produktionsarbeit der Zukunft – Industrie 4.0. Fraunhofer Verlag, 2013.

[Spf-10] Schimpf, S.: Social software supported technology monitoring for custom built products. 2010, Jost-Jetter (IPA-IAO-Forschung und Praxis, Nr. 494), Heimsheim.

[Sta-95]   Stafford Beer: Brain of the Firm, The Managerial Cybernetics of Organisation. (1995) 2nd Edition, John Wiley and Sons Ltd., Reprinted March, ISBN 0-471-94839-X, Mai 1995.

[Ste-03]   Stein, F.: Projektmanagement für die Produktentwicklung, Organisation – Strategien – Erfolgsfaktoren. Expert Verlag, Renningen, 2003.

[Sto-14]   Stockmann, R.; Meyer, W.: Evaluation, Eine Einführung. Barbara Budrich Verlag, Opladen & Toronto, 2014.

[Tee-10]   Teece, D.: Business Models, Business Strategy and Innovation. In: Long Range Planning 43(2-3), S.172–194, 2010.

[Ull-15]   Ullrich, A.; Vladova, G.: Qualifizierungsmanagement in der vernetzten Produktion – Ein Ansatz zur Strukturierung relevanter Parameter. In Meier H (Hrsg.) Lehren und Lernen für die moderne Arbeitswelt. GITO-Verlag, Berlin, 2015.

[Ull-16]   Ullrich, A.; Vladova, G.; Gronau, N.; Jungbauer, N.: Akzeptanzanalyse in der Industrie 4.0-Fabrik – Ein methodischer Ansatz zur Gestaltung von organisatorischem Wandel. In: Obermaier R (Hrsg.) Industrie 4.0 als unternehmerische Gestaltungsaufgabe. Springer, Berlin, 2016.

[VDI-14]   VDI/VDE-Gesellschaft Mess- Automatisierungstechnik: Industrie 4.0 Stausreport, Gegenstände Entitäten Komponenten. VDI/VDE-Gesellschaft Mess- Automatisierungstechnik, 2014.

[VDMA-16]   VDMA - Forum Industrie 4.0: Industrie 4.0 konkret – Lösungen für die industrielle Praxis. 2016, http://industrie40.vdma.org/documents/4214230/5356229/Industrie%204.0%20konkret%202016/9912b1a7-be6b-4f32-a132-79aef5b8a11c, Datum des Aufrufes des Dokumentes: 29.08.2016.

[Ven-00]   Venkatesh, V.; Davis, F.: A theoretical extension of the technology acceptance model: Four longitudinal field studies. Management science 46(2), 2000, S. 186–204.

[Ven-08]   Venkatesh, V.; Bala, H.: Technology acceptance model 3 and a research agenda on interventions', Decision Science 39(2), 2008, S. 273–315.

[Vla-17]   Vladova, G.; Ullrich, A.; Sultanow, E.: Demand-oriented Competency Development in a Manufacturing Context: The Relevance of Process and Knowledge Modeling. In Proceedings of the 50th Hawaii International Conference on System Sciences (HICSS). IEEE, 2017.

[Wei-08]   Weimer-Jehle W.: Cross-Impact Balances: A System-Theoretical Approach to Cross-Impact Analysis. 2006 Technological Forecasting and Social Change, Vol. 73, No. 4, 334–361, 2006.

[Wei-12]   Weiner, N.; Vidackovic, K.; Schallmo, D.: Der visuelle Entwurf von Geschäftsmodellen als Ansatz der Geschäftsmodellinnovation. In: Spath, D. (Hrsg.): Neue Geschäftsmodelle für die Cloud entwickeln: Methoden, Modelle und Erfahrungen für "Software-as-a-Service" im Unternehmen. Stuttgart: Fraunhofer Verlag, 2012 (THESEUS), S. 192–207.

[Wie-16]   Wiesner F, Ullrich A, Vladova G (2016) Die Ausgestaltung von Kompetenzfacetten im Kontext Industrie 4.0. Arbeitsbericht WI – 2016 – 1. Lehrstuhl für Wirtschaftsinformatik, insb. Prozesse und Systeme.

[Wir-16]   Wirtz, B.W.; Pistoia, A.; Ullrich, S.; Göttel, V.: Business Models. Origin, Development and Future Research Perspectives. Long range planning 49(1), S. 36–54, 2016.

[Zot-10]   Zott, C.; Amit, R.; Massa, L.: The Business Model: Theoretical roots, recent developments, and future research. 2010, IESE Business School, University of Navarra.

Werkzeuge

4

Nicole Oertwig, Sven O. Rimmelspacher, Gergana Vladova,
André Ullrich, Norbert Gronau, Erdem Geleç

N. Oertwig (✉)
Fraunhofer-Institut für Produktionsanlagen und Konstruktionstechnik IPK,
Geschäftsprozess- und Fabrikmanagement, Pascalstraße 8-9,
10587 Berlin, Deutschland
e-mail: nicole.oertwig@ipk.fraunhofer.de

S.O. Rimmelspacher
Geschäftsführer, Pickert & Partner GmbH, Händelstr. 10,
76327 Pfinztal, Deutschland
e-mail: sven.rimmelspacher@pickert.de

G. Vladova · A. Ullrich · N. Gronau
Lehrstuhl für Wirtschaftsinformatik, insb. Prozesse und Systeme,
Universität Potsdam, August-Bebel-Str. 89,
14482 Potsdam, Deutschland
e-mail: gvladova@lswi.de

A. Ullrich
e-mail: aullrich@lswi.de

N. Gronau
e-mail: ngronau@lswi.de

E. Geleç
Institut für Arbeitswissenschaft und Technologiemanagement IAT,
Universität Stuttgart, Nobelstraße 12, 70569 Stuttgart, Deutschland
e-mail: erdem.gelec@iat.uni-stuttgart.de

© Springer-Verlag GmbH Deutschland 2017
N. Weinert et al. (Hrsg.), *Metamorphose zur intelligenten und vernetzten Fabrik*,
DOI 10.1007/978-3-662-54317-7_4

Inhaltsverzeichnis

4.1   Transformationscockpit

Nicole Oertwig

Mit dem modellbasierten Transformationscockpit wird Betrieben ein Werkzeug in die Hand gegeben, um flexible Prozessnetze, die im Rahmen der Transformation erforderlich sind, zuverlässig zu überwachen und zu steuern. Es bildet das Informations- und Entscheidungszentrum für alle wesentlichen Fabrikprozesse und -ressourcen. Die großen Datenmengen werden mit geeigneten Aufbereitungs- und Auswertungsmechanismen in Echtzeit dort visualisiert, wo sie gebraucht werden. Das Transformationscockpit bündelt sämtliche im Unternehmen verfügbaren Informationen und Prozesse, so können diese punktgenau überwacht und anschaulich nachvollzogen werden. Das Cockpit liefert jederzeit eine exakte Übersicht über die Gesamtsituation des Betriebs. Neben den Prozessen wird über den Zustand der Fertigungsanlagen informiert, so dass jeder Mitarbeiter zum „Prozess-Controller" für seinen Verantwortungsbereich wird.

Im Mittelpunkt des vorliegenden Abschnitts steht die Entwicklung einer Lösung, welche eine Dynamisierung der Unternehmensmodellierung mittels Modularisierung ermöglicht, so dass die typischen Lebenszyklusphasen eines Prozesses – Identifikation, Beschreibung, Implementierung, Optimierung, Durchführung und Analyse – einfach verwaltet werden können und damit eine inhaltlich angemessene und rollenbasierte Echtzeitüberwachung über Konfigurationsmechanismen erreicht wird. In Verbindung mit adaptiven Monitoring-Komponenten ist das gesamte Prozessgefüge für eine digitale Transformation bereit.

4.1.1 Herausforderungen

Eine schrittweise Umsetzung der Vision von Industrie 4.0 im laufenden Betrieb und deren Verfolgung anhand von Vorgaben, Kennzahlen und Ergebnissen, stellt die Unternehmen planungs- und steuerungsseitig vor komplexe Herausforderungen. Starr programmierte Management-Cockpit-Lösungen sind nicht mehr in der Lage, diese Herausforderungen in einer angemessenen Art und Weise zu handhaben [Rot-15], [Mül-11].

Situationsspezifische Anpassungen müssen immer individuell für den Informationsbedarf einer bestimmten Rolle durch den verantwortlichen Entwickler umgesetzt werden. Der dabei entstehende Zeit- und Koordinierungsaufwand ist in der Regel wirtschaftlich nicht vertretbar und nicht in der kurzen Reaktionszeit, die schlussendlich der Kunde fordert, zu realisieren. Der Schlüsselfaktor zur Beherrschung solcher flexiblen Prozessnetze besteht darin, jederzeit einen vollständigen Überblick über sämtliche Prozesse zu besitzen. Dies kann nur erreicht werden, wenn eine dynamische, ganzheitliche und kontextsensitive Monitoring-Umgebung zur Verfügung steht. Jeder Benutzer muss in der Lage sein, seinen individuellen Informationsbedarf auf einem gemeinsamen Rückgrat von Prozessen und Informationen ad-hoc zu konfigurieren. Deshalb müssen Prozessmanagement und operative Systeme kombiniert werden, um transformationsbedingte Prozessänderungen schnell umsetzen und Prozessinformationen in einer modellbasierten Art und Weise verfolgen zu können [Oer-16].

4.1.2 Ziel des Transformationscockpits

Unternehmen können eine schrittweise Transformation nur realisieren, wenn sie in entsprechend flexiblen Prozessnetzen organisiert sind [Ols-14]. Um dynamische Prozesse während der Transformation zuverlässig planen, steuern und überwachen zu können, wurde das modellbasierte Transformationscockpit entwickelt.

Transformationscockpit
Das Transformationscockpit ist ein Werkzeug, welches im gesamten Transformationsprozess von der Planung bis zur operativen Inbetriebnahme als Informations- und Entscheidungsumgebung dient. Die Strukturen, das Verhalten und die Entscheidungsregeln einer intelligenten und vernetzten Produktion werden abgebildet und auf dieser Grundlage Produkte, Maschinen, Informationssystemen und Menschen miteinander über Geschäftsprozesse verknüpft. Es wurden Schnittstellen zwischen den relevanten Systemen geschaffen und im Anschluss die Entscheidungsumgebung angepasst und konfiguriert. Die für die Entscheidungen erforderlichen Produktionsdaten können hier – unabhängig vom Standort und damit auch über Unternehmensgrenzen und Lieferketten hinweg – hierarchisiert erfasst,

ausgewertet und visualisiert werden. Große Mengen an Betriebs-, Maschinen- und Prozessdaten werden in Echtzeit dort visualisiert, wo die Informationen benötigt werden. Um die Entscheidungsfähigkeit zu gewährleisten, kann der Anwender die Visualisierung individuell konfigurieren. Alle zentral und dezentral verfügbaren Sensorinformationen der cyberphysischen Systeme in der Produktion werden durch ein intelligentes Informationsmanagement zusammengefasst. So kann die Transformation schrittweise und in Echtzeit nutzerindividuell bewertet, eingeplant und überwacht werden.

Vorrangiges Ziel des Transformationscockpits ist es, die Vorteile der Prozessorientierung während der Transformation in einem modellbasierten Werkzeug zur Entscheidungsunterstützung zu bündeln. Der Ansatz „Konfigurieren statt Programmieren" bzw. „Plug & Monitor" soll die Verschmelzung heterogener Daten in Echtzeit mit der gesamten Unternehmensstruktur in ein integriertes Visualisierungskonzept überführen. Rollenbasierte Dashboards versorgen alle Benutzer mit den für sie relevanten Informationen, so dass jeder Mitarbeiter zum „Prozess-Controller" in seinem Verantwortungsbereich werden kann. Es soll ermöglicht werden, individuelle ad-hoc-Auswertungen zu Prozessen zu erstellen, damit alle Beteiligten – Werker, Meister, Einkäufer und Manager – bedarfsgerechte Informationen über alle relevanten Aspekte ihrer täglichen Arbeit erhalten.

4.1.3   Umsetzung des Transformationscockpits

Ziel der Nutzung des MetamoFAB-Transformationscockpits ist es, Transformationsprozesse so einfach wie möglich semiautomatisch überwachen und steuern zu können. Hierzu wurde zunächst ein interaktiver Management-Client für Prozessmodule entwickelt, der es erlaubt, die sich schrittweise verändernden Prozesse während der Transformation zu bewerten, einzuplanen und zu überwachen. In einem Cockpit-Konfigurations-Client werden die für die Überwachung erforderlichen Auswertungen definiert und mit Daten aus den vorhandenen operativen Systemen versorgt. Final werden die erstellten Auswertungen zu dynamischen Dashboards zusammengestellt und liefern rollen- und prozessbezogen alle relevanten Informationen (Abb. 4.1). In den folgenden Abschnitten werden die Funktionalitäten der drei Kernkomponenten zur Kopplung von Prozessmodulen, Auswertungen und Visualisierungskomponenten detailliert erläutert.

   Die erste Kernkomponente bilden die so genannten Prozessmodule, die entsprechend dem Klassensystem der Integrierten Unternehmensmodellierung (IUM) [Spu-93] aufgebaut sind. Die vom Fraunhofer Institut für Produktionsanlagen und Konstruktionstechnik entwickelte Integrierte Unternehmensmodellierung, stellt eine Methode zur Modellierung

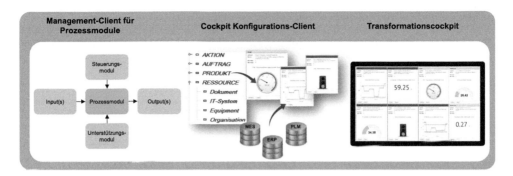

Abb. 4.1 Konzeptüberblick eines Transformationscockpits

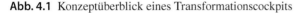

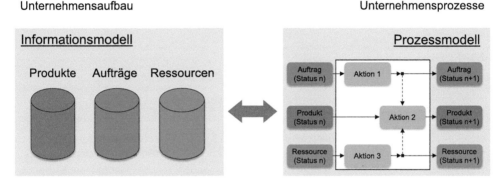

Abb. 4.2 Hauptsichten der IUM

von Geschäftsprozessen dar und unterscheidet dabei Daten und Informationen in zwei Hauptsichten: „Informationsmodell" und „Prozessmodell" (Abb. 4.2).

Innerhalb des Informationsmodells werden sämtliche relevanten Objekte eines Unternehmens sowie deren Eigenschaften und Relationen abgebildet. Diese Objekte werden anwendungsorientiert in die IUM-Objektklassen „Produkt", „Auftrag" und "Ressource" gegliedert. Nach den Prinzipien der objektorientierten Modellierung ist eine weitere Strukturierung der einzelnen Objekte in eine Klassenstruktur möglich. In den Klassenhierarchien werden die Unternehmensobjekte – Produkte, Aufträge und Ressourcen – strukturiert abgebildet sowie die Eigenschaften und Merkmale der Objekte als Klassenattribute zugeordnet. Über Aktionen werden Unternehmensobjekte miteinander verbunden. Die Aktionen verändern den Zustand von Produkten, Aufträgen oder Ressourcen und beschreiben die Tätigkeiten und Aufgaben, die für die Zustandsänderung erforderlich sind. Entsprechend dem „Generischen Aktivitätsmodell" (Abb. 4.3) wird diese Verknüpfung realisiert.

Mithilfe des zugehörigen Modellierungswerkzeuges MO²GO (Methode zur objektorientierten Geschäftsprozessoptimierung) [Mer-97] wurde der Management-Client für

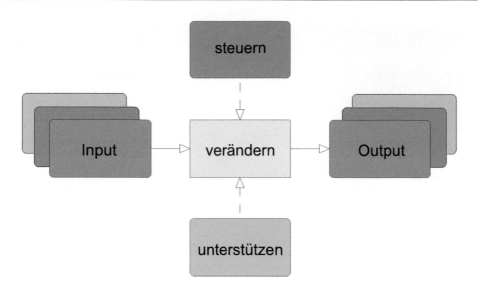

Abb. 4.3 Generisches Aktivitätsmodell

Prozessmodule realisiert. Prozessmodule sind im wesentlichen Modellteile, die sich wie Puzzleteile verbinden lassen und damit gesamte Prozessnetzwerke abbilden können. Dabei wird in Produktions-, Steuerungs- und Unterstützungsmodule unterschieden (Abb. 4.4).

In Produktionsmodulen führen Prozessschritte zu Veränderungen am zu fertigenden Produkt oder Service. Diese umfassen neben Ein- und Ausgangszustand auch die zur Prozessausführung notwendigen Ressourcen, wie die erforderliche Rolle, Maschine, aber auch die benötigten Steuerungsinformationen. Informationsmodule werden für die Darstellung von administrativen Prozessen genutzt. Diese können auch reine Informationsflussprozesse abbilden, die keinen Eingriff vom Menschen erfordern, z. B. Informationszusammenhänge von selbststeuernden Systemen. Unterstützungsmodule führen über den zwischengeschalteten Prozessschritt zu Veränderungen an Anlagen, Systemen oder auch Rollen. Insbesondere die Rollenänderung kann während der Transformation wichtig sein, da hierüber die fortschreitende Qualifizierung der Mitarbeiter abgebildet und der Status der Qualifizierung verfolgt werden kann (z. B. ob ein bestimmter Mitarbeiter für die Ausführung des neu implementierten Prozessschritts bereits befähigt ist). Die konsistente Kopplung der Module erfolgt auf Basis gleicher Ein- und Ausgangszustände. Über die vorhandenen Detaillierungs- und Abstraktionsmechanismen des Werkzeuges MO²GO werden Ebenenabhängigkeiten konsistent sichergestellt. Der Management-Client für Prozessmodule (Abb. 4.5) erlaubt in einem zentralen Bibliothekssystem die Erstellung, Instanziierung und Versionsverwaltung sowohl von Prozessmodulen als auch von ganzen Gestaltungsvarianten von Prozessnetzen. Über Importmechanismen können so neue Prozessmodule für die Realisierung einzelner Transformationsschritte schnell erzeugt, überarbeitet und in das Gesamtmodell integriert werden.

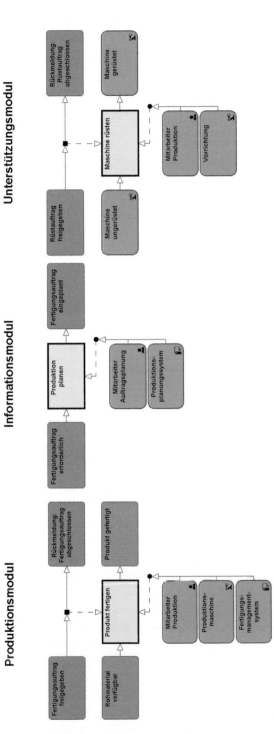

Abb. 4.4 Beispiele für Prozessmodule

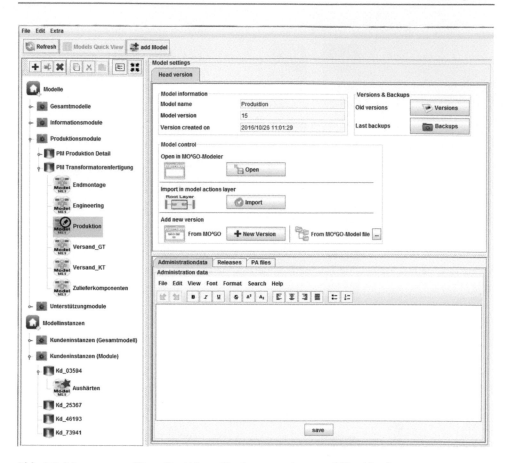

Abb. 4.5 Management-Client für Ablage, Versionsverwaltung und Kombination von Prozessmodulen

Der Cockpit-Konfigurations-Client bildet das Herzstück für die Erstellung und rollenbasierte Visualisierung der Auswertungen aus unterschiedlichen operativen Systemen. Über ein intelligentes Kommunikationsframework (Siehe Abschn. 4.2) laufen hier alle Fäden der Informationen zusammen. Die benötigten Auswertungen werden zunächst einmalig innerhalb des Clients definiert (diese Definition kann mittels eines Auswertungsgenerators unterstützt werden). Die Konfigurationsumgebung wendet im Anschluss ebenfalls ein modulares Konzept an, um die Visualisierungen rollenbasiert zu gestalten und die Informationsinhalte zu steuern. In einem ersten Schritt wird für alle relevanten Rollen – basierend auf den Prozessmodulen – ein entsprechendes Modul im Cockpit-Konfigurations-Client erzeugt (Abb. 4.6).

In diesem Modul werden dann die für diese Rolle relevanten Auswertungen in Form von Widgets, also einer Komponente einer grafischen Benutzeroberfläche, zugeordnet. Somit entsteht zunächst ein Teildashboard für eine spezifische Rolle. Ist diese Aufgabe für alle weiteren Informationsempfänger erfüllt, werden im folgenden Schritt

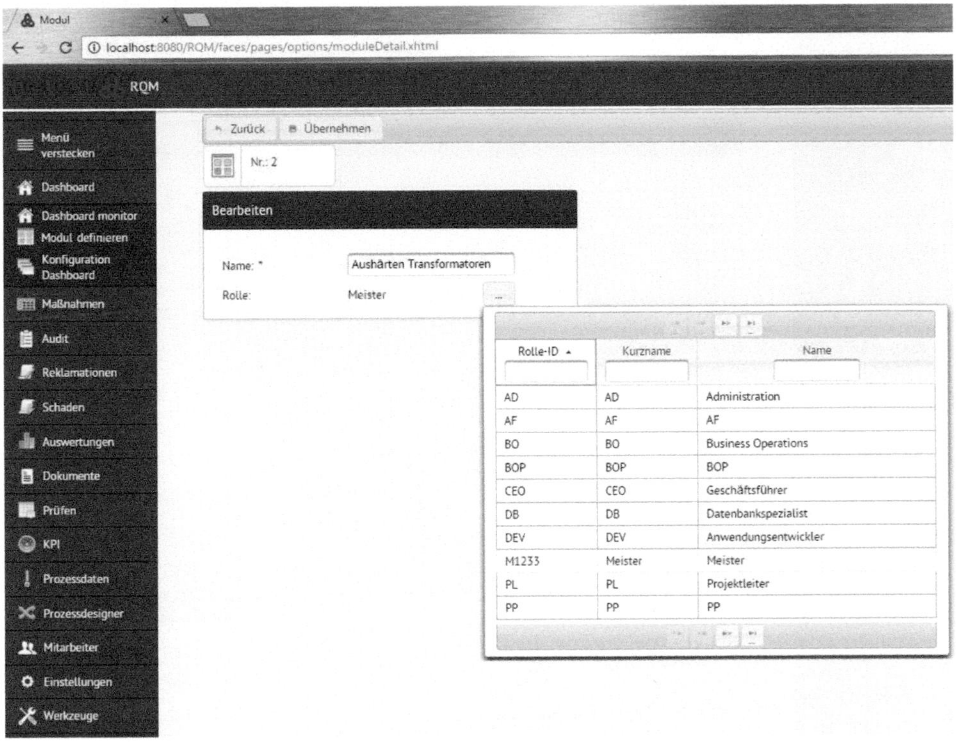

Abb. 4.6 Rollenbasiertes Auswertungsmodul

die Gesamtdashboards für ein Prozessmodul zusammengestellt. Dafür wird zunächst ein neues dynamisches Dashboard angelegt. Über eine Auswahl der dafür erforderlichen Auswertungsmodule ergibt sich eine Zusammenstellung aller Informationen für jede relevante Rolle (Abb. 4.7).

Die Verknüpfung mit den Prozessmodulen erfolgt über eine eindeutige ID dieser Dashboards. Die ID wird als Attribut innerhalb des Prozessmoduls gepflegt. Während der Entwicklung und zur Prüfung der korrekten Zuordnung der Auswertungen lassen sich die Dashboards im Administratormodus (d. h. unter Anzeige der gesamten Informationen) auch über die Prozessmodule aufrufen (Abb. 4.8).

Die Steuerung der angezeigten Dashboards für eine bestimmte Rolle erfolgt dann in der dynamischen Visualisierungsumgebung. Zum einen wird über den User-Log-in gesteuert, welche Dashboards mit welchen Informationen für den angemeldeten Nutzer verfügbar sind, und zum anderen wird durch ein weiteres Feature zugleich die Informationsmenge reduziert. Für die Auswertungen können spezifische Grenzwerte definiert werden, die dafür sorgen, dass Informationselemente nur dann angezeigt werden, wenn eine Entscheidung oder ein Eingriff notwendig ist. Somit kann die durch die Transformation kontinuierlich wachsende Informationsmenge sinnvoll gesteuert werden, ohne den Mitarbeiter zu überfordern (Abb. 4.9).

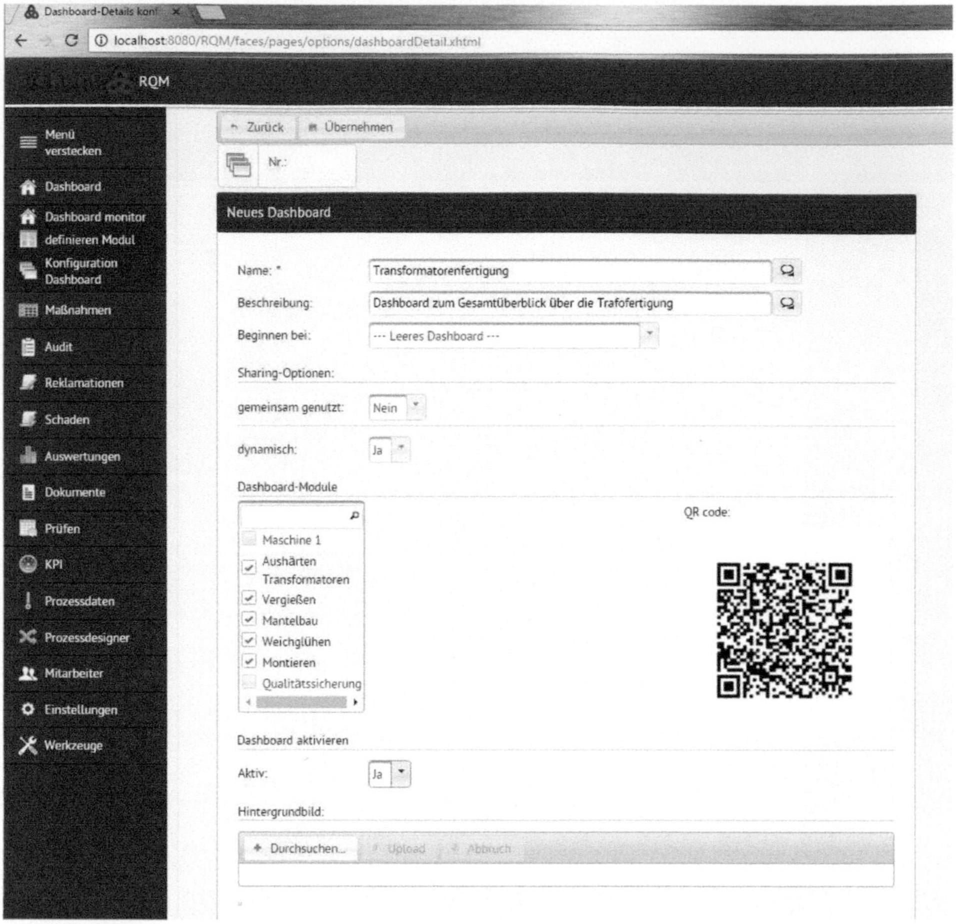

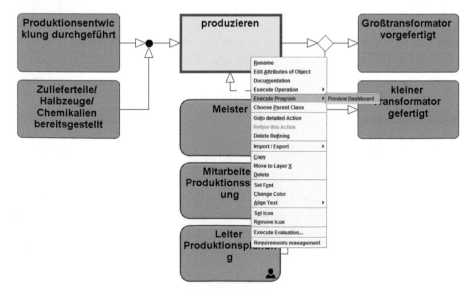

Abb. 4.7 Konfiguration eines Dashboards

Abb. 4.8 Aufruf des Admin-Dashboards über ein Prozessmodul

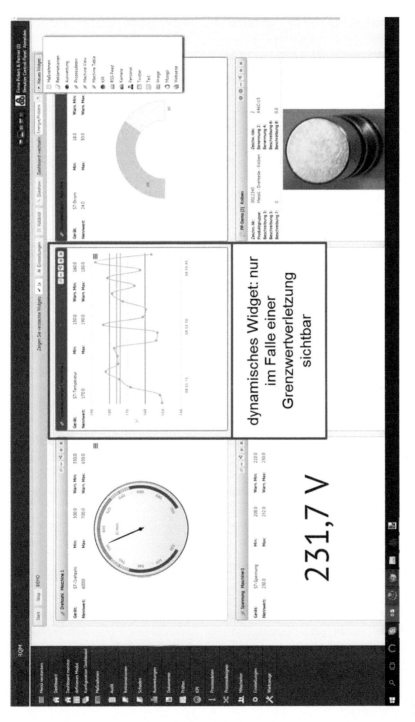

Abb. 4.9 Dynamische Informationsanzeige

Mithilfe von Drill-Down-Mechanismen lassen sich über die dynamischen Dashboards auch Detaillierungs- und Abstraktionsmöglichkeiten abbilden, die innerhalb der Prozessmodelle bestehen. Die Dashboards werden dazu über die vorhandene Prozesshierarchie miteinander verknüpft und liefern auf diese Weise mehr oder weniger stark aggregierte Informationen.

Neben den beschriebenen Möglichkeiten einer modellbasierten Konfiguration von Auswertungsdashboards für den Übergang einzelner Implementierungsschritte der Transformation in den operativen Betrieb, bietet das Transformationscockpit auch eine Unterstützung, um den Verlauf der Transformation selbst zu verfolgen. Grundlagen hierfür bilden Checklisten und Bewertungsgrößen, die ein iteratives Assessment, die Berechnung eines Transformationsindexes und die daraus resultierende Visualisierung des Verlaufs ermöglichen. Hierfür können unternehmensindividuelle Checklisten oder Checklistenkataloge mit entsprechenden Zielwerten innerhalb der Auswertungsumgebung definiert werden (Abb. 4.10).

Sind die Checklisten aufgebaut, findet zyklisch ein Assessment (Audit) statt. Für jede Checklistenposition lassen sich Maßnahmen festlegen, wie eine Position konkret transformiert werden soll. Aus der abgearbeiteten Checkliste und den Bewertungen ergibt sich durch Berechnung ein aktueller Transformationsindex (Abb. 4.11). Dieser Wert wird als Kennzahl im Transformationscockpit dargestellt.

Wurden Maßnahmen definiert, erzwingt eine Wirksamkeitsprüfung nach Abschluss der jeweiligen Maßnahme eine Neubewertung. Aus dieser Neubewertung (iterativ) ergibt sich dann bspw. ein Monatsverlauf, der die Transformation darstellt.

Hat sich ein Parameter verbessert, kann durch den Verweis auf die durchgeführte Maßnahme aufgezeigt werden, was zur Verbesserung geführt hat. Auf diese Weise entsteht ein Katalog praktikabler Maßnahmen, die die Transformation nachweislich unterstützen. Während der Durchführung der Bewertung (Abb. 4.12) können je Fragestellung die Ergebnisse der vorhergehenden Bewertungen sowie eventuell dazu erstellte Maßnahmen angezeigt werden. Ausgehend von der Darstellung des Verlaufs und dem aktuellem Wert im Cockpit, kann mittels Drill-down-Technik auf die einzelnen Assessments, Ergebnisse und Maßnahmen zugegriffen werden.

Die Transformation oder Digitalisierung von Unternehmen erfordert die Einbindung einer großen Informationsvielfalt. Das Transformationscockpit bietet dafür heute schon zahlreiche Möglichkeiten (Abb. 4.13).

Fazit

Zur Entscheidungsfindung liefert das Transformationscockpit einen genauen Überblick über die Gesamtsituation des Betriebs und aller Prozesse sowie über den Zustand einzelner Produktionsanlagen. Wenn Änderungen in den Prozessen unter eigener Verantwortung durchgeführt werden, ändert sich das Cockpit und die Dashboard-Ansicht auftragsbezogen automatisch. Dies ermöglicht eine transparente Kommunikation. Mit diesem System

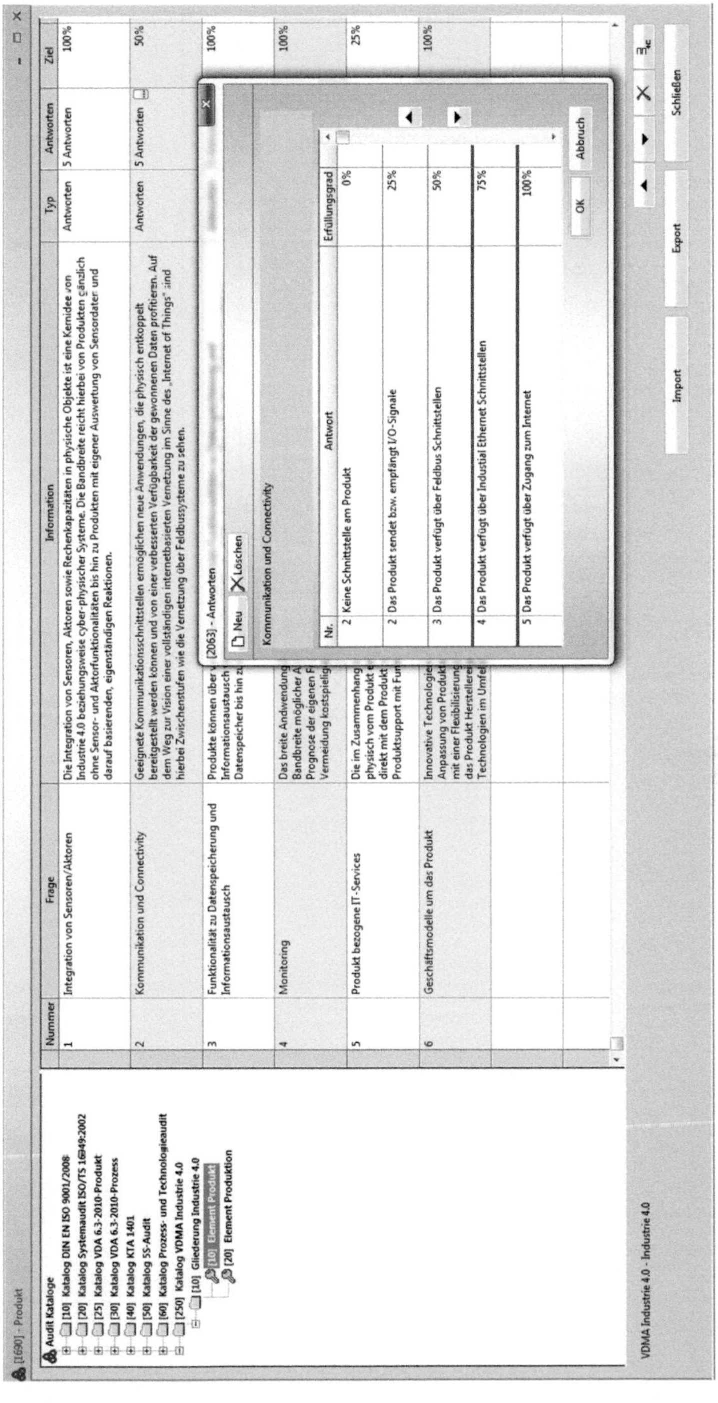

Abb. 4.10 Checklistenkatalog

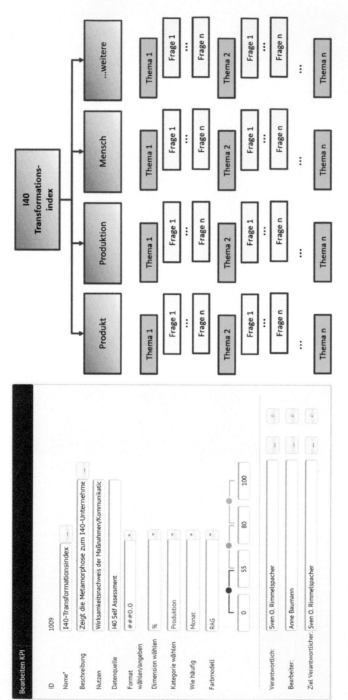

Abb. 4.11 Transformationsindex

Element Produkt 4 / 4 answered   100%

▾ ● Frage 1: Integration von Sensoren/Aktoren

Frage: Integration von Sensoren/Aktoren

Information: Die Integration von Sensoren, Aktoren sowie Rechenkapazitäten in physische Objekte ist eine Kernidee von Industrie 4.0 beziehungsweise cyber-physischer Systeme. Die Bandbreite reicht hierbei von Produkten gänzlich ohne Sensor- und Aktorfunktionalitäten bis hin zu Produkten mit eigener Auswertung von Sensordaten und darauf basierenden, eigenständigen Reaktionen.

Antwort   ☐ Frage nicht zutreffend

| 2. [25] Sensoren/Aktoren sind eingebunden ▼ | ☐ Nicht gestellt

1. [0] Keine Nutzung von Sensoren/Aktoren
2. [25] Sensoren/Aktoren sind eingebunden
3. [50] Sensordaten werden vom Produkt verarbeitet   Maßnahmen
4. [75] Daten werden vom Produkt für Analysen ausgewertet   ⟲
5. [100] Das Produkt reagiert auf Basis der gewonnenen Daten eigenständig   Verlauf

◂◂ Zurück   ▸▸ Weiter

▸ ● Frage 2: Kommunikation und Connectivity

▸ ● Frage 3: Funktionalität zu Datenspeicherung und Informationsaustausch

▸ ● Frage 4: Monitoring

Abb. 4.12 Durchführung der Bewertung

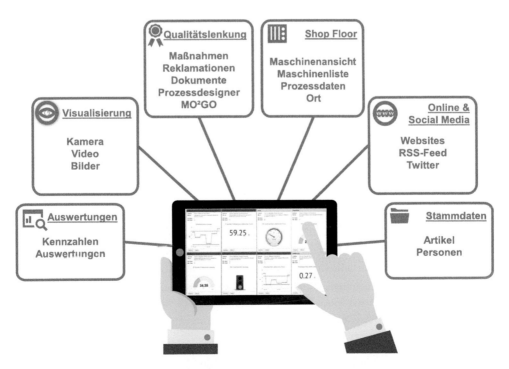

Abb. 4.13 Aktuell verfügbare Anzeigeelemente

sind Unternehmen wesentlich flexibler, es werden aber auch zusätzlich neue Maßstäbe in Bezug auf die Zusammenarbeit gesetzt. Die Zusammenarbeit zwischen den verschiedenen Disziplinen wird unterstützt, jeder Mitarbeiter bleibt in seiner Disziplin und tut, was er am besten kann. Zur gleichen Zeit werden die Auswirkungen seiner Entscheidungen sichtbar. Echtzeitdaten aus verschiedenen Systemen (z. B. Manufacturing Execution System (MES)) werden kontinuierlich abgebildet. Um die Entscheidungsfähigkeit zu sichern, unterstützt ein Assistenzsystem den Anwender bei der individuellen Konfiguration der notwendigen Übersichten. Dies ist ein weiterer Vorteil, wovon die Zusammenarbeit profitiert, da sich die Zusammenarbeit zwischen den Bereichen, auf ein gemeinsame Modellbasis stützt.

4.2   Kommunikationsframework

Nicole Oertwig und Sven O. Rimmelspacher

4.2.1   Anforderungen an ein Kommunikationsframework

Einer der Faktoren im Rahmen der Industrie 4.0-Metamorphose ist ein bisher beispielloser Automatisierungsgrad unter massiver Nutzung von Internet-Technologien. Dabei kommunizieren und interagieren unterschiedlichste Systeme miteinander. Um diese Transformation erfolgreich und bezahlbar umsetzen zu können, müssen zunächst die Schnittstellen zwischen den Systemen geschaffen und in diesem Zuge auch harmonisiert werden. Dies wiederum erfordert, dass das Design dieser Schnittstellen möglichst auf bereits existierenden und international gültigen Normen und Standards basiert.

Interaktion und Kommunikation der beteiligten Fabriken, Partner, Systeme sowie ihrer Maschinen und Anlagen gehen über die operativen und organisatorischen Grenzen hinweg. Unternehmen der verschiedensten Branchen (Hersteller, Lieferanten, Logistik, usw.) sind über die gemeinsame Wertschöpfungskette integriert. Die Kommunikation muss reibungslos und schnell funktionieren, was vor allem dann möglich ist, wenn sich alle Beteiligten auf gemeinsame Schnittstellen und Standards geeinigt haben.

Dieser Standardisierungsprozess wird derzeit vorangetrieben, in vielen Gremien diskutiert (z. B. Verein Deutscher Ingenieure e.V. (VDI), der Zentralverband Elektrotechnik- und Elektronikindustrie e.V. (ZVEI), der Bundesverband Informationswirtschaft, Telekommunikation und neue Medien e.V. (BITKOM), Das Deutsche Institut für Normung e.V. (DIN) oder die International Organisation for Standardization (ISO)), in Referenzarchitekturen beschrieben und in Demonstrationsfabriken in konkreten Umsetzungen erprobt. Diese idealisierten Modelle stellen ein Framework für die Entwicklung, Integration und den Betrieb der relevanten technischen Systeme dar.

Standardisierung

Für die Implementierung von Industrie 4.0 bilden Normen und Standards einen wichtigen Aspekt und sind von zentraler Bedeutung. Jedoch wird es den einen Industrie 4.0-Standard nie geben. Die erforderliche Integration unterschiedlichster Technologien erfordert demnach viele Normen und Ansätze für eine Umsetzung. Zusätzlich zu Normen und Standards haben sich vor allem für die Transformation Use Cases als nützliche Ergänzung erwiesen. Die Mehrzahl der existierenden Normen und Standards sind Technologiestandards sowie Referenzarchitekturen und -modelle für das Internet der Dinge und Dienste und damit nicht wirklich spezifisch für Industrie 4.0. Vielmehr werden sie an die Spezifika der industriellen Produktion angepasst [BIT-15].

In Deutschland wurde 2013 das Zukunftsprojekt Industrie 4.0 gestartet. Im November 2013 erschien die erste Ausgabe der Normungs-Roadmap Industrie 4.0, die die entsprechenden Normen und Standards bereits initial identifizierte, listete und gleichzeitig Standardisierungsbedarfe aufdeckte [VDE-13].

Mit der Gründung der Plattform Industrie 4.0 im Jahre 2015 unter der Leitung des Bundesministeriums für Wirtschaft und Energie (BMWi) sowie des Bundesministeriums für Bildung und Forschung (BMBF) wurden die Arbeiten der Verbändeplattform Industrie 4.0, des Verbandes Deutscher Maschinen- und Anlagenbau e.V. (VDMA), des Zentralverbandes Elektrotechnik- und Elektronikindustrie e.V. (ZVEI) und des Bundesverbandes Informationswirtschaft, Telekommunikation und neue Medien e.V. (BITKOM) an diese übertragen. Die inhaltlichen Schwerpunkte finden sich in den fünf Arbeitsgruppen:

- Referenzarchitektur,
- Normierung und Standardisierung,
- Forschung und Innovation,
- Sicherheit vernetzter Systeme,
- Rechtliche Rahmenbedingungen,
- Arbeit, Aus- und Weiterbildung.

Erste Ergebnisse konnte bereits dem Deutschen Institut für Normung zugeführt werden. Zu nennen ist hier bspw. das Referenzarchitekturmodell Industrie 4.0 (RAMI 4.0), welches sich in der aktuellen DIN SPEC 91345 wiederspiegelt (siehe Abschn. 2.1) [DIN SPEC 91345]. Mithilfe einer Verwaltungsschale soll eine ausführbare Vernetzung der Komponenten möglich werden. Die erforderliche Vernetzung von Komponenten und Prozessen findet jedoch keine Berücksichtigung. Ein Beispiel für eine Lösung, die auch diesen Aspekt adressiert, ist das in MetamoFAB entwickelte Transformationscockpit (siehe Abschn. 4.1).

Im Bereich der Automatisierungstechnik werden die Normungs- und Standardisierungsaufgaben weitestgehend international abgedeckt. Eine wesentliche Herausforderung liegt hier in der Sicherstellung der Interoperabilität zwischen den Systemen und Konzepten der Prozesstechnik, der Fertigungstechnik, der Logistik, dem Maschinenbau und der Informationstechnik (IT).

In der Informationstechnik spielt die Qualitätssicherung von Software eine tragende Rolle. Die Verlässlichkeit und Ausfallsicherheit von Software für produktionstechnische Anlagen muss gewährleistet sein und eine sichere und schnelle Kommunikation ermöglichen [DIN-16]. Diesen Aufgaben widmen sich auf nationaler Ebene Gremien des DIN-Normenausschusses Informationstechnik und Anwendungen bzw. international das Gemeinschaftskomitee ISO/IEC Joint Technical Committee (ISO/IEC JTC 1).

Neben den hier angeführten Beispielen für aktuelle Standardisierungsschritte existiert noch eine Vielzahl weiterer Aktivitäten zur Schaffung von Normen und Standards. Die deutsche Normungs-Roadmap Industrie 4.0 bietet für Interessenten einen verständlichen und gut strukturierten Überblick über Gremien und Handlungsempfehlungen in Sachen Normung.

Integration, Erweiterbarkeit und Offenheit

Ein standardisiertes Framework ermöglicht eine kontinuierliche Erweiterbarkeit um neue Technologien, Systeme, Kommunikationsformen und nicht zuletzt neue Erkenntnisse. Neue Elemente fügen sich nahtlos ein, setzen die vorhandenen Mechanismen sofort um und nehmen an der Kommunikation teil. An einem konkreten Beispiel lässt sich dieser Sachverhalt folgendermaßen beschreiben: Eine neue Maschine meldet sich am Produktionsnetzwerk an, gibt Informationen über Fähigkeiten und Kapazitäten bekannt und wird automatisch in den Produktionssysteme-Verbund aufgenommen.

Eine Grundregel der Erweiterbarkeit ist, dass diese in der Regel durch eine einmalige Entwicklung, Programmierung und Umsetzung erfolgen muss. Das bedeutet, dass bspw. die Integration einer neuen Maschinensteuerung in den Kommunikationsverbund nicht durch die Integration der proprietären Schnittstelle sondern durch die Umsetzung dieser Schnittstelle auf einem Standard erfolgt, über den dann mit den vereinbarten Technologien kommuniziert werden kann. Auf diese Weise wird – wie bei einem Reisestecker – die spezielle Schnittstelle in die allgemein vereinbarte Kommunikationsform umgesetzt, wodurch der Anwender keine speziellen Befehle, Datenformate oder Signale benötigt.

Um diese Erweiterbarkeit zu gewährleisten, müssen die vereinbarten Schnittstellen und Formate offen sein, d. h. frei zugänglich und darüber hinaus auch lizenzfrei. Nur dann ist die Bereitschaft der Hersteller und Implementierer gegeben, diese Strategie umzusetzen und somit eine große Verbreitung sicherzustellen.

Echtzeit

Kommunikation in Echtzeit ist ein entscheidender Faktor im Verbund einer integrierten Produktion auf dem Hallenboden und über Unternehmensgrenzen hinweg. Allerdings müssen der Begriff Echtzeit und die zugrundeliegenden messbaren Zeiten im jeweiligen Kontext und in Bezug zur betrachteten Anforderungen stehen. Auch wenn sich nahezu alle Wissenschaftler und Praktiker einig sind, dass die Automatisierungspyramide in ihrer monolithischen Struktur und Hierarchie ausgedient hat, kann sie bei der Betrachtung der zeitlichen Anforderungen als gute Visualisierung herangezogen werden (Abb. 4.14):

Müssen auf der Feldebene noch Millisekunden betrachtet werden, steigt die notwendige Betrachtungs- und Reaktionszeit an, je höher es in der Pyramide geht (je nach Anwendungsfall durchaus auch auf Stunden oder Tage).

Abb. 4.14 Zusammenhang
von Automatisierungspyramide
und Reaktionszeiten (Darstellung Pickert & Partner GmbH)

Da ein großer Erfolg von Industrie 4.0 die damit einhergehende Steigerung der Produktivität und Effizienz sein wird, ist die jeweilige Reduzierung der Reaktionszeiten im
betrachteten Kontext von signifikanter Bedeutung. Je enger die Prozesse also integriert
sind und je besser die Schnittstellen funktionieren, desto kürzer sind die Reaktionszeiten
auf jeder Ebene.

Informationsverteilung
Alle anfallenden Informationen und das entstehende Wissen müssen nicht nur dokumentiert sondern auch entsprechend kommuniziert werden. Auf dem Hallenboden fallen
permanent Daten an, die bereits zum Zeitpunkt ihres Entstehens den intelligenten Moni-
toring- und Analysesystemen zur Verfügung stehen müssen. Folglich sind Vorgaben zur
Sammlung, Bewertung, Aufbereitung und Verteilung dieser Informationen notwendig, die
sich auf die realisierten Integrationslösungen sowie die zeitlichen Anforderungen stützen.

Es ist zwingend notwendig, für den jeweiligen Betrachter die richtige Information zur
richtigen Zeit am richtigen Ort (z. B. auch auf Reisen) zur Verfügung zu stellen und damit
Menschen zu notwendigen Entscheidungen zu befähigen – vom Shop bis zum Top Floor,
über alle Organisationseinheiten hinweg.

4.2.2 Lösungsansatz

Die im ersten Kapitel beschriebenen Anforderungen wurden im Rahmen von Metamo-
FAB in konkreten Lösungen umgesetzt. In der Abb. 4.15 wird der schematische Aufbau
dargestellt, der in mehreren Ebenen die einzelnen beteiligten Komponenten und deren
Beziehung zueinander erklärt.

Ausgehend von einer Planung werden die Informationen und Daten definiert, die den
Fertigungsprozess, dessen Arbeitsschritte, den Ablauf sowie die Abhängigkeiten zu- und
voneinander beschreiben.

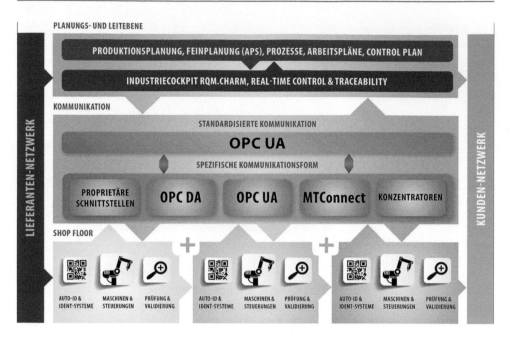

Abb. 4.15 Schematisches Kommunikationsframework (Darstellung Pickert & Partner GmbH)

Im Shopfloor werden exemplarisch drei am Prozess beteiligte Maschinen dargestellt, die jede für sich ihre Aufgaben erfüllen, dabei jedoch zusätzlich noch den jeweiligen Input und Output im Sinne von Validierungen und Verschränkungen berücksichtigen müssen. Diese sind z. B.

- die Identifizierung des verarbeiteten Teils (Charge oder Seriennummer),
- die Überprüfung, ob es verarbeitet werden darf,
- die Überprüfung, ob die vorgegebene Reihenfolge eingehalten wurde,
- alle sonstigen Bedingungen erfüllt sind und
- Prüfergebnisse und Prozessdaten, die während oder am Ende der Bearbeitung ermittelt werden.

Jede dieser Maschinen (bzw. deren Steuerungen) kommuniziert in einem beliebigen Format. Das ist im Idealfall bei neueren Steuerungen bereits ein Standard wie OPC UA (Open Platform Communications – Unified Architecture), in vielen Fällen in den heterogenen Infrastrukturen der Unternehmen jedoch eine mehr oder weniger beliebige Kommunikationsform.

Für jede dieser (teilweise proprietären) Schnittstellen wurde ein Adapter entwickelt, der die Kommunikation und Information auf OPC UA umsetzt, so dass auf der übergeordneten Ebene eine Homogenisierung auf OPC UA erfolgt. Auf diese Weise wird das Prinzip des Reisesteckers umgesetzt. Jeder Adapter wurde so entwickelt, dass er wiederverwendbar ist, so dass die Programmierung je unterschiedlicher Steuerung und System nur ein einziges Mal erfolgen muss.

Die so gesammelten Informationen und deren Parameter für Validierung, Ereignisse und Alarme werden dann zentral im Transformationscockpit zusammengeführt und rollenspezifisch visualisiert.

Beschreibung der Workflows

Um eine weitere Verallgemeinerung ermöglichen zu können, ist es erforderlich, dass die Prozesse und zugrundliegenden Prozessschritte beschreib- und konfigurierbar sind und nicht jedes Mal programmiert werden müssen. Die Realisierung dieser Forderung erfolgt durch eine Zerlegung des Gesamtprozesses in einzelne überschaubare Funktionen (Aktionen), die über eine Ablaufsteuerung aufgerufen werden. Dadurch wird es möglich, einen Verarbeitungsprozess über ein Prozessmodell und eine dazugehörige Konfiguration zu beschreiben, individuell zu definieren und darüber hinaus dynamisch anzupassen.

Auslöser der verschiedenen Aktionen sind Ereignisse, die durch Aktivitäten der Systeme, allgemeine Funktionen oder Benutzereingaben initiiert werden. Je nach aktuellem Zustand kann auf dasselbe Ereignis unterschiedlich reagiert werden, so dass der darauffolgende Zustand kontextbezogen auch unterschiedlich sein kann. In einer Zustandsübergangsbeschreibung wird der geforderte Ablauf definiert und mit einem Zustandsautomaten abgearbeitet.

Auf diese Weise wird eine einfache Erweiterbarkeit durch jeweils einmalige Implementierung neuer Funktionen sowie die Definition weiterer Ereignisse und Zustände ermöglicht. Sind die für den aktuell betrachteten Prozess notwendigen Funktionen, Zustände und Ereignisse definiert, ist die Beschreibung des Workflows ohne Programmierkenntnisse möglich, was in einer hohen Flexibilität des Anwenders und der Dynamik seiner Prozesse mündet.

Definition des Teileflusses in der Produktion

Durch definierte Rezepte für einen Artikel oder eine Komponente wird die Prozessreihenfolge (ggf. sogar die Maschine, an der gefertigt werden muss) festgelegt. Zusätzlich kann festgelegt werden, ob und wie oft ein Prozessschritt durchlaufen werden darf (z. B. bei notwendiger Nacharbeit).

Optional für den Prozessschritt erforderliche hinterlegte Prozessparameter (z. B. Programmnummern, Einstellwerte, usw.) können zur Einstellung an die Maschine gesendet werden.

Identifizierung, Überwachung und Rückverfolgung der Teile

Ist neben der Überwachung eine Rückverfolgung bzw. Nachvollziehbarkeit des Prozesses oder eines Produktes erforderlich, muss jedes Teil bzw. jede relevante Komponente mit einer eindeutigen Identifizierung (Barcode, Data Matrix Code (DMC), Radio-frequency Identification (RFID)) versehen werden, da mindestens eine Chargennummer der eingesetzten Materialien erforderlich ist, um eine Online-Überwachung oder eine nachgelagerte Auswertung von Daten zu ermöglichen.

Vor jedem Prozessschritt kann auf Basis des definierten Workflows durch Identifikation des Teils (bzw. der Zubauteile und Chargen) anhand der Daten aus den vorherigen Prozessschritten und der Definition des Teileflusses sowie der Validierungsparameter sichergestellt werden, dass nur i. O.-Teile weiterverarbeitet werden und die Reihenfolge der Prozessschritte eingehalten wird.

An jeder Fertigungsstation werden die Ergebnisse der Bearbeitung (Gut/Schlecht/Nacharbeit), die definierten Prozessparameter und die verwendeten Materialien (Chargen, Zubauteile) überwacht und die Daten mit Teilebezug gespeichert. Werden bei diesen Parametern Abweichungen identifiziert (Zustände, Überschreibung von Grenzwerten, Störungen, u. ä.), können in Echtzeit Alarme ausgelöst werden.

Durch diese Informationsverarbeitung entsteht neben der aktiven Vermeidung von Fehlern eine komplette Übersicht zum eindeutig identifizierten Teil, die im Falle eines Rückrufs zu Analysen herangezogen werden kann.

4.2.3 Konkrete Umsetzung

Publisher/Subscriber-Konzept
Die grundsätzliche Idee beim Publisher/Subscriber-Konzept (Abb. 4.16) ist der Einsatz einer losen Verbindung, also einer Unabhängigkeit der beteiligten Akteure voneinander. Hierbei wird die an einem Zustand eines Subjekts interessierte Komponente (Beobachter oder Abonnent) automatisch über deren Änderung informiert. Im Gegensatz zu einer typischen Programmierung mit Funktionsaufrufen von Objekten abonniert ein Beobachter

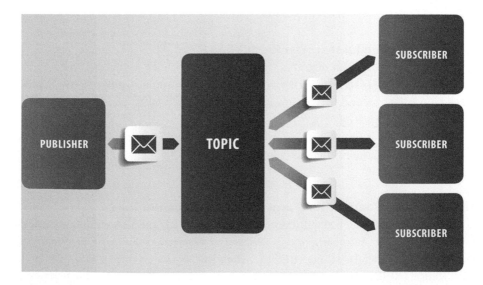

Abb. 4.16 Publisher/Subscriber-Entwurfsmuster (Darstellung Pickert & Partner GmbH)

eine spezifische Aktivität oder einen Zustand des Subjekts und wird informiert, sobald ein diesbezügliches Ereignis eintritt. Das beobachtete Subjekt ist somit der Publisher, der Beobachter ist der Subscriber. Publisher informieren Subscriber, wenn ein Ereignis eintritt.

Wenn ein Subscriber an der abonnierten Information nicht mehr interessiert ist, kann er sich von seinem Abonnement abmelden und wird fortan keine Informationen mehr erhalten.

Die Gang of Four beschreibt das Publisher/Subscriber-Entwurfsmuster in ihrem Buch „Design Patterns: Elements of Reusable Object-Oriented Software" wie folgt:

> One or more observers are interested in the state of a subject and register their interest with the subject by attaching themselves. When something changes in our subject that the observer may be interested in, a notify message is sent which calls the update method in each observer. When the observer is no longer interested in the subject's state, they can simply detach themselves. [Gam-94]

Durch diese Konzeption bilden die Akteure eine Publisher/Subscriber-Beziehung, wobei eine beliebige Zahl von Subscribern die Informationen eines Publishers abonnieren kann. Einmal registriert, werden alle Abonnenten informiert, sobald das beobachtete Ereignis ausgelöst wurde.

Zustandsmatrix

Die Kommunikation zwischen den beteiligten Systemen in den Prozessen ist, wie oben beschrieben, nicht statisch. Auf Basis definierter Zustände, Ereignisse und Aktionen wird das Verhalten für jede Komponente definiert.

Um diese Beschreibung der Reaktion auf Nachrichten bzw. das Versenden von Antworten in ein Kommunikationsframework einzubetten, wurde ein endlicher Zustandsautomat (Finite State Automat, FSA) entwickelt und implementiert. Die Beschreibung für diesen Automaten wird in einer Status/Ereignis-Tabelle definiert und von diesem abgearbeitet.

In Abb. 4.17 ist ein Ausschnitt aus einer solchen Status/Ereignis-Tabelle zu sehen, die von einem Zustand über ein Ereignis eine Aktion ausführt, die zu einem neuen Zustand führt.

Die erste Spalte enthält die eindeutige Nummer des Ereignisses, der Spaltenkopf die eindeutige Nummer des Zustands. Die Elemente in der Matrix sind unterteilt in Folgezustand und Aktionsnummer. Eine Aktion, die ausgelöst wird, kann (muss aber nicht) ein Folgeereignis erzeugen (z. B. Ergebnis i. O. oder n. i. O.). Die nachfolgende Tabelle zeigt dies anhand eines Beispiels (die ersten vier Schritte sind in der Matrix oben aufgezeigt):

Mit dieser Methode wurde eine dynamische Reaktion und Antwort auf Ereignisse definiert. Im nächsten Schritt war es notwendig, einen standardisierten Weg zum Versenden und Empfangen von Nachrichten zwischen den beteiligten Systemen und somit einen Weg zu einer Homogenisierung der Vielzahl existierender heterogener Kommunikationslösungen zu finden.

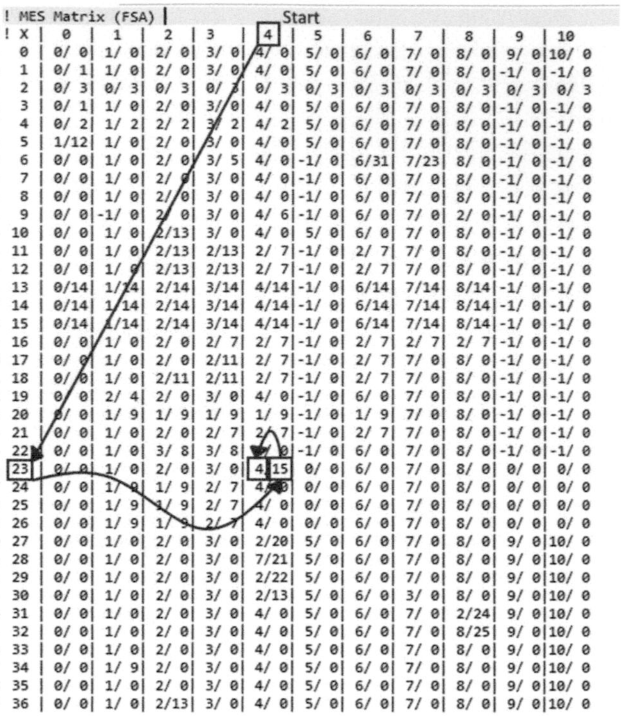

Abb. 4.17 Status/
Ereignis-Tabelle

```
! MES Matrix (FSA) |                    Start
! X |  0  |  1  |  2  |  3  |  4  |  5  |  6  |  7  |  8  |  9  | 10
  0 | 0/ 0| 1/ 0| 2/ 0| 3/ 0| 4/ 0| 5/ 0| 6/ 0| 7/ 0| 8/ 0| 9/ 0|10/ 0
  1 | 0/ 1| 1/ 0| 2/ 0| 3/ 0| 4/ 0| 5/ 0| 6/ 0| 7/ 0| 8/ 0|-1/ 0|-1/ 0
  2 | 0/ 3| 0/ 3| 0/ 3| 0/ 3| 0/ 3| 0/ 3| 0/ 3| 0/ 3| 0/ 3| 0/ 3| 0/ 3
  3 | 0/ 1| 1/ 0| 2/ 0| 3/ 0| 4/ 0| 5/ 0| 6/ 0| 7/ 0| 8/ 0|-1/ 0|-1/ 0
  4 | 0/ 2| 1/ 2| 2/ 2| 3/ 2| 4/ 2| 5/ 0| 6/ 0| 7/ 0| 8/ 0|-1/ 0|-1/ 0
  5 | 1/12| 1/ 0| 2/ 0| 3/ 0| 4/ 0| 5/ 0| 6/ 0| 7/ 0| 8/ 0|-1/ 0|-1/ 0
  6 | 0/ 0| 1/ 0| 2/ 0| 3/ 5| 4/ 0|-1/ 0| 6/31| 7/23| 8/ 0|-1/ 0|-1/ 0
  7 | 0/ 0| 1/ 0| 2/ 0| 3/ 0| 4/ 0|-1/ 0| 6/ 0| 7/ 0| 8/ 0|-1/ 0|-1/ 0
  8 | 0/ 0| 1/ 0| 2/ 0| 3/ 0| 4/ 0|-1/ 0| 6/ 0| 7/ 0| 8/ 0|-1/ 0|-1/ 0
  9 | 0/ 0|-1/ 0| 2/ 0| 3/ 0| 4/ 6|-1/ 0| 6/ 0| 7/ 0| 2/ 0|-1/ 0|-1/ 0
 10 | 0/ 0| 1/ 0| 2/13| 3/ 0| 4/ 0| 5/ 0| 6/ 0| 7/ 0| 8/ 0|-1/ 0|-1/ 0
 11 | 0/ 0| 1/ 0| 2/13| 2/13| 2/ 7|-1/ 0| 2/ 7| 7/ 0| 8/ 0|-1/ 0|-1/ 0
 12 | 0/ 0| 1/ 0| 2/13| 2/13| 2/ 7|-1/ 0| 2/ 7| 7/ 0| 8/ 0|-1/ 0|-1/ 0
 13 | 0/14| 1/14| 2/14| 3/14| 4/14|-1/ 0| 6/14| 7/14| 8/14|-1/ 0|-1/ 0
 14 | 0/14| 1/14| 2/14| 3/14| 4/14|-1/ 0| 6/14| 7/14| 8/14|-1/ 0|-1/ 0
 15 | 0/14| 1/14| 2/14| 3/14| 4/14|-1/ 0| 6/14| 7/14| 8/14|-1/ 0|-1/ 0
 16 | 0/ 0| 1/ 0| 2/ 0| 2/ 7| 2/ 7|-1/ 0| 2/ 7| 2/ 7| 2/ 7|-1/ 0|-1/ 0
 17 | 0/ 0| 1/ 0| 2/ 0| 2/11| 2/ 7|-1/ 0| 2/ 7| 7/ 0| 8/ 0|-1/ 0|-1/ 0
 18 | 0/ 0| 1/ 0| 2/11| 2/11| 2/ 7|-1/ 0| 2/ 7| 7/ 0| 8/ 0|-1/ 0|-1/ 0
 19 | 0/ 0| 2/ 4| 2/ 0| 3/ 0| 4/ 0|-1/ 0| 6/ 0| 7/ 0| 8/ 0|-1/ 0|-1/ 0
 20 | 0/ 0| 1/ 9| 1/ 9| 1/ 9| 1/ 9|-1/ 0| 1/ 9| 7/ 0| 8/ 0|-1/ 0|-1/ 0
 21 | 0/ 0| 1/ 0| 2/ 0| 2/ 7| 2/ 7|-1/ 0| 2/ 7| 7/ 0| 8/ 0|-1/ 0|-1/ 0
 22 | 0/ 0| 1/ 0| 3/ 8| 3/ 8| 0/ 0|-1/ 0| 6/ 0| 7/ 0| 8/ 0|-1/ 0|-1/ 0
 23 | 0/ 0| 1/ 0| 2/ 0| 3/ 0| 4/15| 0/ 0| 6/ 0| 7/ 0| 8/ 0| 0/ 0| 0/ 0
 24 | 0/ 0| 1/ 0| 1/ 9| 2/ 7| 4/ 0| 0/ 0| 6/ 0| 7/ 0| 8/ 0| 0/ 0| 0/ 0
 25 | 0/ 0| 1/ 9| 1/ 9| 2/ 7| 4/ 0| 0/ 0| 6/ 0| 7/ 0| 8/ 0| 0/ 0| 0/ 0
 26 | 0/ 0| 1/ 9| 1/ 9| 2/ 7| 4/ 0| 0/ 0| 6/ 0| 7/ 0| 8/ 0| 0/ 0| 0/ 0
 27 | 0/ 0| 1/ 0| 2/ 0| 3/ 0| 2/20| 5/ 0| 6/ 0| 7/ 0| 8/ 0| 9/ 0|10/ 0
 28 | 0/ 0| 1/ 0| 2/ 0| 3/ 0| 7/21| 5/ 0| 6/ 0| 7/ 0| 8/ 0| 9/ 0|10/ 0
 29 | 0/ 0| 1/ 0| 2/ 0| 3/ 0| 2/22| 5/ 0| 6/ 0| 7/ 0| 8/ 0| 9/ 0|10/ 0
 30 | 0/ 0| 1/ 0| 2/ 0| 3/ 0| 2/13| 5/ 0| 6/ 0| 3/ 0| 8/ 0| 9/ 0|10/ 0
 31 | 0/ 0| 1/ 0| 2/ 0| 3/ 0| 4/ 0| 5/ 0| 6/ 0| 7/ 0| 2/24| 9/ 0|10/ 0
 32 | 0/ 0| 1/ 0| 2/ 0| 3/ 0| 4/ 0| 5/ 0| 6/ 0| 7/ 0| 8/25| 9/ 0|10/ 0
 33 | 0/ 0| 1/ 0| 2/ 0| 3/ 0| 4/ 0| 5/ 0| 6/ 0| 7/ 0| 8/ 0| 9/ 0|10/ 0
 34 | 0/ 0| 1/ 9| 2/ 0| 3/ 0| 4/ 0| 5/ 0| 6/ 0| 7/ 0| 8/ 0| 9/ 0|10/ 0
 35 | 0/ 0| 1/ 0| 2/ 0| 3/ 0| 4/ 0| 5/ 0| 6/ 0| 7/ 0| 8/ 0| 9/ 0|10/ 0
 36 | 0/ 0| 1/ 0| 2/ 0| 2/13| 3/ 0| 4/ 0| 5/ 0| 6/ 0| 7/ 0| 8/ 0| 9/ 0|10/ 0
```

Tab. 4.1 Konkretes Beispiel im Zustandsautomaten

Element	ID	Bedeutung	Beschreibung/Bemerkung
Zustand	4	Warten auf Prozessergebnis	Es wird gewartet bis eine Info kommt
Ereignis	23	Daten sind abholbereit	Signal, dass Daten vorliegen
Aktion	15	Ergebnis bewerten	Daten werden bewertet, hieraus ergibt sich ein Ergebnis
Folgezustand	4	Warten auf Ergebnis	Schritt noch nicht abschlossen, Ergebnis ist das Folgeereignis
Element	ID	Bedeutung	Beschreibung/Bemerkung
Zustand	4	Warten auf Prozessergebnis	Es wird gewartet, bis eine Info kommt
Ereignis	28	Prozessergebnis ist i.O.	Ergebnis aus der Aktion 15 vom vorigen Schritt
Aktion	21	Ergebnis wird gespeichert	Daten werden abgelegt, Ergebnis ist wiederum das Folgeereignis
Folgezustand	7	Warten auf Kennzeichnung	Daten wurden verarbeiten, im nächsten Schritt Kennzeichnung
Element	ID	Bedeutung	Beschreibung/Bemerkung
Zustand	7	Warten auf Kennzeichnung	Es wird gewartet bis eine Info kommt

Tab. 4.1 (Fortsetzung)

Element	ID	Bedeutung	Beschreibung/Bemerkung
Ereignis	45	Daten erfolgreich gespeichert	Ergebnis aus der Aktion 21 vom vorigen Schritt
Aktion	19	Teil kennzeichnen	Aktion zur Kennzeichnung, danach Ergebnis der Kennzeichnung …
Folgezustand	7	Warten auf Kennzeichnung	Warten auf Ergebnis der Kennzeichnung
Element	ID	Bedeutung	Beschreibung/Bemerkung
Zustand	7	Warten auf Kennzeichnung	Es wird gewartet, bis eine Info zur Kennzeichnung kommt
Ereignis	31	Kennzeichnung erfolgreich	Ergebnis aus der Aktion 45 vom vorigen Schritt
Aktion	24	Erfolg visualisieren	Zeigt das Ergebnis an, hier kein neues Ergebnis mehr als Output
Folgezustand	2	Warten auf Anlage	Bereit für nächstes Teil

OPC UA

Wie bei den Lösungsansätzen beschrieben, kann mit OPC UA ein homogenisiertes Layer definiert werden. OPC UA, der am weitesten verbreitete genormte Standard für die Kommunikation mit Produktionsanlagen, wurde von der OPC Foundation entwickelt. Ziel der UA-Version (Unified Architecture) war, eine plattformübergreifende und serviceorientierte Architektur zur Prozesssteuerung zu entwickeln und dabei gleichzeitig Anforderungen an IT-Sicherheit und Informationsmodelle zu erfüllen.

Im Resultat ist OPC UA als aktueller und zukünftiger Standard anerkannt. Damit sind alle Anlagen und Komponenten (Sensoren, Aktoren, …) aller Hersteller in ein Kommunikationsnetz integrierbar, und alle Prozessabläufe können mit den gleichen Informationsaustauschmethoden abgebildet werden.

Darüber hinaus ist OPC eine Open Source und erfüllt somit die Forderung nach günstiger Verfügbarkeit und Implementierung. OPC-Komponenten können zertifiziert werden, was für die Standardisierung einen weiteren Vorteil darstellt. Schließlich kann nicht nur mit den Anlagen auf dem Hallenboden kommuniziert werden, auch eine Anbindung höherer Systeme (Datenbanken, ERP-Systeme, usw.) ist möglich.

Zur Kommunikation mit den Maschinen, Anlagen und Komponenten können verschiedene OPC UA-Server verwendet werden, die je nach Verfügbarkeit entweder direkt zum Einsatz kommen oder einmalig entwickelt werden müssen. Auf Basis dieser Homogenisierung wurde ein OPC UA-Client entwickelt, der das Gegenstück des Reisestecker-Konzepts darstellt.

Der OPC UA-Client wurde unter Verwendung einer OPC UA-API entwickelt und als Komponente in die MES-Software eingebaut.

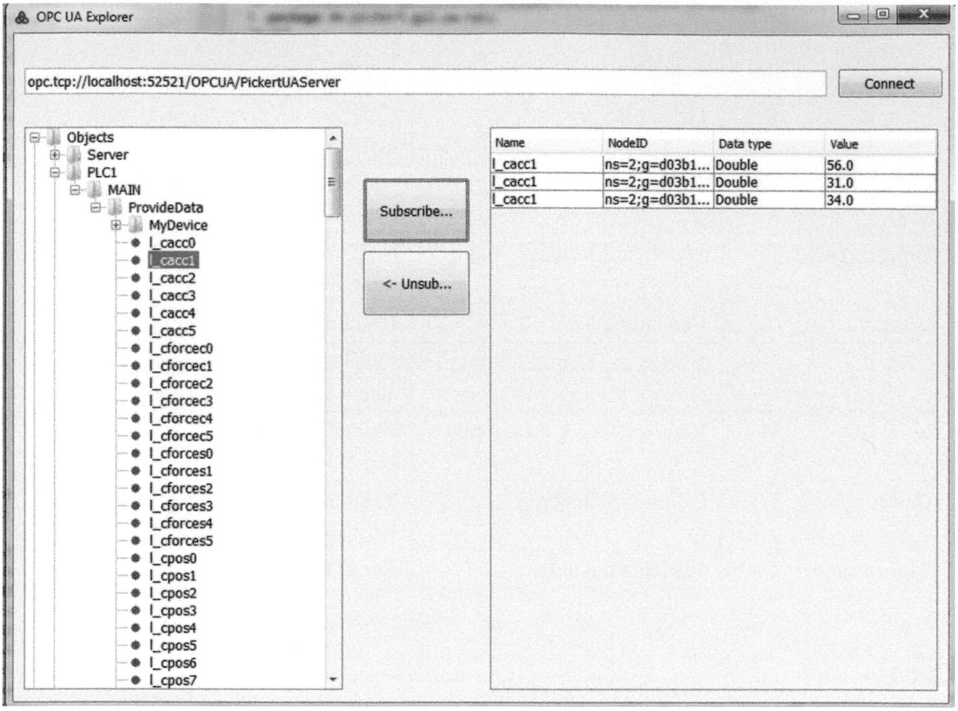

Abb. 4.18 OPC UA-Beispiel-Client (Subscription to Server)

Ein Beispiel der OPC UA-Kommunikation wird als OPC UA-Service bereitgestellt, der einen Server, einen Client sowie einen RPC-Connector (Remote Procedure Call) enthält (Abb. 4.18).

MTConnect

Während in Deutschland OPC UA als zukünftiger Schnittstellenstandard für Industrie 4.0 propagiert wird, rückt vor allem in Nordamerika ein weiterer Standard mehr und mehr in den Fokus – MTConnect. Anlässlich der Jahrestagung 2006 der US-amerikanischen Association for Manufacturing Technology (AMT) wurde das Projekt gestartet. Auf dieser Tagung wurde festgestellt, dass das größte Problem der fertigenden Industrie in dem Fehlen einer einheitlichen Sprache für die Kommunikation der Werkzeugmaschinen mit der übrigen Produktionstechnik besteht. Bereits 2008 lag der MTConnect-Standard in einer ersten Version vor. Zur Weiterentwicklung des Standards wurde dann 2009 das MTConnect Institute als gemeinnützige Einrichtung gegründet [Jas-15].

Mit MTConnect wird es Maschinen, Anlagen und Komponenten in der Fertigung ermöglicht, Daten in XML-Strukturen anstatt in proprietären Formaten zu übergeben. Mit solchen gleichförmigen Daten von Produktionsausrüstungen, Sensoren und anderer Hardware eröffnet sich eine Vielzahl von Möglichkeiten und Anwendungen zu Produktionsoptimierung und Effizienzsteigerung.

Interessant ist der Aspekt, auch MTConnect mit einem OPC UA-Adapter zu versehen und auf diese Weise in die Homogenisierung der Kommunikation aufzunehmen, obwohl üblicherweise fast schon eine Konkurrenzsituation zwischen den OPC und MTConnect-Befürwortern herrscht. Diese Konkurrenz wird durch die Implementierung hinfällig, weil damit gezeigt wird, wie beide Welten nicht nur parallel existieren sondern auch miteinander vernetzt werden können.

Da MTConnect XML als Format und REST als Kommunikationsprotokoll verwendet, ist eine Umsetzung nach OPC UA einfach zu ermöglichen. MTConnect-OPC UA ist ein Set bestimmter Spezifikationen, die eine Interoperabilität und Konsistenz zwischen den Spezifikationen von MTConnect und OPC UA sicherstellt. Um also einer Steuerung, die mit MTConnect kommuniziert, die Integration in den entwickelten homogensierten Layer zu ermöglichen, wurde ein MTConnect Client-Adapter entwickelt. Zu diesem kann man sich – ausgehend von der im Projekt verwendeten MES-Software – verbinden und eine Echtzeit-Kommunikation ermöglichen.

Ein Beispiel der MTConnect-Kommunikation ist in Form eines MTConnect-Clients verfügbar, und die Daten, die als XML-Strom ankommen, können im standardisierten Kommunikationsframework eingebunden und weiterverarbeitet werden.

ONC RPC

Für einen Demonstrator im Rahmen von MetamoFAB musste ein Roboter in das Kommunikationsframework eingebunden werden. Dieser basierte auf ONC RPC (Open Network Computing Remote Procedure Call).

Der ONC RPC ist ein weit verbreiteter Standard für entfernte Funktionsaufrufe. ONC wurde ursprünglich von Sun Microsystems in den 1980er Jahren entwickelt. Sun ONC RPC stellt eine Client/Server-Programmierumgebung bereit, die einfach zu verwenden ist. Mit diesem Standard können Anwendungen erstellt werden, die das Aufrufen von Funktionen anderer Systeme im Netzwerk ermöglichen, ohne darauf achten zu müssen, dass diese Funktionen nicht lokal ausgeführt werden.

Für die Kommunikation mit dem Roboter wurde ein Connector entwickelt, der ONC RPC auf OPC UA umsetzt (ONCrpc_2_OPCUA). Auf diese Weise wurde die Kommunikation in Echtzeit mit dem Roboter standardisiert und zudem die Möglichkeit geschaffen, auch andere Entitäten im Shopfloor in die Kommunikation mit einzubeziehen.

4.3   Prozessbezogene Ableitung von Kompetenzen im Industrie 4.0-Kontext

Gergana Vladova, André Ullrich und Norbert Gronau

Eine Grundlage für die Entwicklung passender Qualifikationsmaßnahmen bildet der Abgleich notwendiger mit vorhandenen Kompetenzen auf individueller und Team-ebene. Die notwendigen Mitarbeiter-Soll-Kompetenzen werden als allgemeingültig auf strategischer Ebene bestimmt und festgehalten. Diese unterscheiden sich allerdings häufig von den tatsächlichen Ist-Kompetenzen der Mitarbeiter, die ebenso in der Regel in Form von Ist-Kompetenzprofilen im Unternehmen vorhanden sind. Insbesondere bei Prozess-veränderungen – wie im Fall von Industrie 4.0 – entsteht durch den Wandel ein akuter Qualifizierungsbedarf, infolgedessen die operativen Mitarbeiter häufig schneller mit einer Anpassung reagieren müssen als die Entscheidungsträger auf strategischer Ebene. Auf-grund der Zunahme notwendiger Anpassungen im operativen Bereich wird die Bereitstel-lung aktueller realitätstreuer Ist-Kompetenzprofile aufwendiger. Daher steigt das Risiko, dass bestehende Referenzdokumente veraltet oder nicht realitätstreu sind.

Ziel der hier beschriebenen Methode ist es, die Ableitung der Ist-Kompetenzen auf Basis von Prozessmodellen zu ermöglichen und ihre Vorteile aufzuzeigen. Die Modelle werden einmalig mithilfe der Modellierungssprache für wissensintensive Geschäfts-prozesse Knowledge Modeling and Description Language (KMDL) erstellt, dynamisch erweitert und angepasst. Die KMDL [Gro-12], erlaubt durch gezielte personenbezogene Modellierung die Identifikation von Wissen und Informationen, mit denen Mitarbeiter innerhalb des Prozessverlaufs in Kontakt kommen. Dieser Überblick wird durch KMDL-Kompetenzmodelle (Auflistung der Kompetenzen und Fähigkeiten jedes Mitarbeiters) vervollständigt, so dass ein möglichst umfassendes Mitarbeiterprofil (Wissen, Erfahrun-gen, Kompetenzen) entsteht.

Die Methode ermöglicht den Vergleich der Ist- und den Soll-Kompetenzen pro Entität, wodurch folgende Fragen beantwortet werden können:

- Welche Soll-Kompetenzen sind tatsächlich bei welcher Entität vorhanden? Nicht vor-handene, aber benötigte Kompetenzen können als Qualifikationserfordernis adressiert werden.
- Welche Ist-Kompetenzen sind nicht als Soll-Kompetenzen auf strategischer Ebene auf-gelistet? Diese können mit konkreten Prozessgegebenheiten in Verbindung gebracht und als Soll-Kompetenzen aufgenommen werden.

Weiterhin können Überlegungen bezüglich Teamzusammenstellungen oder Entitätenauf-gabenverteilung im Prozess einfließen.

4.3.1 Herausforderungen der Kompetenzidentifizierung und -entwicklung im Unternehmen

Die Bestimmung und Erstellung von Kompetenzprofilen, die den spezifischen Anforde-rungen eines Unternehmens entsprechen, findet unter Berücksichtigung der konkreten Gegebenheiten im Unternehmen, der unternehmensspezifischen Prozesse und der indi-viduellen Mitarbeiteraufgaben statt. Durch das Zusammenspiel all dieser Aspekte ergibt sich die Komplexität und Dynamik des Kompetenzentwicklungsprozesses. Die Ergeb-nisse eines klassischen Kompetenzentwicklungsprozesses üben einen indirekten Einfluss auf die wertschöpfenden Aktivitäten aus und sind aus diesem Grund für Unternehmen erst langfristig wirtschaftlich relevant und gewinnbringend. Aus diesem Grund entscheiden sich Unternehmen häufig kurzfristig gegen eine nachhaltige und strukturierte Vorgehensweise bei der Kompetenzentwicklung und zugunsten einer mehr gewinnversprechenden Ressourcenallokation.

Insbesondere im hochinnovativen Produktionsumfeld ist es jedoch von entscheidender Bedeutung für die Unternehmen, einen Überblick über vorhandene Mitarbeiterkompetenzen zu behalten und eventuellen Entwicklungsbedarf rechtzeitig erkennen zu können. Dies betrifft Mitarbeiter aller Hierarchieebenen und tangiert Arbeitsorganisations- und Weiterbildungskonzepte wie „job enlargement", „job enrichment" oder „job rotation". Im Industrie 4.0-Kontext würde eine fehlende Kompetenz in Bezug auf ein spezifisches Problem unter Umständen zum vorläufigen Produktionsstillstand führen.

Die im Kontext von Industrie 4.0 entstehenden Veränderungen der Prozesse und der eingesetzten Technologien sind unmittelbar mit Aufgabenveränderungen für die Mitarbeiter verbunden und in diesem Zusammenhang entsteht ein erhöhter Bedarf an Kompetenzentwicklungsmaßnahmen. Der Prozess der Metamorphose impliziert auf der einen Seite das Vorhandensein eines funktionierenden Produktionsprozesses, an den die vorhandenen Mitarbeiterkompetenzen angepasst sind. Auf der anderen Seite besteht eine konkrete – mehr oder weniger visionäre – Planung bezüglich des künftigen, veränderten Prozessverlaufs sowie der neuen Rollen und Akteure nach der Transformation des Unternehmens in eine „Fabrik der Zukunft". Parallel zu dem aus dieser Situation resultierenden Vergleich von Ist- und Soll-Prozessen ergibt sich auch die Notwendigkeit eines Ist-Soll-Vergleichs auf Kompetenzebene.

Ein methodisches Vorgehen und das dazugehörige Tool für die gezielte prozessbezogene Ableitung und den Vergleich von Ist- und Soll-Kompetenzen werden nachfolgend vorgestellt und erläutert. Dieses Vorgehen und die daraus resultierenden Ergebnisse ermöglichen die Entwicklung unternehmensspezifischer Staffing- und Qualifizierungsmaßnahmen im Kontext von Industrie 4.0.

4.3.2 Modellierung von Wissen

Auch wenn die strategische und operative Bedeutung von Wissen als organisationale Ressource längst erkannt wurde, wird Wissensmodellierung im Vergleich zu anderen Modellierungsmethoden immer noch eher vernachlässigt. Zudem ist die Anzahl verfügbarer geeigneter Modellierungsmethoden und -tools beschränkt. Die Wissensmodellierung fokussiert insbesondere die Visualisierung und die damit verbundene Analyse der Wissensflüsse, der expliziten oder stillschweigenden Natur des Wissens sowie der Wissensträger [Gro-12], [Gro-16]. Es entstehen zusätzliche Vorteile für die Unternehmen, da sie neben dem Verlauf ihrer Geschäftsprozesse weitere relevante Aspekte beleuchten und analysieren, wie bspw. die Beziehungen zwischen den beteiligten Akteuren, den Wissens- und Informationsaustausch sowie die Kompetenzen der Entitäten. Als eine der wenigen geeigneten Modellierungsmethoden und -sprachen erlaubt die KMDL die Berücksichtigung dieser Aspekte und Betrachtungsebenen [Sul-12]. Das Referenztool dazu ist Modelangelo, eine frei verfügbare Desktop-Java8-Applikation.

4.3.3   Prozessbezogene Ableitung von Kompetenzprofilen

Im Kontext der prozessbezogenen Erstellung von Ist- und Soll-Kompetenzprofilen sind insbesondere zwei Fragen von Bedeutung:

- Welche sind die externen und internen Hauptquellen, die Informationen zu vorhandenen und notwendigen Kompetenzen liefern?
- Wie können diese Quellen genutzt werden, um unternehmensspezifische Soll-Kompetenzprofile unter Berücksichtigung der Mitarbeiterrollen und -prozesszugehörigkeit zu entwickeln?

Das methodische Vorgehen berücksichtigt diese Aspekte insbesondere in Hinblick auf das Industrie 4.0-Paradigma. Im Mittelpunkt stehen die Notwendigkeit der Transformation und die damit verbundenen Anforderungen an bestehende Betriebe auf dem Weg zu „Fabriken der Zukunft".

Transformation als Ziel adressiert mehr Herausforderungen als die Entwicklung eines komplett neuen Konzepts. Sie setzt nicht nur die Kenntnis über die aktuelle Gesamtsituation sondern auch der Zielvision voraus, um das Delta zwischen diesen bestimmen zu können und konkrete, an diesem Delta orientierte Qualifizierungslösungen zu entwickeln. Besondere Aufmerksamkeit gehört dabei den Mitarbeitern im Unternehmen, die – durch den Wandel bedingt – mit neuen Aufgaben und den damit verbundenen notwendigen Kompetenzentwicklungen und -anpassungen konfrontiert sind. Dabei wird die anvisierte Kompetenzentwicklung nicht lediglich als fachliche Vorbereitung der Mitarbeiter für die neuen Aufgaben betrachtet und aus operativen Gründen veranlasst. Denn häufig kommt es zu Prozessveränderungen, die einer eigenen Dynamik folgen und nicht oder noch nicht zentral intendiert worden sind. So kann der Kauf einer neuen Maschine sowohl mit erwarteten Veränderungen bei den Aufgaben der Mitarbeiter und der entsprechenden Weiterbildung, aber auch mit unvorhersehbaren Prozessveränderungen verbunden sein, die lediglich von den Mitarbeitern im Rahmen ihrer Tätigkeit wahrgenommen und sogar von diesen direkt – bewusst oder unbewusst – veranlasst werden können.

Eine weitere kritische Größe im Kontext der Mitarbeiterbefähigung und entscheidender Erfolgsfaktor für die Entwicklung des Unternehmens unter den veränderten Bedingungen ist die damit verbundene Akzeptanzsteigerung bei den Mitarbeitern im Kontext von Industrie 4.0: Sensibilisierte und den Anforderungen entsprechend ausgebildete Mitarbeiter empfinden weniger Unsicherheit im Angesicht der Veränderungen und sind bereit, sich mit diesen zu identifizieren sowie diese zu unterstützen, wenn ihnen der Mehrwert bewusst ist.

> **Berücksichtigung unternehmensspezifischer Gegebenheiten**
> Die unternehmensspezifischen Gegebenheiten sollten als wichtige Ausgangsgröße
> für die Transformation stets berücksichtigt werden. Voraussetzung für den Erfolg
> des Wandels ist die Mitarbeiterakzeptanz. Hierzu sollten zentral geeignete Maß-
> nahmen zur Akzeptanzsicherung getroffen werden.

Im Vorfeld der Methodenbeschreibung sollen kurz die notwendigen Rahmenbedingungen
für dessen Anwendung aufgezeigt werden:

Organisationale Anforderungen:
Um die Methode anwenden zu können, stellt das Unternehmen an erster Stelle ein dafür
    zuständiges Team auf, in welchem Vertreter der Managementebene, Meister- und
    Bedienerebene sowie die Personalabteilung involviert sind.
Technische Anforderungen:
Die Installation und Nutzung des Modellierungstools „Modelangelo" wird empfohlen,
    auch wenn Teile der Methode unabhängig davon angewendet werden können.

4.3.4   Vorgehen zur Anwendung der Methode

Das vorgestellte methodische Vorgehen hat das Ziel, die Identifikation von vorhandenen
und erforderlichen Kompetenzen innerhalb eines Prozesses zu ermöglichen – sowohl als
Gesamtheit als auch in der Zuordnung zu jedem einzelnen Mitarbeiter. Unternehmen
erhalten eine Vorgehensbeschreibung und ein zugehöriges Tool, die die Verknüpfung vom
Kompetenzmanagement mit dem Wissens- und Geschäftsprozessmanagement ermöglichen. Durch diese Verknüpfung werden bei der Identifikation von Kompetenzanforderungen sowie bei der Gestaltung geeignete Aus- und Weiterbildungskonzepte so viele unternehmensindividuelle Aspekte wie möglich berücksichtigt.

Abbildung 4.19 stellt den Verlauf der Methodenanwendung dar. Die markierten Phasen
profitieren explizit von der Anwendung des Tools Modelangelo.

Nachfolgend werden die einzelnen Phasen ausführlich vorgestellt.

Phase 1: Kontext definieren

Diese Phase ist im Rahmen des Projektes MetamoFab Schwerpunkt eines anderen Arbeits-
pakets (vgl. Abschn. 3.1) und somit der eigentlichen Anwendung der hier beschriebenen
Methode vorgelagert. Innerhalb dieser Phase werden auf einer generelleren Ebene die
unternehmensspezifischen Rahmenbedingungen und die Ziele des Transformationsprozesses definiert und festgehalten. Als Ergebnis entsteht ein unternehmensspezifischer
Kontext des Veränderungsprozesses, so dass alle notwendigen Informationen und Entscheidungen bezüglich der von den Veränderungen betroffenen Prozesse und Mitarbeiter

Abb. 4.19 Schritte der
Methodenanwendung

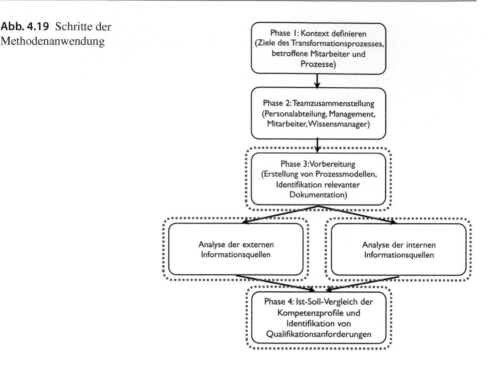

als Ausgangsbasis für die nächsten Phasen dienen. Der konkrete Fokus und die notwendigen Ausgangsgrößen für die nachfolgende Ausgestaltung des Kompetenzentwicklungsprozesses werden somit innerhalb dieser Phase definiert.

Phase 2: Teamzusammenstellung

Der Schwerpunkt dieser Phase ist die Auswahl und Vorbereitung der Mitarbeiter, die als Team für den strategischen, konzeptionellen und operativen Ablauf des Kompetenzmanagementprozesses unter Anwendung der Methode verantwortlich sein werden. Wie bereits erwähnt, besteht dieses Team aus Vertretern entsprechender Fachabteilungen – Personalabteilung, Management, Fabrikmitarbeiter, Meister, falls vorhanden auch Wissensmanager. Die Entscheidungen bezüglich der Teamzusammenstellung werden zentral seitens der Führungsebene, jedoch unter Beteiligung von Vertretern aller involvierten Abteilungen getroffen. Bei der Auswahl der Mitarbeiter ist es sinnvoll, solche mit hoher Eigenmotivation zu bevorzugen. Dadurch wird die Akzeptanz der Veränderung erhöht, da diese Mitarbeiter als Promotoren agieren. In diesem Zusammenhang ist es empfehlenswert, intrinsische (z. B. Erwähnung in der Unternehmenszeitung) sowie extrinsische (z. B. Geldprämien, zusätzliche Urlaubstage) Anreizsysteme zu schaffen, um die Mitarbeiter für eine Teilnahme zu motivieren.

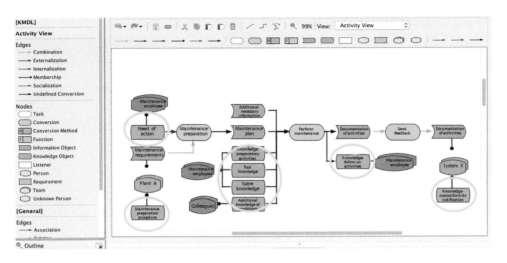

Abb. 4.20 Beispielhafte Modellierung der Informations- und Wissensflüsse

Phase 3: Vorbereitung

Diese Phase beinhaltet zwei Unterschritte, die gleichzeitlich verlaufen. Verantwortlich für die Durchführung ist das in Phase 1 aufgestellte Team.

Schritt 1: Erstellung von Prozess- und Wissens- bzw. Informationsflussmodellen

Die Prozessmodellierung ist notwendig, um einen ersten konkreten Überblick über den zu analysierenden Kontext zu schaffen, und kann mit jeder beliebigen Modellierungssprache, -tool und -methode durchgeführt werden. Ihr wichtigster Zweck in dem hier besprochenen Kontext ist die Veranschaulichung und Strukturierung der Prozessabläufe, insbesondere in Hinblick auf beteiligte technische und menschliche Entitäten sowie auf die Aufgaben, die diese innehaben. Da der Fokus der Methode jedoch konkret auf den prozessbezogenen Kompetenzen der Entitäten liegt, ist für deren Anwendung neben der reinen Prozessmodellierung ebenso die Modellierung des Wissens- und Informationsaustausches zwischen den Entitäten notwendig. Die Nutzung der KMDL ist dabei aus zwei Gründen entscheidend: (1) Die KMDL bietet den notwendigen Detaillierungsgrad der Modellierung von Wissen und Information. (2) Im zugehörigen Tool Modelangelo können lediglich KMDL-Aktivitäts- und Kompetenzmodelle ausgewertet werden.

Die Modelle – sowohl mit Ist- als auch mit Soll-Charakter – können im Vorfeld des Projektes aufgenommen und entwickelt sowie nachfolgend bei Bedarf beliebig verändert werden. Abbildung 4.20 zeigt einen Ausschnitt eines solchen Modells, erstellt im Modelangelo.

Tab. 4.2 Interne und externe Quellen zur Identifikation von Soll-Kompetenzen

	Soll-Kompetenzen	Identifikation durch
Externe Quellen	Vorhandene Arbeitsberichte und Empfehlungen zur Fabrik der Zukunft-Thematik, CPS und Industrie 4.0	Bereits implementiert in Modelangelo (requirement template)
Interne Quellen	Whitepaper, Stellen-beschreibungen, Projektdokumentation, Kompetenzanforderungen – erstellt vom verantwortlichen Team auf der Basis der unternehmensspezifischen Vision der Transformation	Industrie 4.0-Team

Eingekreist sind die Wissensobjekte. Diese werden in der KMDL immer als einer Entität zugehörig modelliert. Wird die Analyse im Modelangelo auf Entitätenebene durchgeführt, ist es somit möglich, in der Gesamtheit aller Aktivitätsmodelle nach den Wissensobjekten jeder im Modell vorhandenen Entität automatisch zu suchen. Die Menge aller Wissensobjekte einer bestimmten Entität bildet somit das prozessbezogene Kompetenzprofil dieser Entität.

Schritt 2: Erstellung einer Übersicht aller weiteren Ist- und Soll-Kompetenzen (ohne konkrete Prozessbedeutung) der vom Wandel betroffenen Mitarbeiter

Dieser Schritt adressiert insbesondere die Analyse der Informationsquellen, die die Grundlage für die Identifikation der Kompetenzen bilden. Es wird zwischen externen und internen Quellen unterschieden. Tabelle 4.2 und 4.3 zeigen eine strukturierte Zusammenfassung dieser Quellen.

An dieser Stelle ist es notwendig, auf die Spezifika der Industrie 4.0 einzugehen. Der teilweise noch visionäre Charakter der Metamorphose überschreitet die Grenzen des einzelnen Unternehmens und kann als eine politische und volkswirtschaftliche Aufgabe betrachtet werden. Vor diesem Hintergrund werden die Richtung und der Kontext der Veränderungen teilweise von außen beeinflusst und unterstützt. Der notwendige Input für die Unternehmen entsteht unter anderem durch die Ergebnisse der Arbeit unterschiedlicher Gremien und Arbeitskreise. Das wissenschaftliche Interesse an dem Thema ist hoch, und der Stand der Forschung hierzu wird laufend aktualisiert.

Aus diesen unternehmensexternen Aktivitäten entstehen Ergebnisse und Empfehlungen, die genutzt werden können, um die eigenen Veränderungsprozesse strategisch und operativ auszugestalten. Der konkrete Input externer Quellen für die Entwicklung der Soll-Kompetenzen (vgl. Tab. 4.2) wurde bereits bei der Entwicklung der Methode berücksichtigt. Die Kompetenzanforderungen an die Mitarbeiter wurden in Form einer Kompetenzmatrix (vgl. Abschn. 2.1) zusammengefasst und in dem Tool Modelangelo tabellarisch aufgelistet (vgl. Abb. 4.21). Diese Liste ist ein beispielhaftes Ergebnis der Literaturanalyse zum Stand der Technik in den Bereichen Industrie 4.0 und Kompetenzmanagement sowie der im Rahmen des Projektes durchgeführten Workshops und Interviews bei den Demonstratorenpartnern.

Die Soll-Kompetenzen sind als „skill requirements" hinterlegt worden und stehen dem Tool- und dem Methodennutzer zur Verfügung. Das Unternehmen kann diese vorgegebenen Listen erweitern (z. B. mit den Ergebnissen der eigenen Analyse) sowie anpassen –

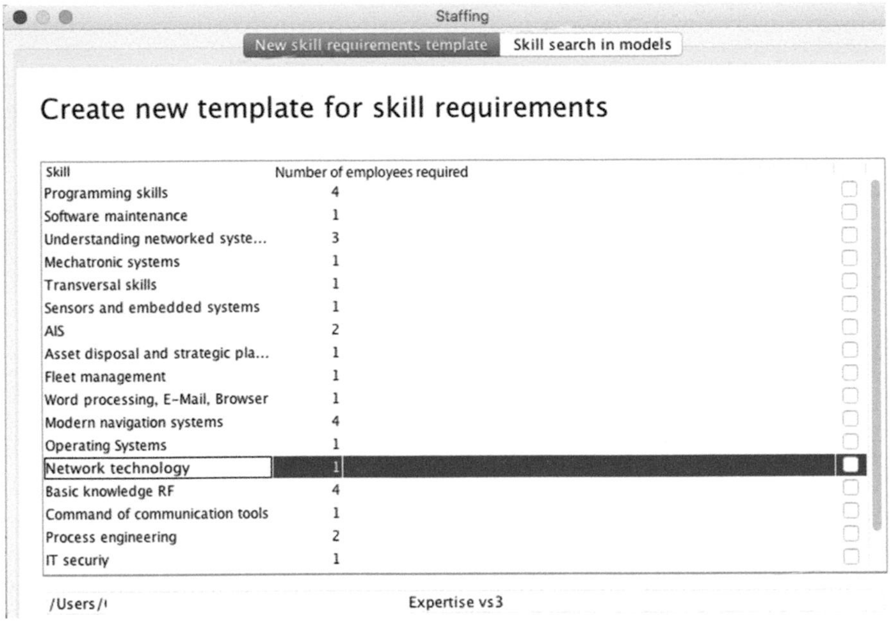

Abb. 4.21 Beispielhafte Darstellung einer unternehmensangepassten Auswahl allgemeiner Industrie 4.0-Kompetenzen

Tab. 4.3 Interne und externe Quellen zur Identifikation von Ist-Kompetenzen

	Soll-Kompetenzen	Verantwortlich für die Identifikation
Externe Quellen	Bewerbungsdokumente neuer Mitarbeiter	Industrie 4.0-Team
Interne Quellen	Mitarbeiterprofile, personenbezogene Aus- und Weiterbildungsinformation	Industrie 4.0-Team (insbesondere HR-Abteilung)
	Prozess- und Wissens-modellierung (Kompetenzprofilmodelle, KMDL-Aktivitätsmodelle)	Industrie 4.0-Team

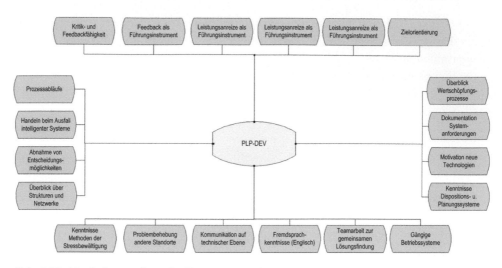

Abb. 4.22 Abschnitt aus einem Ist-Kompetenzprofil

insbesondere in Bezug auf die Anzahl der Mitarbeiter, die diesen Anforderungen entsprechen müssen.

Ähnlich kann bei der Erstellung von Ist-„skill requirements templates" vorgegangen
werden. In diesem Fall handelt es sich um unternehmensspezifische Gegebenheiten. Die
Erstellung wird von dem intern zusammengestellten Team in tabellarischer Form im Tool
übernommen.

Als Ergebnis liegt eine strukturierte Auflistung der Ist-Kompetenzen der Entitäten vor,
die ebenso in Form von Kompetenzprofilen modelliert werden kann. Abbildung 4.22 veranschaulicht die Art und Weise der Darstellung von Kompetenzprofilen im Modelangelo
am Beispiel der Entität PLP-DEV (einer Entität aus dem Demonstrator des Industrie-
projektpartners Infineon). Alle dieser Entität zugehörigen Wissensobjekte werden vom
Projektteam einmalig aufgenommen und modelliert. Danach können sie bei Bedarf aktualisiert werden und dienen als Grundlage des Ist-Soll-Vergleichs.

Phase 4: Soll-Ist-Abgleich und Identifikation von Qualifikationsanforderungen

Innerhalb dieses Schrittes werden die erarbeiteten skill requirement templates mit den
Aktivitätsmodellen und den Kompetenzprofilen abgeglichen. Erstellt wird zudem eine
Übersicht aller Entitäten, die eine notwendige Soll-Kompetenz als vorhanden aufweisen
(vgl. Abb. 4.23). Als Ergebnis dieses Schrittes kann identifiziert werden, welche Soll-
Kompetenzen noch nicht berücksichtigt worden sind. Dieses Ergebnis kann in einem
nächsten Schritt bei der Entwicklung des Aus- und Weiterbildungskonzeptes des Unternehmens adressiert werden (vgl. Abschn. 3.2.1).

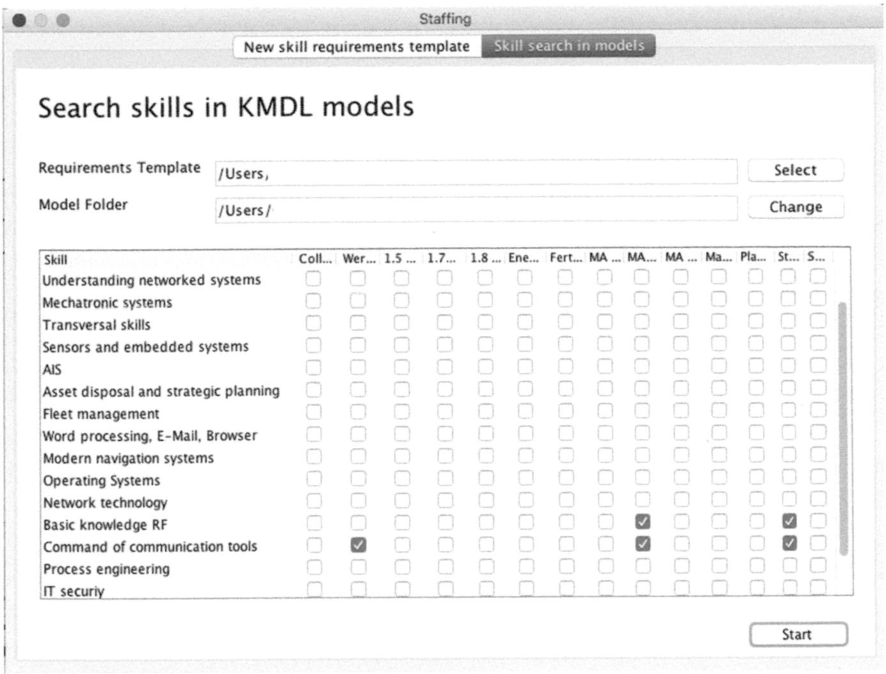

Abb. 4.23 Erweiterung der skills requirement templates um Informationen über vorhandene Ist-Kompetenzen (mit erkennbarer Entitätenzugehörigkeit)

Verantwortlichkeiten bestimmen

Als erster Schritt ist die Ernennung des verantwortlichen Teams für die Methoden-anwendung unabdingbar.

Hilfswerkzeuge benutzen

Die Installation und Verwendung des Tools Modelangelo erleichtert die Methoden-anwendung, erweitert ihre Möglichkeiten und verstärkt ihre Vorteile.

Eindeutige Prozess- und Elementdefinition

Bereits im Vorfeld der Methodenanwendung ist eine klare Definition der betroffe-nen Prozesse und Entitäten notwendig.

Überprüfung und Aktualisierung

Die im Projektverlauf erstellten Modelle sollten regelmäßig überprüft und ggf. aktualisiert werden.

4.3.5 Zusammenfassung

Unternehmen haben unterschiedliche Möglichkeiten, allgemeine Qualifizierungslücken bei den Mitarbeitern sowie konkrete Kompetenzlücken im Prozessverlauf und bei aktueller Teamzusammenstellung zu identifizieren. Ausgangspunkt für jegliche Überlegungen hierzu ist eine klare Vorstellung bezüglich der Soll-Kompetenzen. Diese werden strategisch bestimmt und in Stellenbeschreibungen festgehalten. Neben diesen eher statischen Beschreibungen ergeben sich – allgemein durch aktuelle Veränderungen verursacht oder im Prozessverlauf direkt entstanden – häufig diverse kompetenzbezogene Notwendigkeiten, die eine dynamische Natur haben. Diese können sowohl als Ist- als auch als Soll-Kompetenzen erfasst werden.

Der Einsatz der hier beschriebenen Methode erlaubt die Erstellung sowohl statischer als auch dynamischer Kompetenzmodelle. Voraussetzung dafür ist das Vorhandensein von Modellen, die den Wissens- und Informationsaustausch innerhalb des Prozessverlaufs abbilden oder aktuell erhobene Ist- bzw. strategisch festgelegte Soll-Kompetenzen beinhalten.

Berücksichtigt werden sowohl die menschlichen als auch die technischen Entitäten, die in diesem visionären Kontext erstmalig als Wissensträger agieren.

Der automatisierte Vergleich beider (Ist- und Soll-)Kompetenzarten ist die Grundlage für die direkte Aufdeckung von Kompetenzlücken und die Ableitung von Qualifizierungsnotwendigkeiten oder passender Teamzusammenstellung.

Die Methode kann alternativ ohne Softwareunterstützung angewendet werden. Dies ist jedoch mit zusätzlichem Aufwand für das verantwortliche Team verbunden. Die Erstellung von Wissens- und Informationsflüssen sowie von Kompetenzmodellen erfordert einen einmaligen Aufwand von ca. einer Woche (in Abhängigkeit von den Gegebenheiten des konkreten Projekts). Das Unternehmen profitiert jedoch vom erleichterten automatischen Abgleich und von den bereits integrierten Soll-Profilen.

4.4 Interaktiver Leitfaden

Erdem Geleç

Wie kann der schrittweise Weg ihrer Fabrik zu Industrie 4.0 aussehen? Der interaktive MetamoFAB-Leitfaden zeigt, welche Möglichkeiten es gibt. Das Ziel des interaktiven Leitfadens ist die verständliche Darstellung der Vorgehensweise aus Kap. 3 zur Unterstützung des Transformationsprozesses zu Industrie 4.0. Der digitale Leitfaden ist eine nutzerfreundliche Open Source-Lösung zur interaktiven Orientierung in den MetamoFAB-Transformationsschritten sowie den zugehörigen Methoden und Modellen. Zugänglich ist der Leitfaden als HTML-Datei auf der Webseite www.metamofab.de. Er kann einfach ohne Installationen mithilfe vorhandener Webbrowser geöffnet werden.

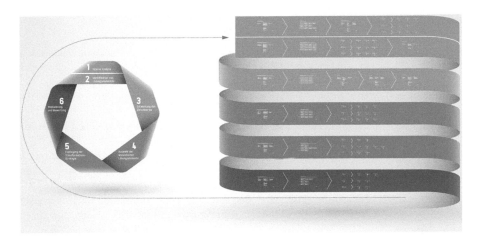

Abb. 4.24 Startansicht des interaktiven Leitfadens

4.4.1 Beschreibung der Funktionsweise und Vorteile

Um die Interaktion im Leitfaden zu gewährleisten, werden sogenannte nicht-lineare Präsentationen verwendet, die hauptsächlich mit Zoomfunktionen dynamisch und lebendig wirken. Nicht-lineare Präsentationen haben den Vorteil, dass der User z. B. eine große Mindmap vor sich hat und nach Belieben auf die gewünschten Informationen klicken kann. Durch den Klick wird in den gewählten Bereich gezoomt, und es werden weitere Inhalte erkenntlich. Weiterhin kann der User frei durch die Mindmap scrollen und beliebige Bereiche vergrößern. Daher können alle Schritte des Transformationsprozesses auf allen Ebenen angezeigt werden, und der User kommt auf Wunsch in die jeweilige Detailansicht (s. Abb. 4.24). In der gewählten Voreinstellung folgt der Wegweiser der in Abschn. 3.1 beschriebenen schrittweisen Abfolge. Um auf Wunsch einen schnellen direkten Zugang auch auf die Teilschritte auf den unteren Ebenen zu ermöglichen, wird zusätzlich ein Navigationsmenü bereitgestellt, welches auf dem seitlichen Rand der Anzeige erscheint.

4.4.2 Inhalte des Leitfadens

Zu den Inhalten des Leitfadens zählen die prägnante Beschreibung der Transformationsschritte mit den jeweiligen Zielen, Eingangsinformationen und Ergebnissen. Somit werden die wichtigsten Informationen aus dem Kap. 3 kompakt und praxisorientiert übermittelt. Darüber hinaus werden punktuell Verweise auf weiterführende Informationsquellen, wie z. B. Literaturempfehlungen oder Software-Tools, angegeben.

Literatur

[BIT-15]   Bitkom, Bundesverband Informationswirtschaft, Telekommunikation und Neue Medien e.V., Bitkom Empfehlungen zur Normung im Zusammenhang mit Industrie 4.0, Berlin, 2015.

[DIN SPEC 91345]   DIN SPEC 91345 - Referenzarchitekturmodell Industrie 4.0 (RAMI4.0), Berlin, 2016–04.

[DIN-16]   DIN, Deutsches Institut für Normung e.V., Die deutsche Normungs-Roadmap Industrie 4.0, Berlin, 2016–01.

[Gam-94]   Gamma, E.; Helm, R.; Johnson Ralph E., Vlissides, J.: Design Patterns. Elements of Reusable Object-Oriented Software, Addison-Wesley Longman Publishing Co., Inc. Boston, MA, USA, 1994

[Gro-12]   Gronau, N. (ed.): Modeling and Analyzing knowledge intensive business processes with KMDL: Comprehensive insights into theory and practice. GITO, Berlin, 2012.

[Gro-16]   Gronau, N.; Maasdorp, C. (eds.): Modeling of Organizational Knowledge and Information". GITO, Berlin, 2016.

[Jas-15]   Jasperneite, J.; Neumann, A.; Pethig F.: OPC UA versus MTConnect, In: Computer&Automation (Sonderheft S2 2015 Control&Drives) S.: 16–21, 2015.

[Mer-97]   Mertins, K.; Jochem, R.; Jäkel, F.-W.: A tool for object-oriented modelling and analysis of business processes. In: Computers in industry, S. 345–356, 1997.

[Mül-11]   Müller, T.: Zukunftsthema Geschäftsprozessmanagement, Pricewaterhouse-Coopers AG Wirtschaftsprüfungsgesellschaft, Frankfurt am Main, 2011.

[Oer-16]   Oertwig, N.; Gering, P.: The Industry Cockpit Approach: A framework for flexible real-time production monitoring. In: Proceedings International Conference Interoperability for Enterprise Systems and Applications, Guimarães, Portugal, 31.03. - 01.04.2016.

[Ols-14]   Olschewski, F.; Weber, M.: Geschäftmodelle der Industrie 4.0 – Vom Produkt zur Lesitung im flexiblen Werrtschöpfungsnetzwerk. In: inspect 05 2014, S. 12–15, Wiley-VCH Verlag GmbH & Co. KGaA, Weinheim, 2014.

[Rot-15]   Roth, A.: Management Cockpit as a layer of integration for a holistic performance management, In: Goralski, M.; McKinzie, K.: Quaterly Review of Business Disciplines (QRBD), S. 165–175, Volume August 2015.

[Spu-93]   Spur, G.; Mertins, K.; Jochem, R.; Warnecke, H.: Integrierte Unternehmensmodellierung. 1. Aufl. Beuth Verlag (Entwicklungen zur Normung von CIM), Berlin, Wien, Zürich, 1993.

[Sul-12]   Sultanow, E.; Zhou, X.; Gronau, N.; Cox, S.: Modeling of Processes, Systems and Knowledge: A Multi-Dimensional Comparison of 13 Chosen Methods, International Review on Computers and Software 7.6/2012, pp. 3309–3319.

[VDE-13]   VDE, Verband der Elektrotechnik Elektronik Informationstechnik e.V., Deutsche Normungs-Roadmap Industrie 4.0 (Version 1), Frankfurt, 2013–11.

Anwendungsbeispiele

5

Martin Plank, Johanna Königer, Mathias Dümmler, Nils Weinert, Christian Mose

Inhaltsverzeichnis

M. Plank (✉)
Festo AG & Co. KG, Research Production Systems, Ruiter Straße 82,
73734 Esslingen, Deutschland
e-mail: martin.plank@festo.com

J. Königer · M. Dümmler
Infineon Technologies AG,
Factory Integration Front End,
Am Campeon 1-12, 85579 Neubiberg, Deutschland
e-mail: johanna.koeniger@infineon.com

© Springer-Verlag GmbH Deutschland 2017
N. Weinert et al. (Hrsg.), *Metamorphose zur intelligenten und vernetzten Fabrik*,
DOI 10.1007/978-3-662-54317-7_5

Die industriellen Anwendungspartner Festo, Infineon und Siemens gingen im Rahmen des Forschungsprojekts MetamoFAB nach den entwickelten Methoden vor. In diesem Rahmen sind drei unabhängige Demonstratoren für unterschiedliche Fabriken entstanden, welche die ersten Realisierungsschritte in Richtung der jeweiligen standortspezifischen Vision darstellen.

Einen ersten Schritt der Transformation stellt bei Festo die Konzeption eines Energietransparenzsystems für die neue Technologiefabrik Scharnhausen dar. Infineon erarbeitete neuartige Konzepte zur verbesserten Vernetzung zwischen den Fertigungs- und Testbereichen in der Halbleiterfertigung. Das Siemens-Transformatorenwerks Kirchheim unter Teck entwickelte ein intelligentes Lastmanagementsystem.

Die Unterkapitel beschreiben die gesammelten Erfahrungen bei der Anwendung der entwickelten Methoden und Werkzeuge bezogen auf das jeweilige Umfeld (Automatisierungskomponenten, Halbleiterfertigung und Elektronikkomponenten) und den jeweiligen Anwendungsfall. Ein Aspekt dabei ist die individuelle Anpassung des erarbeiteten Vorgehens an individuellen Gegebenheiten.

5.1   Die Festo Technologiefabrik Scharnhausen

Martin Plank

Das Anwendungsbeispiel von Festo bezieht sich auf die im Sommer 2015 eröffnete Technologiefabrik Scharnhausen (Abb. 5.1 und Tab. 5.1). Gefertigt werden Automatisierungskomponenten wie Ventile, Ventilinseln, Handhabungstechnik und Elektronikprodukte sowie individuelle Kundenlösungen. Während der Planungsphase des Produktionsstandortes wurde neben der globalen Wettbewerbsfähigkeit und der Maximierung des Nutzens für Kunden und Mitarbeitern auch eine hohe Energieeffizienz als Zielsetzung definiert. Zur Erreichung dieser und weiterer Zielsetzungen wurden interdisziplinäre Arbeitsgruppen gebildet, die im engen Austausch untereinander verschiedene Planungsaspekte adressierten. So wurden bspw. in der Arbeitsgruppe Energie und Umwelt gemeinsam mit dem Institut für Werkzeugmaschinen und Fertigungstechnik der TU Braunschweig über

M. Dümmler
e-mail: mathias.duemmler@infineon.com

N. Weinert · C. Mose
Siemens AG, Corporate Technology, CT RDA AUC MSP-DE,
Otto-Hahn-Ring 6, 81739 München, Deutschland
e-mail: nils.weinert@siemens.com

C. Mose
e-mail: christian.mose@siemens.com

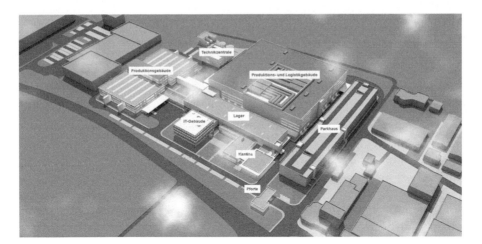

Abb. 5.1 Die Technologiefabrik Scharnhausen

Tab. 5.1 Kerndaten der Technologiefabrik Scharnhausen

Gefertigte Produkte	Ventile
(Stand 2016)	Ventilinseln
	Vakuumventile
	Drehzylinder
	Lineareinheiten
	Antriebe
Mitarbeiter am Standort	ca. 1000
Nutzfläche	66.000 m²
… davon Produktion	… 31.500 m²
… davon Logistik	… 22.500 m²
… davon Sonstiges	… 12.000 m²
Energiebedarf	22 GWh p.a.

50 Maßnahmen zur Steigerung der Energieeffizienz in Planung und Betrieb identifiziert, einer wirtschaftlichen Bewertung unterzogen und bei positivem Ergebnis implementiert. Umgesetzte Maßnahmen sind bspw.:

- Konzepte für die Nutzung von Regenwasser und zur Wärmerückgewinnung,
- Absenkung des Druckniveaus für das Druckluftnetz,
- Blockheizkraftwerke mit Nutzung der Abwärme zur Kälteerzeugung.

Um sicherzustellen, dass die Energieeffizienz auch in der Betriebsphase der Fabrik weiter berücksichtigt und verbessert wird, wurde entschieden, ein Energietransparenzsystem zu entwickeln. Dabei handelt es sich um ein System, das die organisatorischen und technischen Voraussetzungen für einen kontinuierlichen Verbesserungsprozess zur Steigerung der Energieeffizienz bereitstellt. Der Schwerpunkt bei der Planung des Systems lag auf der Berücksichtigung von Aspekten der Industrie 4.0. Verschiedene Aspekte wurden hinsichtlich ihres Nutzens überprüft und ggf. integriert.

Bei der Festo Technologiefabrik handelt es sich um eine neue Produktionsstätte mit innovativen Konzepten und modernster Ausstattung. Viele der Maschinen, Prozesse und der IT-Infrastruktur wurden vom ehemaligen Produktionsstandort übernommen, weshalb in diesem Anwendungsbeispiel auch die Herausforderungen bestehender Fabriksysteme adressiert werden müssen. Insbesondere die heterogene Systemlandschaft ist eine anspruchsvolle Herausforderung für das Umsetzungsprojekt Energietransparenzsystem, weil Daten aus verschiedenen Systemen und Unternehmensbereichen hierfür kombiniert werden müssen.

Für dieses Buch stellt das Energietransparenzsystem einen exemplarischen Teilbereich der standortspezifischen Zukunftsvision dar, an dem die im Forschungsprojekt MetamoFAB entwickelte Transformationsmethodik in der praktischen Anwendung bei Festo beschrieben wird.

Die Umsetzung des Energietransparenzsystems untergliedert sich in die drei Phasen „Energietransparenz schaffen", „Beeinflussbarkeit sicherstellen" und „Selbstregelung von Energieflüssen". Fokus des Projektes sind die ersten beiden Phasen. Die dritte Phase adressiert prototypische Umsetzungen.

Für ein zielgerichtetes Vorgehen ist es wichtig, bereits zu Beginn der Umsetzung eine gemeinsame Vision zu erstellen. Nur so kann sichergestellt werden, dass in den frühen Phasen die richtigen Entscheidungen getroffen und Vorbedingungen geschaffen werden.

5.1.1 Vision

Im Rahmen der Diskussion um die Industrie 4.0 gibt es sehr vielseitige Ideen und Vorstellungen, welche aber nicht alle gleichermaßen relevant für die Technologiefabrik Scharnhausen sind. Es besteht Bedarf, zunächst die allgemeinen Visionsbeschreibungen in eine für den Standort maßgeschneiderte Vision zu überführen. Neben der Ableitung hoch relevanter und nebenläufiger Handlungsfelder ist das Schaffen eines gemeinsamen Verständnisses aller an der Weiterentwicklung des Standorts Beteiligter ein elementares Ziel der Visionsphase. Das in Abb. 5.2 dargestellte Vorgehen zur Visionsfindung orientiert sich dabei stark an dem in Kap. 3 vorgestellten Vorgehen (Abb. 3.1; Schritt 3) und wurde soweit notwendig auf das Anwendungsbeispiel der Festo Technologiefabrik angepasst.

In einem vorbereitenden ersten Schritt werden zunächst verschiedene Publikationen mit Beschreibungen der Industrie 4.0 identifiziert und systematisch abgelegt. Hier sind

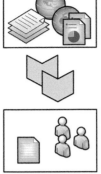

Schritt 1
Allgemeine Beschreibungen zur Industrie 4.0
- acatch, Plattform Industrie 4.0
- Bitkom, VDMA, VDI, ZVEI
- ...

MetamoFAB Kriterien Industrie 4.0
- Humanorientierte Arbeitsorganisation
- Kontrolle und Steuerung von Ressourcen
- Sicherheit (Safety and Security)
- Erweiterbarkeit
- Architekturmerkmale Industrie 4.0

Schritt 2
- **Was?** Erstellung einer Diskussionsgrundlage der standortspezifischen Vision.
- **Wer?** Durchführung durch einen Personenkreis mit Überblick über das Thema Industrie 4.0 und Kenntnissen zum Standort (z.B. Konzernforschung).
- **Wie?** Anwenden von Kreativmethoden (Brainstorming, kreatives schreiben entlang bildhafter Beschreibungen). Die MetamoFAB Kriterien Industrie 4.0 spannen die Dimensionen grob auf.
- **Warum?** Vorfiltern externer Dokumente als Vorbereitung des nachfolgenden Schrittes.

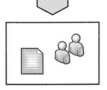

Schritt 3
- **Was?** Abgleich der erstellten Diskussionsgrundlage mit den Herausforderungen des Standorts .
- **Wer?** Erweitern des Personenkreises auf Vertreter verschiedener Bereiche (Produktion, Logistik, IT, etc.) mit verschiedenen Blickwinkeln (Entscheidungsebene und operative Ebene).
- **Wie?** Diskussionsrunden zu einzelnen Teilaspekten.
- **Warum?** Abgleich von Ideen und Möglichkeiten mit den Bedürfnissen des Werkes sowie schaffen eines gemeinsamen Verständnisses über Bereichsgrenzen hinweg.

Schritt 4
- **Was?** Erstellung der finalen standortspezifischen Visionsbeschreibung
- **Wer?** Teilgruppen der Diskussionsrunde
- **Wie?** Zusammenfassen der Diskussionsergebnisse. Anpassung und Integration in die ursprüngliche Diskussionsgrundlage.
- **Warum?** Sauberes abschließen der Visionserstellung.

Abb. 5.2 Vorgehensweise bei der Visionserstellung

insbesondere die Publikationen der Plattform Industrie 4.0, verschiedener Branchenverbände (Bitkom, VDMA, VDI, ZVEI, etc.) [BIT-16; VDM-16; VDI-16; ZVE-16] und der Deutschen Akademie der Technikwissenschaften (acatech) [ACA-13] sowie der Plattform Industrie 4.0 [PLA-15] relevant.

Neben den Publikationen, die im ersten Schritt identifiziert und abgelegt wurden, spielen auch die im Rahmen des Projekts MetamoFAB definierten Kriterien für die Industrie 4.0 eine wichtige Rolle (Abschn. 2.1). Die Kriterien können für das Aufspannen der verschiedenen Dimensionen der Industrie 4.0 herangezogen und genutzt werden. Auch dienen diese Kriterien und deren Unterkriterien als grundlegende Struktur für die nachfolgenden Schritte des Visionsfindungsprozesses.

Strukturierungsvorschlag für Diskussionen und die standortspezifische Vision

Die MetamoFAB-Kriterien für die Industrie 4.0 eignen sich gut als grundlegende Dimensionen, welche den Diskussionsraum aufspannen. Anhand der Dimensionen kann die standortspezifische Vision erarbeitet werden kann.

Für den weiteren Visionsfindungsprozess ist das Festlegen eines zeitlichen Betrachtungshorizonts wichtig, um Missverständnissen vorzubeugen. Dieser sollte eine Distanz zu kurzfristigen Herausforderungen des Tagesgeschäfts aufweisen, aber auch so gewählt sein, dass die Überlegungen zur standortspezifischen Vision noch immer mit einer gewissen Schärfe beschrieben werden können. Ein zeitlicher Horizont von zehn bis 15 Jahren hat sich als ein praktikabler Ansatz erwiesen.

Die Aktivitäten des zweiten Schrittes bilden eine Diskussionsgrundlage der standortspezifischen Vision, die als Basis für die nachfolgenden Schritte dient. Zur Erstellung der Diskussionsgrundlage werden die aus dem ersten Schritt resultierenden Dokumente analysiert. Ansätze und Ideen, die für den eigenen Anwendungsfall relevant sind oder es zukünftig werden könnten, werden erarbeitet und anschließend strukturiert. Zur Strukturierung eignen sich die MetamoFAB-Kriterien für die Industrie 4.0. Im Anwendungsfall wurde diese Aufgabe von der Konzernforschung übernommen. Die Durchführung erfolgte in gemeinsamen Besprechungen unter Zuhilfenahme von Kreativmethoden wie bspw. dem Brainstorming.

Inhalt des dritten Schrittes sind die Validierung der im zweiten Schritt erstellten Diskussionsgrundlage und das Schaffen eines gemeinsamen Verständnisses für die standortspezifische Industrie 4.0-Vision über Bereichsgrenzen hinweg. Zu diesem Zweck werden Thementreffen initiiert, welche je eine der im Projekt definierten Kriterien adressieren. Die Diskussionsgrundlage wird hierbei mit den real existierenden Bedürfnissen aus den verschiedenen Bereichen abgeglichen, um sicherzustellen, dass die standortspezifische Vision nicht zu realitätsfern ist und die Vision reale Handlungsfelder der Fabrik adressiert. Ein Abgleich mit übergeordneten Unternehmens- und Werksstrategien kann hierfür ebenfalls hilfreich sein. Aus den Thementreffen resultierender Änderungsbedarf an der Diskussionsgrundlage wird dokumentiert. Neben den Erstellern der Diskussionsgrundlage sollten Personen aus allen beteiligten Bereichen (Produktion, Logistik, IT, etc.) vertreten sein, die sowohl über Fähigkeiten zum strategischen Denken als auch über fundierte Kenntnisse der Realbedingungen verfügen.

Inhaltliche Vorbereitung und Dokumentation

Besonders hilfreich für die Visionsfindung sind vorher ausgearbeitete Diskussionsgrundlagen, welche Ideen und Vorschläge enthalten. Diese werden gemeinsam besprochen und hinsichtlich ihrer Bedeutung für den spezifischen Standort bewertet. Für das Dokumentieren der Diskussion ist es sinnvoll, eine Person zu benennen, welche die Diskussionsergebnisse schriftlich dokumentiert.

Einsatz interdisziplinärer Teams mit Mitarbeitern aus strategischen und operativen Bereichen
Die Inhalte der Diskussionsgrundlage sollten in den Bezug der Bedürfnisse des Werks gestellt werden (Industrie 4.0-Aktivitäten sollten keinen Selbstzweck erfüllen!). Um eine Balance zwischen aktuellen und zukünftigen Bedürfnissen sicher zu stellen, sollte beim Zusammenstellen des interdisziplinären Teams darauf geachtet werden, Kollegen aus strategischen und operativen Bereichen einzubinden.

Im abschließenden vierten Schritt erfolgt die Überarbeitung und Verabschiedung der standortspezifischen Vision. Dazu wird zunächst der aus dem vorangegangenen Schritt gesammelte Anpassungsbedarf integriert. Eine zusammenfassende Präsentation oder das Erstellen einer Infografik kann zur weiteren Darstellung und Kommunikation der Vision nützlich sein. Im Anschluss wird die finale Version der Vision verabschiedet und dient als Referenz für alle nachfolgenden Schritte.

Auszug aus der standortspezifischen Vision am Beispiel des Energietransparenzsystems
Die Tab. 5.2 stellt die für das Energietransparenzsystem relevanten Inhalte der Vision in Stichworten dar.

Tab. 5.2 Visionsauszug Energietransparenzsystem

Humanorientierte Arbeitsorganisation	• Visualisierungen sind an die Anforderungen und Aufgaben der Mitarbeiter angepasst. • Ergänzende Qualifikationen können Mitarbeitern in der Lernfabrik des Werkes vermittelt werden. • Digitale Werkzeuge unterstützen Optimierungsaktivitäten.
Kontrolle und Steuerung von Ressourcen	• Transparenz über alle relevanten Energie- und Materialflüsse des Werkes. • Ganzheitliche Betrachtung bei Optimierungen. • Weiterentwicklung vom Werk als reinem Energieverbraucher zum aktiven Bestandteil des Versorgungsnetzes.
Betriebs- und Informationssicherheit	• Sichere Datenkommunikation. • Das Einleiten von energiesparenden Betriebszuständen muss den Richtlinien der Betriebssicherheit entsprechen.
Erweiterbarkeit	• Einsatz modularer Strukturen. • Wieder- und Weiterverwendbarkeit von Daten durch das Bereitstellen von Schnittstellen.
Architektur	• Einsatz dezentraler Systeme zur Reduktion der Komplexität in übergeordneten Systemen. • Intelligente Datenerfassung, -übertragung und -auswertung.

5.1.2 Transformationspfad

Zur Umsetzung der erarbeiteten Vision muss ein Transformationspfad ausgearbeitet werden, der eine sukzessive Überführung der Ausgangssituation in den Zielzustand erlaubt. Abbildung 5.3 stellt den Transformationspfad und das zugehörige Vorgehen bei der Erstellung dar. Es erweist sich als schwer, den gesamten Transformationspfad zur vollständigen Visionserreichung zu beschreiben, da sich dieser über viele Unternehmensbereiche erstreckt und mit einer hohen Komplexität verbunden ist. Aus diesem Grund sollte zunächst die Vision in einzelne Umsetzungsstränge aufgeteilt werden. Es ist dabei sicherzustellen, dass die entsprechenden Abhängigkeiten der Umsetzungsstränge untereinander nicht verloren gehen. Die Bearbeitung der Umsetzungsstränge kann, je nach den zur Verfügung stehenden Ressourcen, parallel oder sequenziell erfolgen.

Auf jeden der Umsetzungsstränge kann das in Abb. 5.3 dargestellte Vorgehen angewendet werden. Ausgehend von der zuvor erstellten Beschreibung der Vision, die auf den jeweiligen Handlungsstrang heruntergebrochen wird, kann mit dem Erfassen der Ausgangssituation begonnen werden. Ziel dieses Schrittes ist das Erfassen aller für den Umsetzungsstrang relevanten internen und externen Gegebenheiten, wie sie zum Zeitpunkt der Analyse vorliegen. Geeignete Mittel sind Expertengespräche mit Vertretern aus den verschiedenen Domänen sowie die Sichtung von Dokumenten wie bspw. Prozessbeschreibungen, Dokumentationen und unternehmensinternen Festlegungen. Die daraus gewonnenen Informationen können im Anschluss in Modellen formalisiert werden. Je nach Art der Informationen eigenen sich u. a. Unternehmensprozessmodelle (s. Abschn. 3.2.4) oder Wissensmodelle in der KMDL (s. Abschn. 4.3).

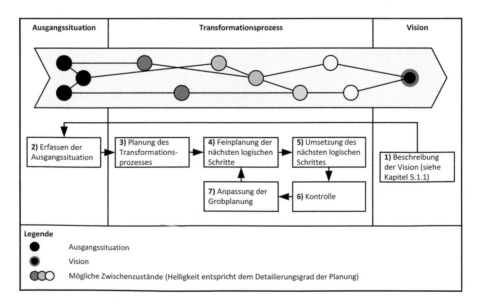

Abb. 5.3 Angewendetes Vorgehen bei der Erstellung des Transformationspfades

In der folgenden Grobplanung des Transformationsprozesses werden Zwischenschritte und Meilensteine definiert, die auf dem Transformationspfad liegen.

Es folgt die Feinplanung der nächsten logischen Schritte, welche zum Erreichen der Vision bzw. des nächsten Meilensteines geeignet sind. Der Detailierungsgrad der Planung kann dabei mit wachsendem zeitlichem Horizont abnehmen. Es ist jedoch darauf zu achten, dass alle Schritte einen Beitrag zur Vision leisten und keine konträren Ziele verfolgen.

Bei der Umsetzung des nächsten logischen Schrittes ist zwischen verschiedenen Reifegraden zu unterscheiden (vgl. Abschn. 3.2.4): Begonnen werden kann zunächst mit der schnellen Implementierung eines Prototypen. Aus der Verwendung des Prototyps können Erfahrungen gesammelt und Ableitungen getroffen werden, die in die Umsetzung einer Produktivlösung einfließen. Insbesondere bei Umsetzungsschritten, deren Anforderungen nicht von Anfang an klar umrissen werden können, ist dieses Vorgehen sinnvoll. Im Rahmen des Projektes hat sich dies vor allem für die Visualisierungslösungen für Energiedaten als nützlich herausgestellt. So wurden zunächst im Rahmen von Prototypen verschiedene Lösungsmöglichkeiten hinsichtlich ihrer praktischen Tauglichkeit überprüft. Danach erfolgte die finale Entscheidung. Auch für die Energiedatenerfassung auf Maschinenebene wurde ein iteratives Vorgehen gewählt (siehe Abschn. 5.1.3; Unterabschnitt Datenerfassung). Dadurch konnten betroffene Mitarbeiter bereits in die frühen Entwicklungsphasen eingebunden werden und einen Teil der Arbeitswelt aktiv mitgestalten.

> **Prototypische Umsetzung**
>
> Das schnelle Umsetzen eines Prototyps kann die Anforderungsanalyse massiv beschleunigen. Erkenntnisse aus der Nutzungsphase der Prototypen können direkt in die Anforderungen überführt werden. Erfahrungen aus der Entwicklungsphase der Prototypen können vor Fehlentscheidungen bei der Umsetzung von Produktivsystemen bewahren und helfen, mögliche Umsetzungsmöglichkeiten besser abzuschätzen.

Die aus der Umsetzung gesammelten Erfahrungen werden für die Kontrolle des Transformationsprozesses verwendet. Annahmen, welche nicht wie erwartet umgesetzt werden, können so identifiziert werden. Ggf. erfolgt hierauf die Anpassung der Grobplanung.

Erstellung des Transformationspfades am Beispiel des Energietransparenzsystems

Am Anwendungsbeispiel der Technologiefabrik Scharnhausen wurde zunächst das Energietransparenzsystem als einer von mehreren Umsetzungssträngen identifiziert. Basierend auf dem im Abschn. 5.1.1 vorgestellten Ausschnitt der Vision wurde die Ausgangssituation analysiert und die Grobplanung des Transformationspfades durchgeführt (Abb. 5.4).

In diesem Abschnitt wird vorrangig auf die Ausgangssituation und die groben Zwischenschritte zur Visionserreichung eingegangen. Für Umsetzungsdetails zu den Zwischenschritten sei auf den nachfolgenden Abschn. 5.1.3 verwiesen.

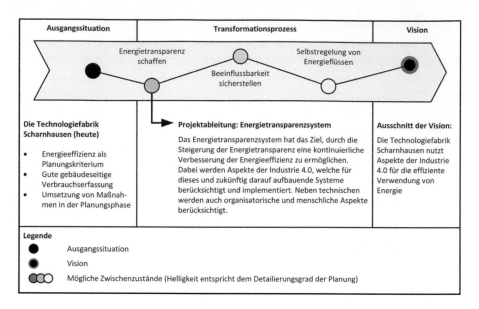

Abb. 5.4 Ausschnitt des Transformationspfades für das Energietransparenzsystem

Ausgangssituation: Wie bereits zu Beginn des Kapitels erwähnt, handelt es sich bei der Technologiefabrik Scharnhausen um ein neues Fabrikgebäude mit teilweise aus dem alten Produktionsstandort übernommenen Maschinen und Prozessen. In Bezug auf das Energietransparenzsystem sind hinsichtlich der Ausgangssituation folgende Punkte besonders hervorzuheben:

- Ausgezeichnete Messinfrastruktur der Gebäudetechnik mit über 100 Messstellen für elektrischen Strom am Standort.
- Systematischer Energiemanagementprozess, der bereits seitens des Gebäudemanagements angewendet wird, jedoch noch keine durchgängige Anwendung in den Produktionsbereichen findet.
- Organisatorische Verankerung von Aspekten aus dem Bereich Energie und Umwelt im Produktionssystem von Festo.
- Ein Kennzahlencockpit auf Basis von Excel-Dateien, das energie- und umweltrelevante Größen auf Monatsebene zusammenfasst. Das Aktualisieren erfolgt manuell, teilweise mit Schwierigkeiten beim Ermitteln der Verbrauchswerte.

„If you want it, measure it. If you can't measure it, forget it." [Cre-94] – in der Umsetzungsphase „Energietransparenz schaffen" wird dieser Grundsatz adressiert, der dem Ökonom Peter Drucker zugeschrieben wird.

Dabei geht die Transparenz über die reine Energiedatenerfassung hinaus: Andere Größen, welche den Energieverbrauch beeinflussen (Umwelt-, Maschinen- und Auftragsdaten), sind für das System relevant. Die Transparenz umfasst dabei nachfolgende Punkte:

- Erfassen von Daten,
- Schaffen von Zugriffsmöglichkeiten auf existierende Daten,
- Visualisieren von Daten,
- Anpassungen der IT-Infrastruktur,
- Festlegen einer einheitlichen, zukunftsfähigen Architektur.

Messbare Zieldefinition
Ein sinnvoller erster Schritt der Optimierung ist das Definieren von Zielen. Nach den allgemein gültigen Empfehlungen sollten diese messbar sein.

Darauf aufbauend befasst sich die Umsetzungsphase „Beeinflussbarkeit sicherstellen" mit der Implementierung eines Prozesses, der die eigentlichen Effizienzsteigerungen herbeiführt. Hierbei bilden die Organisation und die Qualifizierung von Mitarbeitern zentrale Handlungsfelder. Ebenfalls gilt es, die in der ersten Umsetzungsphase nutzbar gemachten Daten für Optimierungszwecke einzusetzen. Exemplarisch sind hier verschiedene etablierte Analysemethoden (z. B. statistische und grafische Auswertungen), wie auch neue Ansätze (Analytics, Data Mining, etc.) zu nennen, um die aus der gewonnenen Transparenz resultierenden Daten weiter auszuwerten.

Die Umsetzungsphase „Selbstregelung von Energieflüssen" ergibt sich maßgeblich aus der spezifischen Industrie 4.0-Vision für die Festo Technologiefabrik. Hier geht es vermehrt um Zukunftsthemen, denen zukünftig eine größere Bedeutung zuzumessen ist. Beispielhaft zu nennen sind hier ein energetisches Selbstmanagement für Verbraucher bzw. die flexible Lastanpassung einer Fabrik auf Grund aktueller Verfügbarkeiten von regenerativen Energien im Versorgungsnetz.

5.1.3 Umgesetzte Blaupause: Das Energietransparenzsystem

Abbildung 5.5 stellt die dem Energietransparenzsystem zugrundeliegende Basisstruktur dar. Diese untergliedert sich in die Bereiche Erfassung, Architektur, Visualisierung und Organisation. Dabei werden die technischen Aspekte des Systems in den drei Handlungsfeldern auf der rechten Seite dargestellt. Um das Energietransparenzsystem zu einem ‚lebenden' System zu entwickeln, wurde den organisatorischen Aspekten eine besonders hohe Bedeutung zugemessen. Deshalb widmet sich der Organisation ein eigenes Handlungsfeld, welches zum Ziel hat, das Energietransparenzsystem in bestehende organisatorische Strukturen zu integrieren. Die Schnittstelle zum Menschen ergibt sich über die Handlungsfelder Organisation und Visualisierung.

Berücksichtigung des Aufwands für das Schaffen von Akzeptanz
Ein neues System wird nicht zwingend ohne Aufwand akzeptiert und gelebt!
Neben technischen Aspekten sollte daher auch den organisatorischen Aspekten und dem Einbezug von Mitarbeitern eine tragende Rolle zugewiesen werden.

Abb. 5.5 Struktur und Handlungsfelder des Energietransparenzsystems

Die nachfolgenden Abschnitte stellen exemplarische Aktivitäten aus den vier Handlungs-feldern dar, welche innerhalb der Projektlaufzeit in der Technologiefabrik Scharnhausen umgesetzt wurden.

Datenerfassung

Für das Schaffen von Transparenz bildet die Datenerfassung eine elementare Grundlage. Die bereits beim Bau der Fabrik umgesetzte Zählerinfrastruktur stellt die Basis für das Energietransparenzsystem dar. Handlungsbedarf bestand hier jedoch in zwei Punkten:

- Die Zähler des Gebäudes wurden an den Stromschienen unter der Hallendecke ange-bracht. Üblicherweise sind mehrere Maschinen an eine Stromschiene angebunden, jedoch wurde dies nicht systematisch dokumentiert. Aus diesem Grund konnte der Ver-brauch nicht einer eindeutigen Gruppe von Maschinen zugeordnet werden.
- Die Anbringung der Zähler an den Stromschienen erlaubte nach wie vor nicht die Erfassung von Energiedaten auf Maschinenebene. Ebenfalls war die Qualität der Daten nicht für alle Anwendungsfälle, die in den späteren Umsetzungsphasen vorgesehen sind, ausreichend.

Um der ersten Herausforderung entgegenzutreten, wurde eine systematische Erfassung aller Maschinen und der verantwortlichen Organisationseinheit durchgeführt, die darauf-hin einem Zähler der Messinfrastruktur zugeordnet wurden. Eine weitere Zielsetzung bestand darin, eine verbrauchsbezogene Energiekostenzuweisung zu den jeweiligen Organisationen durchführen zu können. Dazu wurde bei allen Stromschienen, bei denen Verbraucher von mehr als einer Organisationseinheit angebunden sind, überprüft, ob der Anschluss an eine andere Stromschiene möglich ist. Für den Fall, dass dies nicht möglich ist, wurde überprüft, ob das Nachrüsten weiterer Zähler auf Maschinenebene sinnvoll ist. Neben der initialen Zuordnungserfassung wurden die Prozesse der Neubeschaffung, des Umzugs oder der Verschrottung von Maschinen dahingehend erweitert, dass die Änderun-gen an der Anbindung zentral angepasst werden.

Für die Erfassung der Energiedaten auf Maschinenebene wurde das Konzept der ener-gietransparenten Maschine an einer ersten Anlage umgesetzt. Bei der energietransparenten Maschine handelt es sich um ein Konzept, welches neue und bestehende Maschinen um eine fest installierte Energiedatenerfassung erweitert. Ziel ist eine kontinuierliche Erfas-sung für energetisch relevante Maschinen und Anlagen der Produktion. Aus wirtschaft-lichen Gründen ist eine flächendeckende Erfassung mittels dieses Konzepts nicht sinnvoll. Vielmehr sollten die energetisch relevanten Maschinen durch vorherige Abschätzungen identifiziert werden. Hierfür eigenen sich auch Informationen über Anschlussleistungen und temporäre Messungen. Für die Bestimmung der Relevanz bietet sich eine Analyse auf Basis des Paretoprinzips [Pos-15], [Mül-09] oder eines Energieportfolios [Thi-12] an. Nach dem Auswerten der an der Erstumsetzung gesammelten Erkenntnisse wurde das Konzept in einen standardisierten Ausrüstungsprozess überführt.

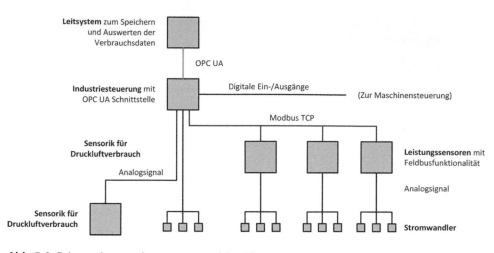

Abb. 5.6 Schema der energietransparenten Maschine

Kernstück der energietransparenten Maschine bildet ein Industrie-PC (IPC), der in der Lage ist, die Signale der angebundenen Sensoren auszuwerten und Informationen an übergeordnete Systeme bereitzustellen (s. Abb. 5.6). Neben der Erfassung von Verbrauchswerten über die Sensoren werden auch den Energieverbrauch bedingende Maschinendaten erfasst. Tabelle 5.3 beschreibt den aktuellen Funktionsumfang der energietransparenten Maschine. Geplante Weiterentwicklungen ergänzen das Konzept um energetische Modelle, die Zusammenhänge zwischen Verbrauch und Maschinenzustand beschreiben und eine intelligente Überwachung der Maschine sowie die Ableitung von Handlungsempfehlungen (z. B. Abschaltung in unproduktiver Zeit) ermöglichen.

Die technischen Aspekte des Konzepts der energietransparenten Maschine wurden in einem ersten Laboraufbau implementiert, erprobt und verifiziert. Nachfolgend wurde eine Pilotmaschinengruppe in der Technologiefabrik Scharnhausen ausgerüstet. Hierbei wurden sowohl Messgeräte für elektrische Kenngrößen als auch für den Druckluftverbrauch sowie der benötigte IPC nachgerüstet. In diesem ersten Feldversuch wurde bewusst Hardware ausgewählt, welche die zu Projektbeginn angenommenen Anforderungen übersteigt. So konnte mittels des ersten Feldversuchs verifiziert werden, ob die auf Annahmen basierenden Anforderungen an Messgenauigkeit, Aktualisierungsraten und die zu erfassenden Größen in der Praxis Bestand haben. Auf Basis von Untersuchungen am ersten Feldversuch wurden entsprechende Ableitungen für eine standardisierte Hardware für weitere Maschinen abgeleitet. Zudem wurde ein Prozess definiert, der das Vorgehen für eine mehrere Maschinen umfassende Einführung beschreibt. Dieser konnte bei der Ausrüstung einer zweiten Maschinengruppe angewandt und somit auf praktische Tauglichkeit überprüft werden.

Tab. 5.3 Eigenschaften der energietransparenten Maschine

Datenerfassung	• Verbrauch elektrischer Energie (Messung von Strom und Spannung, Errechnung von diversen beschreibenden Größen) • Druckluftverbrauch (Durchfluss und Druck) • Auslesen von Maschinendaten aus der Hauptsteuerung der Maschine (Betriebszustand, Teilezähler)
Datenverarbeitung	• Messdatenüberprüfung • Aggregation von Messwerten • Kennzahlenberechnung (z. B. Energie pro Teil)
Konnektivität	• Visualisierung auf der grafischen Benutzeroberfläche • Datenbereitstellung via OPC UA • Datenbereitstellung via FTP (CSV-Dateien)

Schrittweises Entstehen von cyberphysischen Systemen
Die Einführung des Konzepts der energietransparenten Maschine schafft eine hardwaretechnische Grundlage, die mittels Software sukzessive zu einem vollwertigen cyberphysischen System weiterentwickelt werden kann.

Architektur

Die Systemarchitektur legt den logischen inneren Aufbau des Systems sowie seine Schnittstellen zur Umwelt fest. Im Rahmen des Energietransparenzsystems stellt es das technische Bindeglied zwischen der Datenerfassung und der Visualisierung dar. Das Energietransparenzsystem soll die in der Vision (Tab. 5.2) beschriebene Funktionalität schrittweise realisieren. Die Architektur beeinflusst die dafür erforderliche Flexibilität und Erweiterungsfähigkeit maßgeblich und muss explizit berücksichtigt werden. Hier ist die Analogie zur „klassischen" Architektur im Sinne von Baukunst hilfreich: Ein Gebäude kann nur dann um ein Stockwerk erweitert werden, wenn dies im Fundament berücksichtigt wurde [Vog-09]. Ebenfalls ist es erforderlich, die Umwelt des geplanten Systems in die Planung mit einzubeziehen. Gerade im Kontext der Industrie 4.0, bei dem verschiedene Systeme untereinander stark vernetzt sind, ist dies besonders relevant.

Die Architektur des Energietransparenzsystems erfüllt folgende Zielsetzung:

- Ermöglichung des Zugriffs auf die erfassten (Energie- und Maschinen-)Daten,
- Festlegung von Schnittstellen zu existierenden Hard- und Softwaresystemen,
- Festlegung von Systembausteinen und deren Funktionalität,
- Bereitstellung der notwendigen Datenbasis für die Energiedatenvisualisierung.

Zunächst ist es für die Architekturüberlegungen hilfreich, die Ausgangssituation zu analysieren und zu dokumentieren. Die Dokumentation sollte in der Lage sein, folgende Fragestellungen zu beantworten:

- Welche Soft- und Hardwaresysteme sind im Werk vorhanden?
- Welche Funktionen erfüllen diese Systeme bzw. wie werden diese genutzt?
- Wie sind die zugehörigen Prozesse gestaltet?
- Wie verlaufen die aktuellen Daten- und Informationsflüsse?
- Wie gestalten sich die Abhängigkeiten der verschiedenen Systeme untereinander?

Ausgehend von dieser Dokumentation wird im folgenden Schritt ein Soll-Zustand und ein Vorgehen zum Erreichen dieses Zustandes definiert. Bei der Architektur handelt es sich um ein fundamentales Element für das Energietransparenzsystem. Wie im gesamten Transformationsprozess ist es auch für die Architektur besonders wichtig, einen Transformationspfad zu wählen, in dem ausschließlich valide Zwischenschritte enthalten sind.

Visualisierung

Den letzten Teil der technischen Handlungsfelder und die Überleitung Mensch und Organisation bildet die Visualisierung des Energietransparenzsystems. Die aus der Vision abgeleitete Zielstellung für dieses Handlungsfeld ist die Visualisierung aller relevanten Energieflüsse im Werk. Um aus den Visualisierungen Optimierungspotenzial ableiten zu können, reicht die reine Energiedatenvisualisierung nicht aus. Ebenso wichtig ist das Bereitstellen von Informationen, die den Verbrauch in Relation zur Produktivität setzen. Kennzahlen, die diese Relation abbilden, sind bspw. der Energiebedarf pro gefertigtem Teil, der wertschöpfend genutzte Energieanteil oder der Energieverbrauch pro Maschinenstunde.

Im Rahmen der Anforderungsanalyse an die Visualisierung wurden folgende Forderungen identifiziert:

- Möglichkeiten zur gemeinsamen Darstellung von Produktions- und Gebäudedaten zur Unterstützung der ganzheitlichen Betrachtung,
- Erweiterbarkeit und Adaptionsmöglichkeiten von Visualisierungen, die durch Änderungen im Werk bedingt sind,
- Berücksichtigung mobiler Geräte (Tablets, Smartphones, Wearables, etc.),
- hoher Grad an intuitiver Interpretation und Bedienung,
- Freude bei der Benutzung des Systems (Joy of Use),
- Integration spieltypischer Elemente (Gamification).

In der Projektlaufzeit wurden für das Energietransparenzsystem zwei prototypische mobile Anwendungen (Apps) entwickelt und in der Praxis erprobt. Dabei handelt es sich um die Anwendungen LoEnergy und SankeyMaps (Abb. 5.7), welche in den nachfolgenden Abschnitten beschrieben werden. Beide Anwendungen basieren auf Webtechnologien, die zudem in eine hybride mobile Applikation überführt wurden. Auf diese Weise

Abb. 5.7 Die mobilen Anwendungen SankeyMaps (Hintergrund) und LoEnergy (Vordergrund)

sind die Anwendungen nativ für verschiedene mobile Betriebssysteme erhältlich, können aber auch von jedem Computer mit modernem Webbrowser genutzt werden.

LoEnergy stellt Energiedaten gemeinsam mit ihrem historischen Verlauf dar und setzt diese in Bezug zur Produktivität. Auf Maschinenebene werden hierzu folgende Daten dargestellt:

- Strom- und Druckluftbedarf auf Tages-, Monats- und Jahresbasis,
- Energiebedarf pro gefertigtem Teil,
- wertschöpfend eingesetzter Energieanteil,
- Energiebedarf nach Betriebszuständen,
- Energiebedarf nach Maschinenmodulen.

Neben der reinen Visualisierung von Daten bietet die Applikation auch eine Checklistenunterstützung für regelmäßig durchgeführte interne Audits. Dazu können für verschiedene Kategorien Punkte vergeben werden. LoEnergy visualisiert die erreichte Gesamtpunktzahl sowie die nach Kategorien aufgeschlüsselte Punktzahl und stellt die Entwicklung der vorausgegangenen Bewertungen grafisch dar. Umgesetzte Effizienzmaßnahmen können in der Applikation dokumentiert werden, sodass diese von anderen Bereichen eingesehen und gegebenenfalls übernommen werden können. Jede dokumentierte Effizienzmaßnahme wird mit einer virtuellen Trophäe ‚belohnt'. Dies soll eine zusätzliche Motivation für die Umsetzung und Dokumentation von Maßnahmen schaffen.

SankeyMaps stellt die Energieflüsse des Werkes in Form von Sankey-Diagrammen dar, die in übersichtliche Teildiagramme segmentiert wurden. Zwischen diesen Teildiagrammen kann über verschiedene Hierarchien navigiert werden. Mögliche Hierarchien definieren sich hierbei über Orte, Kostenstellen oder organisatorische Strukturen. Für die Hierarchie nach Orten reichen die Ebenen von der Werksübersicht über die Gebäude- und Stockwerksebene bis zur Maschinenebene. Zusätzlich ist es möglich, QR-Codes einzulesen, mit denen zu einem spezifischen Diagramm navigiert wird. Diese Funktionalität ermöglicht es, QR-Codes auch an energietransparenten Maschinen anzubringen, um diese virtuell mit einem zugehörigen Sankey-Diagramm zu verknüpfen.

Organisation

Ein neues System wird nicht zwingend ohne Aufwand akzeptiert und gelebt. Dies kann dazu führen, dass sich Systeme nach ihrer Entwicklung nicht etablieren und bereits nach kurzer Zeit nicht mehr genutzt werden. Aus diesem Grund stellt neben den technischen Aspekten die Organisation ein wichtiges Handlungsfeld dar. Dieses hat zum Ziel das Energietransparenzsystem möglichst nahtlos in existierende Prozesse zu integrieren sowie für den Betrieb des Systems notwendige neue Prozesse zu definieren.

Hauptaktivitäten zur Integration in bestehende Prozesse waren die systematische Weiterentwicklung des aus dem Gebäudemanagement stammenden Energiemanagementprozesses, damit dieser auch in der Produktion Anwendung finden kann. Eine weitere essentielle Aktivität befasste sich mit der Integration des Energietransparenzsystems in das Produktionssystem des Werkes. Neben der Integration in bestehende Prozesse war es ebenfalls notwendig, eine Reihe neuer Prozesse zu definieren. Beispielhaft sind hierzu nachfolgende Aktivitäten zu nennen:

- Prozess zur Ausrüstung von energietransparenten Maschinen,
- Integration zusätzlicher Schritte in die Prozesse für die Beschaffung bzw. Verschrottung von Maschinen, die die Aktualisierung der Zuordnung von Maschinen zu Zählern sicherstellen,
- Definition von Energiebeauftragten in den jeweiligen organisatorischen Einheiten der Produktion. Dies umfasst die Rollen- und Aufgabenbeschreibung, Benennung der Personen sowie das Erarbeiten entsprechend notwendiger Qualifikationskonzepte.
- Definition von Energieeffizienzzielen für verschiedene Mitarbeiterrollen im Werk.

5.1.4 Erreichter Transformationsstatus

Die Umsetzung des Energietransparenzsystems in der Technologiefabrik Scharnhausen hat die Grundlage für die kontinuierliche Verbesserung der Energieeffizienz geschaffen. Dabei wurde eine Vielzahl der für das Werk relevanten Aspekte der Industrie 4.0 berücksichtigt, erprobt und implementiert. Besonders hervorzuheben sind u. a. die Durchgängigkeit der vertikalen Vernetzung, die Standardisierung von Datenschnittstellen, der Abbau von Barrieren zwischen Gebäudeleittechnik und Produktion, das Bereitstellen digitaler Werkzeuge für die Mitarbeiter des Werkes sowie deren Schulung, um sie besser auf erweiterte Aufgabenstellungen vorzubereiten.

In Bezug auf die Energieeffizienz im Werk ist die Basis der eingangs erstellten Vision gelegt worden. Das durch diese Vision begünstigte vorausschauende Handeln führt dazu, dass viele der noch nicht umgesetzten Ideen zukünftig durch Erweiterungen des bestehenden Systems realisiert werden können. Konkret zeigt sich dies bspw. am Konzept der energietransparenten Maschine: Zum aktuellen Zeitpunkt setzt sich das System aus Komponenten für die Energie- und Maschinendatenerfassung, dezentraler Rechenleistung in Form eines IPCs und einer erweiterbaren OPC UA-Schnittstelle zusammen. Durch einfache Erweiterungen in der Software kann zusätzliche Funktionalität in das System integriert werden. Ein Beispiel hierfür wäre eine auf dem Maschinen- und Betriebszustand basierende Verbrauchsüberwachung, welche zunächst statisch und später durch lernende Algorithmen implementiert werden kann. Durch die Verknüpfung mit existierenden Geräten, die für die Visualisierung von Handlungsempfehlungen geeignet sind (HMI, Smartphones oder Tablets), kann die energietransparente Maschine letztendlich autonom mit ihrer Umwelt interagieren. Mögliche Szenarien hierfür sind die Alarmierung der Instandhaltung bei anhaltenden Unregelmäßigkeiten oder die Empfehlung, in unproduktiven Phasen energiesparende Betriebszustände einzuleiten.

Neben der Energieeffizienz profitieren auch andere in der Vision beschriebene Handlungsfelder von den im Projekt gesammelten Erfahrungen zur schrittweisen Umsetzung einer unternehmensspezifischen Industrie 4.0: V.a. im Bereich hochflexibler und wandlungsfähiger Produktionssysteme mit modularen Strukturen wurden bei Festo zwischenzeitlich mehrere Projekte angestoßen.

5.2   Infineon Use Case

Johanna Königer und Mathias Dümmler

Die Infineon Technologies AG ist ein innovativer Hersteller von Mikroelektronik. Innovation in den Bereichen Produktentwicklung und Fertigungstechnologie sind wesentliche Bestandteile des Geschäftsmodells von Infineon. Neben der ständigen Forschung und Weiterentwicklung der Produkttechnologie wird bei Infineon die Fertigungsumgebung innerhalb der Halbleiterfertigungsstandorte stetig verbessert. Hochqualifizierte Mitarbeiter und ein hoher Automatisierungsgrad sorgen für maximale Prozesssicherheit und bilden die ideale Voraussetzung für den nächsten Schritt hin zur intelligenten und vernetzten Fabrik.

Das Wertschöpfungsnetzwerk von Infineon ist gekennzeichnet durch Globalität und einen hohen Komplexitätsgrad. Typischerweise bezieht sich die Globalität nicht nur auf die weltweit verteilten Zulieferer und Kunden, sondern vielmehr sind auch die unternehmenseigenen Produktionsstätten auf dem Globus verteilt. Abbildung 5.8 zeigt die verschiedenen Produktionsstandorte von Infineon. Dabei wird die für die Halbleiterindustrie charakteristische Unterteilung der Supply Chain in Frontend- (Waferfertigung) und Backend-Standorte (Assembly und Test) verwendet.

Im Rahmen des Anwendungsbeispiels nimmt der Frontend-Standort Dresden die Leitfunktion ein. Das Werk Dresden ist einer der großen Fertigungsstandorte innerhalb des

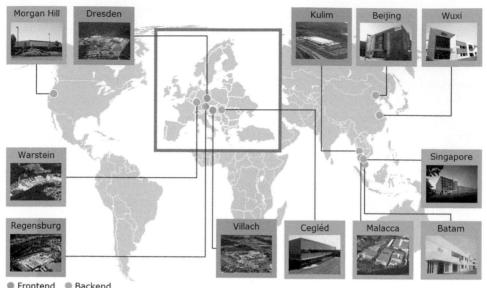

Morgan Hill Dresden   Kulim   Beijing   Wuxi

Warstein   Singapore

Regensburg   Villach   Cegléd   Malacca   Batam

● Frontend   ● Backend

Abb. 5.8 Weltweite Frontend -und Backend-Fertigungsstätten

Produktionsnetzwerkes der Infineon Technologies AG. Am Standort Dresden werden kundenspezifische Halbleiterchips auf Basis von 200 mm- und 300 mm-Siliziumscheiben hergestellt. Seit der Gründung des Werkes im Jahr 1994 wurde kontinuierlich in die Produkt- und Fertigungstechnologie sowie Automatisierung investiert, damit der Standort im internationalen Vergleich wettbewerbsfähig bleibt. Durch den hohen Automatisierungsgrad wurden bereits in Teilbereichen der Produktion Konzepte und Methoden von Industrie 4.0 umgesetzt. Beispielhaft sei hier der automatische Transport der Siliziumscheiben zwischen den einzelnen Prozessschritten erwähnt, bei dem mittels eines intelligenten Routings und unter Berücksichtigung der Maschinenkapazitäten, Bestände und Entfernungen des nächsten Bearbeitungsorts bestimmt werden.

Bei der weiteren Automatisierung des Werks hin zur intelligenten und vernetzten Fabrik liegt der Schwerpunkt der nächsten Jahre auf der Umsetzung eines vollautomatischen Ablaufs des Fertigungsprozesses und der effizienten Integration der betroffenen Geschäftsprozesse. Wirtschaftliche Ziele, wie Ressourceneffizienz, Qualität, Prozessstabilität und Bestände, sollen beibehalten und stetig weiterentwickelt werden. Um diese Ziele nachhaltig und ganzheitlich zu verfolgen, werden Schwerpunkte im Bereich der cyberphysischen Systeme innerhalb einer automatisierten Halbleiterfertigung gesetzt. Ein weiterer Schwerpunkt liegt auf dem sich verändernden Rollenverständnis der Mitarbeiter in der Interaktion mit cyberphysischen Systemen. Dabei geht es um die Analyse und Definition der Abläufe, die Aufbereitung und Darstellung zur Entscheidungshilfe und die Definition der Schnittstellen zu den relevanten Entitäten cyberphysischer Systeme.

Basierend auf der im Forschungsprojekt MetamoFAB entwickelten Gesamtmethodik, wird in den folgenden Abschnitten der Transformationsprozess eines bestehenden Werkes zur Fabrik 4.0 im Sinne der vierten industriellen Revolution dargestellt. Dafür werden zunächst die Visionsentwicklung und deren Einordnung in den Gesamtkontext der Strategie für die Umsetzung von Industrie 4.0 bei Infineon beschrieben. Im Anschluss werden der Transformationsprozess der umgesetzten Blaupause sowie deren Funktionsweise im Detail erläutert. Die Beschreibung der Blaupause erfolgt unter Beachtung der Veränderungen und Auswirkungen auf die im Projekt definierten Bereiche Mensch, Technik und Organisation. Abschließend werden der erreichte Transformationsstatus kritisch gewürdigt sowie ein Ausblick auf nächste Schritte auf dem Weg zu einer intelligenten und vernetzten Fabrik gegeben.

5.2.1 Vision

Infineon verfolgt bei Industrie 4.0 eine duale Strategie. Zum einen liefert Infineon als Halbleiterproduzent Schlüsseltechnologien für Industrie 4.0, wie z. B. Sensoren, Mikrocontroller und Leistungsbauelemente. Zum anderen wird die Umsetzung von Industrie 4.0 im eigenen Unternehmen konsequent verfolgt, angefangen beim einzelnen Standort, auf der untersten Ebene bis hin zum gesamten Produktionsnetzwerk. Die drei Kernmerkmale eines durch Industrie 4.0-Konzepte und -Methoden geprägten Produktionsstandortes liegen für Infineon in der vertikalen Integration der Unternehmenshierarchie (von der Feldebene bis zur Unternehmensleitung), der horizontalen Integration der Prozesse entlang der Wertschöpfungskette in einem Wertschöpfungsnetzwerk und der digitalen Durchgängigkeit des Engineerings.

Die Ausarbeitung der Ziele und Eckpunkte der Vision erfolgte mithilfe der in Schritt 1 und 2 der Gesamtmethodik definierten Ansätze (vgl. Abschn. 3.1.2). Die beiden Schritte wurden parallel ausgeführt, um eine ganzheitliche Betrachtungsweise der Ausgangssituation sicherstellen zu können. Ganzheitlich bezieht sich in diesem Fall darauf, dass menschliche, technische und organisatorische Aspekte im eigenen Unternehmen Beachtung finden müssen. Parallel ist der Blick nach außen gerichtet, um die dynamische Entwicklung von Industrie 4.0 bestmöglich erfassen zu können. Im Detail wurde dabei wie folgt vorgegangen:

Wie in Schritt 1 der Gesamtmethodik beschrieben, bedarf es zunächst einer internen Analyse zur Ermittlung der Ist-Situation. Die Umsetzung des Innovationsansatzes Industrie 4.0 weist eine hohe technische und wissenschaftliche Komplexität auf. Um dieser Komplexität gerecht zu werden, wurden in einem initialen Workshop Experten aus verschiedenen Bereichen des Unternehmens, wie zum Beispiel Produktion, IT, Supply Chain und Personal sowie aus verschiedenen Produktionsstandorten zu ihren Erwartungen an Industrie 4.0 befragt. Durch die heterogene funktionsübergreifende Zusammensetzung der Teilnehmer kann gewährleistet werden, dass umfangreiche Erfahrungen und interdisziplinäre Kenntnisse in die Visionsentwicklung einfließen. Auch wissenschaftliche Konzepte kommen an dieser Stelle zum Einsatz. So wurde u. a. die in Abschn. 3.2.4 vorgestellte Unternehmensprozessmodellierung genutzt, um die wesentlichen Kernelemente der Vision zu visualisieren und in den Gesamtkontext der Unternehmens- und Bereichsstrategien einzuordnen sowie bereits geplante Projekte unter dem zusätzlichen Aspekt Industrie 4.0 zu bewerten.

Weiter wurden im Rahmen dieses Workshops Ziele und Schritte für die zukünftige Zusammenarbeit der verschiedenen Unternehmensbereiche definiert. Um einen regelmäßigen standortübergreifenden Austausch sicherstellen zu können, wurde eine Arbeitsgruppe Industrie 4.0 ins Leben gerufen. Die Zielsetzung dieser Arbeitsgruppe umfasst die Sicherung des Informationsaustausches zwischen den einzelnen Standorten und Fachabteilungen sowie die Unterstützung bei der Erarbeitung von unternehmensweiten Standards. Gleichzeitig bildet die Arbeitsgruppe die Schnittstelle zwischen Management und Produktion zu Industrie 4.0 relevanten Themen. Diese Schnittstelle ist von Bedeutung, da die Annahme getroffen wurde, dass die Ideen und Innovationen zumeist in den lokalen Abteilungen in den Standorten entwickelt werden. Zur Koordination und standarisierten Umsetzung in allen Standorten wird jedoch eine übergeordnete Instanz benötigt, um Redundanzen und Interdependenzen zu vermeiden. Indes wurde auch festgehalten, dass es nicht Aufgabe dieser Arbeitsgruppe ist, eine eigene Industrie 4.0-Roadmap zu entwickeln. Vielmehr sollen Projekte, die im Kontext von Industrie 4.0-Initiativen entstehen, darauf geprüft werden, ob sie zur Erreichung der übergeordneten Unternehmenszielsetzung beitragen können.

> **Prüfung bestehender Unternehmensstrategien**
> Vor der Einführung einer Industrie 4.0-Strategie ist es notwendig, bestehende Unternehmensstrategien zu prüfen und eine Evaluierung von neuen Projekten basierend auf bestehenden Strukturen vorzunehmen.

Bei der Zusammensetzung der Mitglieder der Arbeitsgruppe wurde – wie bereits im Workshop – auf Interdisziplinarität geachtet. Neben dieser wurde auch die Erfahrung der Teilnehmer berücksichtigt. So fungiert ein erfahrener Mentor als Berater und teilt seine Erfahrungen aus früheren Projekten mit dem Projektleiter der Arbeitsgruppe. Dieser kümmert sich um die Koordination, die Zusammenarbeit und initiiert bei Bedarf inhaltliche sowie strukturelle Anpassungen der Arbeitsgruppe. Die flexible strukturelle Anpassung der Arbeitsgruppe kann einen Erfolgsfaktor darstellen. Bei der strukturellen Zusammensetzung der Mitglieder ist auf die bereits beschriebenen Kompetenzen zu achten. Zudem ist eine aktive Teilnahme der Mitglieder und je nach aktuellen anstehenden Bedarfen und Handlungsfeldern eine flexible Anpassung oder Erweiterung des Teilnehmerkreises erforderlich. Für die Arbeitsweise wurde festgelegt, dass ein regelmäßiger persönlicher Austausch im Rhythmus von zwei bis drei Monaten stattfinden soll. Ergänzend werden die im Unternehmen zur Verfügung stehenden Kommunikationsplattformen genutzt, um sowohl unternehmensinterne als auch unternehmensexterne Informationen und Entwicklungen bereitzustellen.

Diese Art der Zusammenarbeit und die erarbeitete Zielsetzung der Arbeitsgruppe entspricht in den wesentlichen Zügen dem in einer Studie der Universität St. Gallen beschriebenen „Down-up"-Ansatz. Dieser besagt, dass für eine erfolgreiche Umsetzung von Industrie 4.0 die Innovationsideen direkt in der Produktion entstehen sollten und das Management für die Koordination der verschiedenen Industrie 4.0-Initiativen verantwortlich ist. Der Ansatz entspricht somit einer Mischung der aus der klassischen Managementlehre bekannten Ansätze „Top-Down" und „Bottom-Up" [USG-16].

Die Adaption dieses Ansatzes ist ein Beispiel dafür, dass der Austausch und die Zusammenarbeit mit externen Schnittstellen genauso wichtig sind wie die interne Expertise, um eine wettbewerbsfähige und langfristig wirtschaftlich erfolgreiche Vision entwickeln zu können. Die Teilnahme an Fachforen und Messen hat dazu beigetragen, ein Verständnis für das komplexe Themenfeld Industrie 4.0 zu entwickeln. Eine weitere Methode, die u. a. in dieser Phase der Visionsentwicklung genutzt wurde, ist Benchmarking. Im Bereich des externen Benchmarkings kommen sowohl das funktionale Benchmarking als auch ein generisches Benchmarking in Frage, um Innovationen und mögliche Branchenstandards frühzeitig zu erkennen oder im Idealfall selbst mitgestalten zu können. Benchmarking ist gleichzeitig ein Beispiel für eine iterative Ausprägung im Transformationsprozess. So kann Benchmarking nicht nur für die Erfassung der Ist-Situation genutzt werden sondern auch für das Monitoring des aktuellen Umsetzungstands. Die eben beschriebenen Sachverhalte entsprechen Schritt 2 der Gesamtmethodik.

Für die Umsetzung der Vision setzt sich Infineon übergeordnete Ziele. Ein Hauptziel ist die durchgängige echtzeitintegrierte Wertschöpfungskette. Die Supply Chain der Zukunft ermöglicht eine Rückverfolgbarkeit der am Prozess beteiligten Materialien, Maschinen und Methoden, durchgängig vom Zulieferer bis zum Kunden und innerhalb kürzester Zeit. Um in der Halbleiterfertigung wettbewerbsfähig zu bleiben, sind eine Reduzierung der Herstellkosten und Durchlaufzeiten sowie die Variabilität der Lieferzeiten erforderlich. Zur Erreichung dieser Ziele ist ein kontinuierlicher Optimierungsprozess des logistischen Produktionssystems obligatorisch. Die automatisierte intelligente Fabrik muss sich an dieser Wirtschaftlichkeit messen. Eine höhere und gleichmäßigere Produktqualität sowie die Erhöhung des Durchsatzes der Anlagen sind weitere Ziele. Um diese Ziele erreichen zu können, müssen die neu entwickelten cyberphysischen Systeme eine hohe Verfügbarkeit haben. Neben technisch ausgereiften Systemen sind eine effiziente Überwachung und ein schnelles Reagieren bei Problemen entscheidend für die Zielerreichung. Durch die Neustrukturierung von automatisierter und menschlicher Arbeit muss hierfür das Zusammenspiel von Mensch und Maschine sowohl räumlich als auch zeitlich neu optimiert werden. Dies ermöglicht ein effizientes und fehlerfreies Arbeiten, um die wirtschaftlichen Ziele sicherstellen zu können.

Um die übergeordneten Ziele am Ende des Transformationsprozesses darstellen zu können, werden einzelne Teilprojekte definiert, die zur erfolgreichen Umsetzung des Gesamtziels beitragen sollen. Die Unterteilung in Teilprojekte ist ferner notwendig, um die komplexen Strukturen vollständig erfassen zu können. Wie bereits beschrieben, ist das Produktionsnetzwerk von Infineon historisch gewachsen, die Komponenten und Methoden von Industrie 4.0 kommen also in einem sogenannten „Brownfield"-Ansatz zum Einsatz. Folglich muss eine Adaption von Komponenten und Methoden in bereits existierenden Systemen ermöglicht werden.

5.2.2 Transformationspfad

Die in Abschn. 5.2.1 beschriebene Vision stellt, wie in Abschn. 1.1 beschrieben die Basis für den Transformationsprozess dar. An dieser Stelle muss jedoch beachtet werden, dass es sich bei der Umsetzung des Transformationsprozesses nicht um eine kurzfristige Lösung handelt. Vielmehr ist es ein mittel- bis langfristiger Prozess von ca. zehn Jahren. Im folgenden Abschnitt werden zunächst organisatorische und technische Aspekte analysiert, welche die Rahmenbedingungen definieren, sowie die Ausgangssituation und relevante Transformationsschritte beschrieben. Die Funktionsweise der umgesetzten Blaupause wird im anschließenden Abschn. 5.2.3 detailliert dargestellt.

Die Halbleiterfertigung ist ein hoch komplexes Produktionssystem. Die Komplexität lässt sich auf verschiedene Einflussgrößen zurückführen. Die Transformation von Halbleitersubstraten hin zu integrierten Schaltkreisen erfordert bis zu 1000 Fertigungsschritte [Kau-14]. Diese werden nicht – wie bspw. in der Automobilindustrie – linear ausgeführt, sondern es handelt sich um eine Kombination von Produktionsschritten im Rahmen einer Werkstattfertigung, die wiederkehrende Materialflüsse auf dem zur Verfügung stehenden Produktionsequipment beinhaltet. Im Fall von Infineon kommt hinzu, dass sich die Produktion von einigen wenigen nationalen Standorten zu einem globalen Netzwerk entwickelt hat. Abbildung 5.9 zeigt schematisch und beispielhaft Produktionsrouten in einer Frontendfertigung (oberer Teil der Abbildung) und zwischen den verschiedenen Frontend- und Backendstandorten (unterer Teil der Abbildung). Es kommt dabei nicht selten vor, dass ein Produkt während des Produktionsprozesses mehrfach den Standort und den Kontinent wechselt.

Bedingt durch die teuren Produktionsanlagen mit Anschaffungskosten im mehrstelligen Millionenbereich ist das Erreichen einer effizienten Auslastung trotz komplexen Materialflusses unabdingbar. Neben den produktionsspezifischen Herausforderungen müssen auch branchenspezifische Charakteristika in der Planung beachtet werden. Lange Produktionsdurchlaufzeiten bei immer kürzer werdenden Produktlebenszyklen und stärker ansteigenden Produktanlaufphasen führen zu großen Herausforderungen. Der Halbleitermarkt ist zudem teilweise sehr volatil, durch individuelle Kundenwünsche geprägt und unterliegt starken konjunkturellen Schwankungen. Dies erschwert zusätzlich eine genaue Absatzprognose. Diese Charakteristiken verlangen einen hohen Grad an Flexibilität. Erweiterungen von Kapazitäten sind jedoch meist langwierig und sehr kapitalintensiv [Ael-13] [Kau-14] [Gup-07].

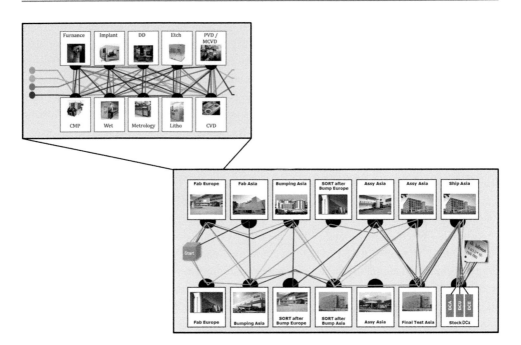

Abb. 5.9 Produktionsprozess in der Halbleiterindustrie

Die Produktionsstandorte bei Infineon sind bereits zehn Jahre und mehr in Betrieb, so auch der Standort in Dresden. Bei allen Industrie 4.0 Projekten besteht die Schwierigkeit, dass bei der Umsetzung auf etablierte IT-Systeme aufgebaut wird, die tief in eine bestehende Infrastruktur verankert sind. Eine wesentliche Herausforderung zu Beginn des Transformationspfades bestand darin, für eine historisch gewachsene IT-Systemumgebung und eine komplexe Werkstattfertigungsstruktur Ansätze zu finden, die eine wirtschaftliche Automatisierung und Digitalisierung ermöglichen. Neben den technischen Rahmenbedingungen standen auch die vorhandenen Produktionsstrukturen, wie Gebäude und Anlagenanordnungen, im Fokus der Analyse, um trotz der engen Räume und der notwendigen Sicherheitsstandards in Zukunft eine Mensch-Maschinen-Kollaboration zu ermöglichen. Eine Analyse und Beschreibung der aktuellen Abläufe und laufenden Systeme ergab, dass es für eine langfristige wirtschaftliche Lösung notwendig ist, die Prozessabläufe zu stabilisieren und zu standardisieren. Eine Grundvoraussetzung für die Nutzung von Industrie 4.0 Lösungen ist eine hohe Datentransparenz und hohe Datenqualität. Der Zugriff auf produktionsrelevante Informationen, wie der aktuelle Ort und Zustand eines Produktes, muss jederzeit und standortunabhängig möglich sein. Die IT-Systeme müssen in der Lage sein, die bis zu 100.000 Wafer, die gleichzeitig in der Produktion unterwegs sind, zu lokalisieren und zum Beispiel Auskunft darüber zu geben, ob ein Los gerade prozessiert wird oder an einer Anlage wartet. Ermöglicht wird dies durch den automatisierten Transport, automatisches Wafer-Handling und den Einsatz von Identifikationssystemen wie zum Beispiel radio-frequency identification (RFID).

Wie bereits eingangs erwähnt, handelt es sich bei dem Standort in Dresden um einen der modernsten und höchst automatisierten Fertigungsstandorte weltweit. Der Transformationsprozess für das Werk Dresden baut auf einem vollautomatischen Wafer-Transportsystem und Robotersysteme auf, die das automatische Be- und Entladen der Anlagen unterstützen. Weiter helfen zentrale Bedienungs- und Beobachtungssysteme bei der Beherrschung der komplexen Steuerungs- und Ablaufalgorithmen. So können Abweichungen von einem stabilen Produktionsfluss direkt erkannt und Maßnahmen zur Korrektur eingeleitet werden.

Für die Erarbeitung der beschriebenen Ausgangssituation und die Definition von Grundvoraussetzungen sowie für die Festlegung des weiteren Transformationspfades waren der Austausch mit verschiedenen Abteilungen im produktionsnahen Umfeld sowie im Zentralbereich notwendig. In Rahmen von Expertengesprächen und Workshops wurden Dokumente gesichtet, bestehende Prozesse und Systeme dokumentiert sowie analysiert. Nachdem die Erfassung der Ist-Situation abgeschlossen war, ging es darum eine Priorisierung der einzelnen Handlungsfelder vorzunehmen, um weitere Transformationsschritte im Rahmen der Feinplanung erarbeiten zu können und die Umsetzung der nächsten Schritte zu definieren. Auch hier fanden Elemente der in Abschn. 3.2.4 beschriebenen Geschäftsmodellierung Anwendung. Weitere Workshops und Expertenrunden dienten der Validierung und ggf. Anpassung der Transformationsstrategie. Nachdem die Vision bereits in vorangegangenen Workshops beschlossen wurde, lag der Fokus in diesem Stadium des Transformationsprozesses darauf, mithilfe von Use Cases solche Blaupausen zu identifizieren, die den größtmöglichen Nutzen zur Erreichung der Vision beitragen können. Neben diesem Kriterium wurden auch Faktoren, wie die Komplexität einzelner Projekte, der personelle Aufwand sowie die Abhängigkeiten zwischen einzelnen Projekten, geprüft. Die Abhängigkeit von Projekten ist insbesondere dann von Bedeutung, wenn Lösungselemente stufenweise aufeinander aufbauen oder parallel ausgeführt werden müssen, um eine gemeinsame Zwischenstufe im Transformationsprozess zu erreichen.

Ein solches Teilprojekt, das im Rahmen des Transformationsprozesses als besonders wirtschaftlich eingestuft wurde, da es sowohl zur Stabilisierung als auch zur Standardisierung im Produktionsprozess beigetragen hat, stellt die integrierte Liniensteuerung dar. Der Fokusbereich dieser Blaupause liegt auf der Systemintegration in der Frontend-Fertigung. Abbildung 5.10 zeigt in vereinfachter Form eine für die Halbleiterindustrie typische Supply Chain. Das Einsatzgebiet der Blaupause wird durch den schattierten Bereich dargestellt.

In den nun folgenden Abschnitten werden die einzelnen Schritte der Feinplanung beschrieben. Diese betreffen die Identifikation der Ist-Situation und die damit verbundene Schwachstellenanalyse, die Ermittlung von Handlungsbedarfen sowie die Darstellung von vorbereitenden Schritten auf dem Weg zur Umsetzung der Blaupause.

Im Rahmen der Analyse der Ist-Situation lag der Schwerpunkt insbesondere auf der Beschreibung der Prozesse und IT-Systeme. Auffällig war zunächst, dass in den Produktionsstufen „Wafer Fab" und „Wafer Test" unterschiedliche Steuerungssysteme zum Einsatz kommen. Dieser Faktor wurde durch die Tatsache verstärkt, dass es keine Verknüpfung der beiden Systeme gab. Bedingt durch das historisch gewachsene Produktionsnetzwerk und

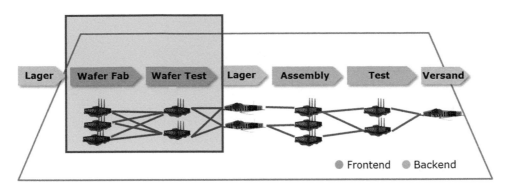

Abb. 5.10 Vereinfachte Darstellung der Supply Chain der Halbleiterindustrie

die Zukäufe von Standorten in den letzten Jahren ist zum Startpunkt der Transformation keine integrierte Steuerung über die gesamte Wertschöpfungskette hinweg möglich, was die Bestimmung und Zusicherung des Zieltermins gegenüber dem Kunden erschwert.

Um den Startzeitpunkt eines Loses zu bestimmen, wird basierend auf der prognostizierten Kundennachfrage in der „Die-Bank" (DB) die Durchlaufzeit des Loses ermittelt. Dafür wird pro Produktionsstufe in der Supply Chain der Arbeitsplan des Loses erstellt und die daraus resultierende absolute Bearbeitungszeit mit einem definierten Faktor X multipliziert, um bspw. Wartezeiten an Anlagen abzubilden. Das Problem besteht darin, dass der Zieltermin immer pro Standort, ausgehend vom Zeitpunkt des Eintreffens des Loses am Standort, definiert wird. Dabei spielte es zum Zeitpunkt der Berechnung für den jeweiligen Produktionsabschnitt keine Rolle, ob das Los pünktlich, verspätet oder zu früh am Standort angekommen ist. Diese Information geht mit der Weitergabe des Loses an den nächsten Standort verloren. Die Rückverfolgbarkeit dieser Informationen ist insbesondere dann wichtig, wenn es zu ungeplanten Störungen im Fertigungsprozess oder in der Supply Chain kommt. Fällt zum Beispiel an einem Arbeitsplatz, der als Engpass definiert ist, ein Equipment aus und es kommt dadurch zu Verzögerungen im Produktionsablauf, werden diese Verzögerungen nur am jeweiligen Standort berücksichtigt. Mit Versand des Loses an einen neuen Standort geht die Information über die Dauer und Art der Verzögerung verloren, und eine eventuell notwendige Beschleunigung des Loses kann nicht mehr veranlasst werden. In Abb. 5.11 wird diese Problemstellung schematisch dargestellt.

Die Blitze symbolisieren die Schwachstellen des aktuellen Systems. Die fehlenden Verbindungen in Bezug auf die Informationsweitergabe lassen sich sowohl zwischen Wafer Fab (hier gekennzeichnet als FE production) und Wafertest als auch zwischen den einzelnen Wafer Fab Standorten finden. Um diese Lücken im Prozess zukünftig schließen zu können wurden insbesondere im Bereich Technik und Mensch Handlungsfelder erkannt. So wurden in einem nächsten Schritt die Spezifikationen für ein durchgängiges und einheitliches Work-Flow-Management-System (WFM) erarbeitet sowie die Basis für die Entwicklung notwendiger IT-Systeme definiert, die eine dezentrale und flexible Optimierung der Produktion ermöglichen. Die Komplexität einer solchen Optimierung muss beherrscht werden. Die Prozesse müssen dynamisch gestaltet werden, d. h. der Produktionsprozess

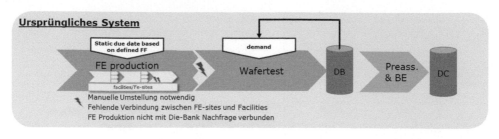

Abb. 5.11 Ist-Zustand zu Beginn der Feinplanung

eines Produktes muss kurzfristig angepasst werden können, um auf Störungen und Aus-
fälle reagieren zu können. Da es sich bei einer Einführung eines neuen IT-Systems um eine
weitreichende Veränderung der Produktionslandschaft handelt, wurde vor der eigentlichen
Einführung der Software eine sogenannte Failure Mode and Effects Analysis (FMEA)
durchgeführt. Ziel einer FMEA ist es, bereits vor Einführung eines Produktes oder einer
Software diese auf Fehler und Schwachstellen zu überprüfen sowie die Eintrittswahr-
scheinlichkeit von Problemen und Fehlern mithilfe von Kennzahlen zu bewerten. Die
FMEA wird bereits in der Entwurfsphase angewendet, um potenzielle Fehlerursachen
frühzeitig identifizieren zu können und so Folgekosten zu vermeiden [Mat-12]. Es handelt
sich um eine präventive Kontrollmaßnahme im Transformationsprozess.

Da – wie bereits beschrieben – eine Schwachstelle insbesondere in der manuellen
Dateneingabe gesehen wurde, war zu diesem Zeitpunkt der Transformation wichtig, die
Mitarbeiter in die Planung des Systems einzubeziehen und über die angedachten Veränderungen frühzeitig zu informieren bzw. zu schulen. Je nach Relevanz für den Zuständig-
keitsbereich des Mitarbeiters wurden unterschiedliche Schulungstypen mit verschiedenen
Detaillierungsgrad erarbeitet. So wurden z. B. in Zusammenarbeit mit der Personalabteilung
in Dresden und der Abteilung für Change Management sogenannte iLearns entwickelt.
iLearns können von den Mitarbeitern flexibel und zeitunabhängig am eigenen Computer
durchgeführt werden. Ein iLearn dauert dabei ca. 20 bis 30 Minuten und stellt detailliert
den Abgleich zwischen der Ist- und Soll-Situation dar. Weiter werden die Veränderungen
für die betroffenen Bereiche dargestellt und neue Systeme erklärt. Zum Abschluss des
iLearns werden kurze Fragen zum Verständnis des gezeigten Inhaltes gestellt. Die Mitarbeiter wurden aber nicht nur über den Computer geschult, sondern es fanden auch Informationsveranstaltungen vor Ort statt. Diese wurden bspw. vom jeweiligen Schichtleiter in
Rahmen von Teambesprechungen durchgeführt.

Frühzeitige Einbindung der Personal- und Change Management-Abteilung
Eine frühzeitige Einbindung der Personal- und Change Management-Abteilung
trägt dazu bei, dass die Bedürfnisse der Mitarbeiter ausreichend Beachtung finden
und so eine nachhaltige Akzeptanz erreicht wird.

Erst nachdem alle Evaluierungs-, Planungs- und Kontrollprozesse abgeschlossen waren, fand die Implementierung im Werk Dresden statt. Für die Implementierung der Systeme wurde auf bereits bestehende Prozesse zurückgegriffen. In diesen wird z. B. definiert, welche Personen und Abteilungen informiert werden, welche Personen einer finalen Implementierung zustimmen müssen oder ob es möglicherweise zu Ausfallzeiten in der Produktion kommt. Die endgültige Funktionsweise sowie die damit erzielten Vorteile der implementierten integrierten Liniensteuerung werden im Detail im folgenden Abschn. 5.2.3 beschrieben.

5.2.3 Umgesetzte Blaupause – Integrierte Liniensteuerung

Unter der integrierten Liniensteuerung wird ein ganzheitliches WFM-Konzept für und zwischen allen Frontend-Standorten von Infineon verstanden. Das Ziel der Blaupause ist die logische Verbindung der Produktionsstufen basierend auf der Nachfrage des letzten Dispositionspunkts. Abbildung 5.12 gibt einen Überblick über das bereits beschriebene ursprüngliche System und die integrierten Liniensteuerung.

Im Allgemeinen ist die Aufgabe der Liniensteuerung das „möglichst effiziente Managen von Auslastung, Durchlaufzeit, Liefertreue und Warenbestand in der Fertigung, ohne die Betriebsmittel zu ändern. […] Eine ideale Steuerung wäre dann erreicht, wenn vorherge-sagt bzw. vorherbestimmt werden kann, wann welche Einheit mit welcher Anlage prozes-siert wird" [Hil-05]. Üblicherweise wird die Liniensteuerung in die Bereiche Sequencing, Batching und Dispatching sowie Resource Dedication unterschieden. „Unter Sequencing werden alle Regeln verstanden, die die Reihenfolge der zu bearbeiteten Lose festlegen.

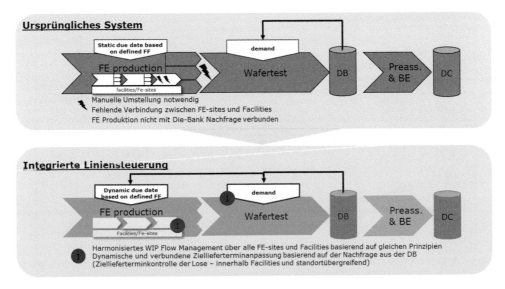

Abb. 5.12 Funktionsweise der integrierten Liniensteuerung

Batching behandelt die möglichst optimale Zusammenfassung mehrerer Lose für gemeinsame Prozesse. Dispatching legt die Verteilung der Lose auf einzelne Maschinen fest und
Resource Dedication sind ständige oder zweitweise Vorgaben, nach denen bestimmte
Lose bzw. Produkte auf einigen Maschinen nicht bzw. ausschließlich produziert werden
dürfen" [Hil-05]. Die Optimierung innerhalb der Blaupause bezieht sich im Wesentlichen
auf die Anpassungen im Bereich Dispatching Scope. Durch die eingeführte, einheitliche
Systematik zur Steuerung der Lose im Produktionsbetrieb können nun standortübergrei-
fend Schwankungen in der Durchlaufzeit der Lose ausgeglichen werden. Das Risiko einer
verzögerten Lieferung der Lose zum nächsten Dispositionspunkt kann somit minimiert
werden. Die einheitliche Systematik ermöglicht es auch, standortübergreifende Moni-
toringsysteme zur Überwachung des Fortschritts der Lose zu implementieren, die eine
hohe Transparenz und schnelle Datenverfügbarkeit des Materialflusses bieten. Schließlich
lassen sich nun Vorhersagen zu der zu erwartenden Liefertreue für mehrere Wochen in die
Zukunft erstellen. Der definierte Lösungsansatz der integrierten Liniensteuerung hat dazu
beigetragen, dass sowohl die horizontale Integration des Informationsflusses zwischen den
einzelnen Standorten der Supply Chain als auch die vertikale Integration – also die Integration von Planungs- und Fertigungsprozessen – ermöglicht wird. Abbildung 5.13 zeigt
eine Zusammenfassung der vier wichtigsten Vorteile die durch die Einführung der integrierten Liniensteuerung erzielt werden konnten.

Durch die Integration eines einheitlichen IT-Systems wurde die Durchlaufzeit reduziert sowie eine Erhöhung der Lieferperformance und damit verbunden eine verbes-
serte Liefertreue erzielt. Ermöglicht wird dies dadurch, dass u. a. unvorhergesehene

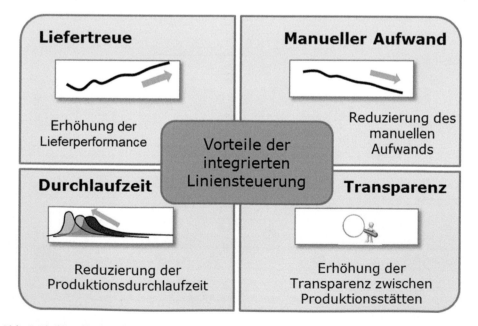

Abb. 5.13 Vorteile der integrierten Liniensteuerung

Produktionsausfälle besser berücksichtigt werden können. Kommt es z. B. zu einer Verzögerung an einem Standort bzw. in einer Produktionsstufe können in den folgenden Produktionsstufen eine Priorisierung des Loses und damit eine Beschleunigung des Produktionsprozesses stattfinden. Im Gegenzug können Lose die zu früh an die nächste Stufe gesandt wurden, als Puffer genutzt werden, indem sie nicht gleich in die Produktionslinie eingeschleust werden. So wird eine gleichmäßigere und ressourceneffizientere Auslastung der Line gewährleistet. Auch trägt dies zur Erhöhung der Transparenz zwischen den Produktionsstätten bei. Eng- bzw. Schwachstellen die regelmäßig zu Verzögerungen führen, werden erkannt und können besser in den Planungsprozess integriert werden. Auch die manuellen Umstellungen und Informationsweitergaben konnten durch die integrierte Liniensteuerung minimiert werden.

5.2.4 Erreichter Transformationsstatus

Durch verschiedene Automatisierungsmaßnahmen wurde am Standort Dresden bereits der Grundstein für die Transformation von einer bestehenden Fabrik hin zu einer Fabrik 4.0 gelegt. Aufbauend auf dieser Ausgangssituation wurden Industrie 4.0-Initiativen gestartet mit dem mittel- bis langfristigen Ziel einer vollständig integrierten und vernetzten Fabrik. Die beschriebene integrierte Liniensteuerung war ein wesentlicher Schritt, insbesondere im Bereich der horizontalen und vertikalen Integration sowie im Bereich der Standardisierung und Stabilisierung von Prozessen. Allerdings ist der Transformationsprozess noch nicht abgeschlossen. Sowohl im Bereich der integrierten Liniensteuerung sind noch weitere Schritte geplant, wie z. B. die Unterstützung des Systems durch eine diskrete Eventsimulation. Aber auch Ergänzungen und Erweiterungen des Transformationspfades im Allgemeinen müssen immer wieder entsprechend den sich stetig ändernden Rahmenbedingungen vorgenommen werden.

Zusammenfassend ist für den Transformationsprozess von Infineon festzuhalten, dass neben der beschriebenen Blaupause bereits weitere Elemente eines intelligenten Produktionsnetzwerks sowohl im Bereich der horizontalen als auch vertikalen Integration umgesetzt wurden. Jedoch ist in beiden Bereichen noch Optimierungspotenzial vorhanden. Ein weiterer Fokus im Bereich der horizontalen Integration liegt auf dem schnellen Lernen über Fabrikgrenzen hinweg. Hier sollen zukünftig verstärkt unterschiedliche Analyseverfahren zum Einsatz kommen.

5.3 Fallbeispiel „Fertigung elektrotechnischer Bauelemente"

Nils Weinert und Christian Mose

Am Standort Kirchheim unter Teck (Abb. 5.14) entwickelt und fertigt die Siemens AG mit derzeit ca. 270 Mitarbeitern Gießharztransformatoren der Produktreihe „GEAFOL"

Abb. 5.14 Siemens AG Transformatorenwerk Kirchheim unter Teck (Bild: Siemens AG)

(Abb. 5.15) in unterschiedlichen Ausführungen. Typische Einsatzgebiete der Transformatoren, deren Spulen aus Wicklungen von Aluminiumfolie bestehen, sind in der hier herge-
stellten kleinen Bauart bspw. Geschäfts- und Wohngebäude oder Industrie, Verkehrs- und
Transportwesen sowie Windkraftanlagen [SIE-16]. Hergestellt werden die Transformatoren in unterschiedlichen Ausführungen und – aufgrund der Variantenvielfalt – überwiegend als Einzelstücke oder Kleinserien. Die Fertigungstiefe reicht vom Zuschnitt der
Wicklungs- und Kernbleche über die Herstellung der Wicklungen und Kerne sowie den
Verguss und das Aushärten der Gießharze der Unter- und Oberspannungswicklungen bis
zur Endmontage, Prüfung und zum Versand der fertigen Produkte. Die Produktion erfolgt
in einzelnen Bereichen mit hohem Automatisierungsgrad, in anderen Bereichen vorrangig
manuell bzw. in mechanisierter Handarbeit. Die Produktionsorganisation ist überwiegend,

Abb. 5.15 Transformatoren der Baureihe GEAFOL (Bild: Siemens AG)

dem Siemens-Produktionssystem folgend, nach Lean-Production-Gesichtspunkten gestaltet, die Produktionssteuerung erfolgt kanbanbasiert.

5.3.1 Vision

Wesentliches Ziel für kontinuierliche Verbesserungen der Produktion ist auch im Werk Kirchheim/Teck das langfristige Erhalten und Ausbauen einer wirtschaftlichen und wettbewerbsfähigen Produktion. Zu diesem Zweck werden produktionstechnische und -organisatorische Veränderungen regelmäßig in den operativen Betrieb eingeführt. Selbstverständlich ist die Herkunft solcher Innovationen nicht auf ein einziges Themenfeld wie bspw. Industrie 4.0 beschränkt, sondern bezieht die gesamte Breite der produktionsbezogenen Innovation mit ein. Gleichwohl stellt insbesondere das Innovationsfeld Industrie 4.0 gemeinsam mit eng verknüpften Feldern wie der Digitalisierung derzeit einen Schwer- bzw. Sammelpunkt dar, so dass existierende Ziele gut mit denen im Projekt MetamoFAB in Einklang gebracht werden können. In der Erarbeitung der Industrie 4.0-Vision für den Standort wurden daher bei der Nutzung der in Kap. 3 beschriebenen Vorgehensweise bestehende Ziele und Ansätze mit in den angestrebten Transformationsprozess aufgenommen. Hierfür wurde in einem gemeinsamen Team aus Werksmanagement, Fachexperten des Werks und der zentralen Forschung der Siemens AG (Corporate Technology, CT) Erwartungen an zukünftige Entwicklungen – sowohl bezogen auf das Produkt und die Produktion als auch auf Veränderungen bspw. im Bereich der Kunden- und Lieferantenanforderungen – erfasst und anhand der Verantwortungsbereiche strukturiert.

Zunächst wurde die aktuelle Situation in mehreren Werksbegehungen aufgenommen. In einer anschließenden internen Analyse wurden bestehende Ziele und Entwicklungsansätze dokumentiert. Die aufgenommene Ist-Situation wurde danach – unterteilt nach organisatorischen Bereichen von Konstruktion und Engineering über die Logistik und Produktion mit den einzelnen Unterbereichen (bspw. Kernbau, Wickelei, Härterei oder Testfeld) bis hin zum Vertrieb – jeweils hinsichtlich Kriterien bzw. Gestaltungsmerkmalen der Industrie 4.0 analysiert (vgl. Abb. 5.16). Es entstanden funktionale Anforderungen und Zielstellungen, die durch zukünftige Modernisierungsmaßnahmen nach und nach erschlossen werden sollen. Die einzelnen, jeweils zur Paarung Organisationsbereich – Kriterium entwickelten Aussagen wurden anschließend zu Zieldefinitionen für die einzelnen organisatorischen Bereiche aggregiert beschrieben. Als Ergebnis liegt eine Orientierung für alle relevanten Bereiche der Fabrik vor, mit der eine mittel- bis langfristige Entwicklung hin zur Industrie 4.0-Umsetzung konzipiert ist, auch wenn nur für wenige Bereiche bereits konkrete mitarbeiterbezogene, technologische oder organisatorische Ausprägungen definiert wurden. Allerdings stellen nicht alle in der Zielvision beschriebenen Ausprägungen eine erforderliche Änderung des aktuellen Zustands dar, da in einigen Bereichen bereits Maßnahmen mit entsprechenden Ergebnissen umgesetzt wurden oder sich derzeit in der Realisierung befinden. So existieren Hochregallager, für die bereits automatisiert in Echtzeit

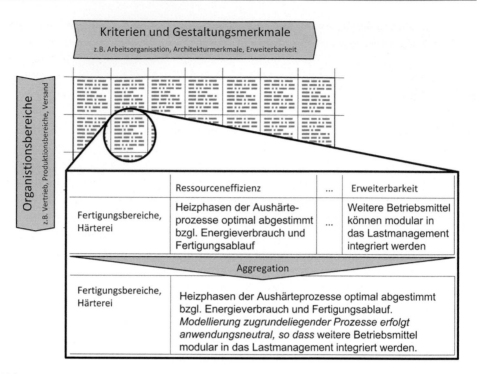

Abb. 5.16 Visualisierung der Strukturierung zur Definition der Zielvision

der Einlagerungszustand verwaltet wird. Auch die Kette zur digitalen Übermittlung von Steuerungsprogrammen an Wicklungseinrichtungen ist bereits weitgehend geschlossen.

Im Wesentlichen soll mit der Transformation zur Industrie 4.0-Fabrik die Erfassung und Nutzung von produkt- und produktionsbegleitenden Daten schrittweise ausgebaut werden, um die Produktivität zu steigern, das Prozess-Knowhow zu verbessern und den Kundennutzen zu erhöhen. Einen Schwerpunkt stellt hier die Vereinheitlichung von Schnittstellen zwischen unterschiedlichen Systemen dar. Dabei geht es im engeren Rahmen um die Bereiche der Produktion und im weiteren Rahmen um die Produktentwicklung bis hin zum Vertrieb. Mit dieser Vereinheitlichung – durch die Einführung neuer Systeme oder lediglich durch die Übersetzung von Datenformaten von einem in ein anderes Format – wird die Nutzung und Weiterverarbeitung einmalig erhobener Informationen über die heutigen Anwendungsgrenzen hinweg erreicht. Gleichzeitig erhöht sich damit die Effizienz der Datenerfassung, da mehrfaches Aufbereiten der gleichen Quelldaten und -informationen deutlich reduziert wird, so dass insgesamt bei gleichem Aufwand ein deutlich besseres Bild der aktuellen (Produktions-)Situation entsteht.

Einzelne Beispiele sollen den Nutzen der Veränderungen über den gesamten Produktentstehungsweg verdeutlichen: So besitzt der Vertrieb zu jedem Zeitpunkt über einen detaillierten Überblick bezüglich der Auslastung des Werkes bzw. der verfügbaren Kapazitäten und kann die Lieferzeit für neue Aufträge und einzelne Bestellungen konkret, basierend auf der aktuellen Auslastung abschätzen. Dabei werden Kapazitäten unterschiedlicher

Abteilungen berücksichtigt (z. B. Engineering, Einkauf und Fertigung). Die Materialbereitstellung erfolgt auftragsbezogen, ausgelöst durch den Auftragseingang und in Abhängigkeit von Fertigstellungs- oder Lieferdatum sowie verfügbaren Kapazitäten. Insgesamt kann die Materialverfügbarkeit in allen relevanten Bereichen jederzeit abgerufen und somit in allen Planungsvorgängen berücksichtigt werden. Im Wareneingang ist bekannt, welche Warenlieferungen zu welchem Zeitpunkt zu erwarten sind. Die Warenannahme ist entsprechend vorbereitet, diese in Empfang zu nehmen. Bei zu erwartenden Verzögerungen (oder Frühanlieferungen) wird ggf. eine Anpassung der Fertigungsplanung ausgelöst. Hierfür sind alle Lagerbereiche einheitlich IT-unterstützt vernctzt. Über die Belegung bzw. Warenverfügbarkeit herrscht hohe Transparenz. Auch die Intralogistik ist umfänglich digitalisiert, d. h., dass alle Objekte jederzeit über einen zugewiesenen Standort verfügen, automatisiert erfasst und identifiziert werden können sowie Transporte digital abgebildet werden und physikalisch auf Basis eines Transportauftrags erfolgen. Die Transportsysteme oder Mitarbeiter (z. B. über Mobilgeräte) verfügen über Datenschnittstellen, über die sie jederzeit eine komfortablen Zugang zu den für sie relevanten Informationen haben, um sich über anstehende Transportaufträge/-aufgaben und Priorisierungen für Transportaufgaben zu informieren. Leerfahrten werden dabei weitestgehend vermieden, transportierte Objekte an ihren Lager-/Pufferpositionen durch das Transportmittel automatisch an- und abgemeldet.

Ausgelöst durch einen Auftrag oder eine Bestellung werden Standardaufträge weitgehend automatisch eingeplant. Dabei finden Rahmenbedingungen wie Materialverfügbarkeit, Fertigstellungs- bzw. Lieferdatum und aktuell verfügbare Kapazitäten Berücksichtigung. Planung und Steuerung erfolgen insgesamt fertigungsbereichsübergreifend. Die Mitarbeiter der Fertigungsplanung widmen sich v.a. Aufträgen, bei denen es zu Unregelmäßigkeiten und Störungen kommt. Hierfür ist der jeweils aktuelle Planungs- und Realzustand der Produktion transparent verfügbar, da an den neuralgischen Punkten der Fertigung eine unmittelbare produktindividuelle Rückmeldung erfolgt. Abruf und Einflussnahme auf entsprechende Zustandsdaten sind rollenspezifisch unterteilt und sowohl lokal als auch entfernt möglich. Die Fertigungssteuerung erfolgt hochadaptiv in kurzen Zeiträumen. Die Adaption erfolgt grundsätzlich automatisch, im Bedarfsfall (z. B. nicht durch Lösungsregeln abgedeckte Planungskonflikte) werden vom Planungssystem aktiv Rückmeldungen von zuständigen Personen rollenbasiert eingefordert. Planungs- und Steuerungsanpassungen sichern jeweils eine wirtschaftliche und im ökologischen Sinne ressourceneffiziente Produktionsausführung, wobei die Ziele adaptiv beeinflusst werden können (im Sinne von KPI-Zielwerten: z. B. bei Höchstauslastung durchlaufzeitorientiert, bei durchschnittlicher Auslastung maximal wirtschaftlich, bei Unterauslastung nach ökologischen Kriterien optimiert). Der Kunde kann zu jedem Zeitpunkt detailliert über den Fertigstellungszustand seines Auftrags/Transformators genaue Auskunft erhalten, ohne einen Mehraufwand für das Werk zu verursachen.

Fertigungspläne werden template- und kapazitätsbasiert unter Berücksichtigung aller beteiligten Abteilungen angelegt und als Fertigungsaufträge eingesteuert. Jederzeit sind Zustand und Status eines bestimmten Produktes aufrufbar. Anstehende Aufträge werden jeder Abteilung in Listenform und als Auslastungsdarstellung in Form z. B. eines Kapazitätsgebirges geliefert und dargestellt. Auf mögliche Engpässe wird frühzeitig hingewiesen.

Die reale Kapazität – entsprechend den verfügbaren Mitarbeitern und Maschinen – wird jeweils zugrunde gelegt. Mögliche Verzögerungen durch verspätete Bereitstellung oder Fertigstellung werden an die nachgelagerten Abteilungen kommuniziert.

Die Beschickung der Härterei erfolgt entsprechend des Produktionsflusses aus dem vorgelagerten Prozessschritt. Jedes Produkt wird mit einer individuellen idealen Heizkurve ausgehärtet. Die Koordination der Aushärte- bzw. Heizprozessphasen erfolgt automatisch und immer aus energetischer und fertigstellungsorientierter Perspektive ideal.

Arbeitsanweisungen und Montagehinweise sowie technische Zeichnungen werden dem Mitarbeiter kontextabhängig und produktindividuell dezentral zur Verfügung gestellt. Er hat die Möglichkeit, auf Zusatzinformationen zuzugreifen und Bemerkungen anderer Fertigungsabteilungen bzw. aus der früheren Montage eines ähnlichen Produktes einzusehen sowie selbst anzulegen (mit vorhandenen Standardtextbausteinen und individueller Eingriffsmöglichkeit).

Die im Testfeld anfallenden Messwerte werden über die Funktions- bzw. Qualitätsauswertung für jeden einzelnen Transformator mithilfe statistischer Kennzahlen und Mustererkennungsmechanismen analysiert und mit den im Produktionsprozess fortlaufend gesammelten Prozesskennwerten sowie den Materialeigenschaften der verwendeten Materialchargen abgeglichen. Diese Informationen stehen automatisiert zur Verfügung, und es erfolgen Vergleiche mit zurückliegenden Fehlerbildern und Trends in den Messdaten.

Die Resultate einer Qualitätsprüfung durch den Mitarbeiter werden digital und unmittelbar dokumentiert, so dass sie für die Auswertung ähnlicher Messwerte zur Verfügung stehen. Qualitätsrelevante Daten werden entlang der gesamten Produktion aufgenommen und gespeichert, Qualitätsprobleme durch kontinuierliche Datenanalyse vor Erreichung tolerierbarer Grenzen identifiziert und behoben.

Bei Reklamationen nach Auslieferung lassen sich Ursachen einfach und schnell identifiziere und eliminieren, sofern diese auf einen Prozess in der Produktion zurückzuführen sind. Möglicherweise weitere betroffene Produkte im Feld werden ebenfalls identifiziert sowie entsprechende Maßnahmen kontextabhängig vorgeschlagen und fallabhängig kalkuliert. Fallweise kann manuell entschieden werden, ob und welche Ursacheninformationen bzw. Grundlagendaten an einen Kunden zu übermitteln sind.

Die Instandhaltung wandelt sich in ihrem Einsatzmodus zunehmend von einer reaktiven, korrigierenden hin zu einer vorhersagebasierten Einrichtung. Ihre Tätigkeiten sind im Wesentlichen die planbaren Wartungen für Fertigungsmittel und -einrichtungen, die zunehmend performance- und kennwertbasiert („condition based") ausgelöst werden (im Unterschied zu einer rein zeitlichen Planung von Wartungsintervallen). Darüber hinaus gibt es die Erfordernisse der ungeplanten Entstörung, wobei der Handlungsbedarf der Instandhaltung entweder unmittelbar durch das gestörte Betriebsmittel selbst oder durch einen Mitarbeiter übermittelt und angefordert wird. Neue Aufgaben entstehen aus der Analyse von ermittelten Betriebszuständen und Unregelmäßigkeiten in erfassten Kenngrößen im Prozessablauf von Maschinen, durch die frühzeitig auf einen drohenden Ausfall reagiert werden kann. Wartungen, die einen temporären Maschinenausfall verursachen, werden nach Möglichkeit unter Berücksichtigung der Auftragslage ausgeführt (Vermeidung von

Produktionsausfällen durch vorhersagebasierte Instandhaltung und durch Planung der Instandhaltungsmaßnahmen in der Maschinenbelegung).

Lösungsneutrale Perspektive

Die lösungsneutrale Betrachtung möglicher Transformationsziele erlaubt das Ausblenden heutiger „Hinderungsgründe", insbesondere wenn die langfristige Zielvorstellung der Industrie 4.0-Fabrik zunächst ohne den Weg dorthin formuliert wird.

5.3.2 Transformationspfad

Vorgehen bei der Ausarbeitung des Transformationspfades

Mit der Definition des Transformationspfades werden die erforderlichen Umsetzungsschritte der Metamorphose zur Industrie 4.0-Fabrik geplant. Die ersten Schritte sind jeweils im aktuellen Kontext, also mit vorhandenen kurzfristigen Zielen sowie auch bereits laufenden Maßnahmen zur Verbesserung der existierenden Produktion, abzugleichen. Gleiches gilt auch für zukünftige Schritte, wobei hier meist noch größere Gestaltungsspielräume existieren.

Um diesen Forderungen Rechnung zu tragen, wurde bei der Definition des Transformationspfades eine umfassende Analyse der Gesamtzielstellung einbezogen, ebenso die Analyse kurzfristiger Zielstellungen und -herausforderungen. Im Ergebnis dieser Betrachtungen wurden mögliche Umsetzungsschritte konzipiert, wobei zur Strukturierung und Komplexitätsreduktion unterschiedliche Betrachtungsperspektiven eine Unterteilung nach mitarbeiterbezogenen, technischen und organisationsbezogenen Aspekten – gepaart mit der bereits in Abschn. 5.3.1 beschriebenen Unterteilung nach Organisationsbereichen – erfolgte. Ergänzend wurde eine Prüfung von einzelnen Lösungsansätzen gegenüber den Organisationsbereichen und eine Extrapolation einzelner Lösungsansätze im Sinne der Prüfung weiterer Realisierungsstufen (vgl. Abb. 5.17) vorgenommen. Als Ergebnis liegt danach eine Sammlung möglicher Umsetzungsschritte vor, die bereits teilweise konkrete Ausgestaltungsfestlegungen beinhalten, größtenteils aber funktionale Beschreibungen des Ergebnisses eines Schrittes darstellen. Auch sind die bis hier erreichten Schrittdefinitionen meist noch nicht in eine logische oder zeitliche Abfolge gebracht worden.

Diese noch fehlende logische und in Teilen zeitliche Strukturierung wiederum folgt als nächster Planungsschritt. Dazu wurde für einzelne Bereiche eine Umsetzungsfolge definiert, wobei neben logischen Zwangsbedingungen auch Managementzielstellungen u. ä. berücksichtigt worden sind. Die sich ergebenden Umsetzungsstränge für einzelne Bereiche konvergieren ohne weitere Strukturierung erst in späteren Realisierungsschritten, können aber durch gezieltes Vorsehen von Abfolgen bereits in frühen Schritten Mehrwerte schneller realisieren. Folglich wurden bei der Integration zum gesamten Transformationspfad entsprechende Abfolgen gezielt berücksichtigt bzw. erzeugt.

Komplexitätsreduktion durch Strukturierung in Betrachtungsausschnitte
Die Komplexität der Planungsaufgabe kann durch Betrachtung von Ausschnitten handhabbarer werden (z. B. nach Fertigungsbereichen, Unternehmensbereichen, Aufgabenbereichen), wobei durch kontinuierliches, iteratives Hinterfragen der Gesamtsicht der Blick aufs Ganze aufrechterhalten wird.

Mit Vorliegen des Transformationspfads wird anschließend die letzte Phase des Metamorphoseprozesses eingeleitet (vgl. Abschn. 3.1.2), der in der sukzessiven Abarbeitung der einzelnen Realisierungsschritte besteht. Für die einzelnen Schritte wird nun jeweils eine konkrete, detaillierte Realisierungsplanung vorgenommen und umgesetzt. Parallel findet hier – gleichermaßen wie in den bisherigen Schritten zur Planung und Realisierung der Transformation – ein kontinuierliches Hinterfragen und Adaptieren von Zielen und

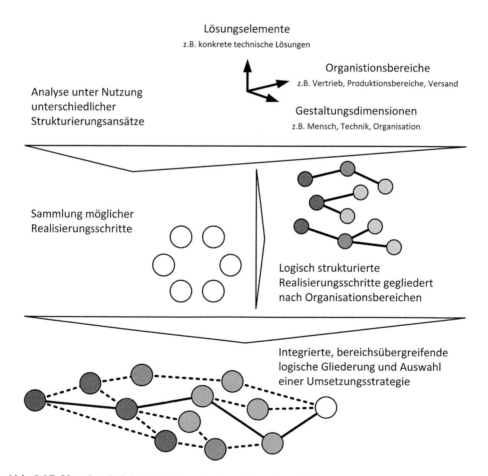

Abb. 5.17 Vorgehen bei der Definition des Transformationspfades

Umsetzungsplanung statt, so dass diese bei Bedarf überarbeitet und aktualisiert werden kann. Diese Adaption erlaubt ausdrücklich auch die Neuplanung von Schritten, bspw. wenn im Verlauf der Transformation durch disruptive technologische Entwicklungen einzelne Realisierungsschritte hinzukommen oder wegfallen bzw. in anderer Logik zu durchlaufen sind.

Erstellung des Transformationspfades am Beispiel des Lastmanagementsystems für die Härterei sowie angrenzender Bereiche

Die Produktion der Gießharztransformatoren ist in die Fertigung der Kerne, der Ober- und Unterspannungswicklungen sowie die Vorbereitung von Anbauteilen gegliedert. Alle Stränge werden in der Endmontage zusammengeführt (vgl. Abb. 5.18). Ein wesentlicher Schritt bei der Wicklungsfertigung besteht in der Aushärtung der Gießharze. Dies erfolgt thermisch unterstützt in Aushärteöfen. Die Wicklungen werden zunächst aufgebaut, danach vergossen und schließlich zum Aushärten in die Öfen eingebracht. Der Aushärtevorgang selbst verläuft bei unterschiedliche Temperaturen, so dass mehrere Heiz- und Abkühlphasen zu durchlaufen sind.

Die Ablaufsteuerung im Bereich der Aushärteöfen erfolgt aktuell entsprechend der Einbindung in das Flussprinzip der gesamten Produktionssteuerung durch eintreffende Werkstücke zur Aushärtung (lokales Push-Prinzip). Die Öfen werden manuell beschickt, jeweils mehrere Werkstücke können zeitgleich in einem Ofen aushärten. Der Aushärtevorgang wird durch einen Mitarbeiter manuell gestartet, die Temperaturregelung während des Härtevorgangs erfolgte durch die Ofensteuerung. Die verfügbaren Aushärterezepte sind entsprechend dem Produktmix optimiert, so dass auch unterschiedliche Produktvarianten – de facto ist fast jedes Produkt ein Einzelstück – mit einer minimalen Zahl unterschiedlicher Rezepte nach qualitativen und wirtschaftlichen Anforderungen gehärtet werden

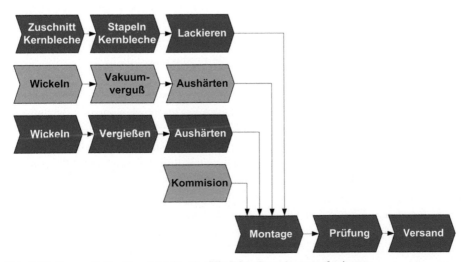

Abb, 5.18 Prozesskettenübersicht für die GEAFOL-Transformatorfertigung

können. Um die abgerufene elektrische Spitzenlast und somit die anfallenden Energiekosten zu begrenzen, sind die verfügbaren Aushärteöfen an ein Lastbegrenzungssystem angebunden, welches nach einem rein sequenziellen Prinzip eine gewisse Anzahl von gleichzeitigen Heizprozessen zulässt und dann weitere Prozesse blockiert, bis die Summenlast wieder weitere Heizprozesse erlaubt. Hierdurch wird das gleichzeitige energieintensive Heizen auf eine gewisse Zahl von Öfen limitiert.

Mit der Metamorphose zur Industrie 4.0-Fabrik wird für den Bereich der Aushärteöfen – wie auch für die restlichen Fertigungsbereiche – eine hochadaptive Produktionsplanung und -steuerung realisiert, die in kurzen Zeitintervallen Plananpassungen vornimmt. Standardfälle werden hierbei automatisiert behandelt. In Sonderfällen, wie bspw. bei Zielkonflikten hinsichtlich unterschiedlicher Entscheidungsmöglichkeiten für weitere Abläufe, fordert das technische System automatisch manuelle Entscheidungen ein. Die Öfen können zukünftig zudem in einem erweiterten Lastmanagementsystem integriert werden, welches neben den Aushärteöfen selbst auch weitere wesentliche energetische Verbraucher (Lackieranlagen, Klimakammern, Öfen für andere Aufgaben oder Geräte der technischen Gebäudeausstattung) involviert und mit dem eine gezielte Steuerung der zugelassenen Gesamtlast möglich ist. Gleichzeitig wird es durch diese Maßnahme möglich, das Lastmanagementsystem – und damit eine Informationsquelle über den Zustand der Aushärtung – in die Datenerfassung einzubinden. Somit können im Sinne der Traceability realisierte Prozessparameter dem Produkt zugeordnet werden. Auch lassen sich Statusinformationen an nachgelagerte Prozesse senden.

Erreicht werden soll diese Zielstellung, indem zunächst durch die Einführung eines dezentral modularisierten Lastmanagementsystems eine sukzessive Erweiterung des in das Lastmanagement eingebundenen Bilanzkreises um weitere Betriebsmittel möglich wird. Dies lässt auch bereits eine individuelle Behandlung einzelner Produkte je Betriebsmittel zu, ohne diese jedoch sofort zu nutzen, da die entsprechend erforderlichen Qualifizierungen und Prozessauslegungen als Teil eines späteren Transformationsschrittes vorgesehen sind. Ebenfalls erst als späterer Transformationsschritt ist die Chargenbildung von ähnlichen Produkten vorgesehen, um individuelle Produktbehandlung und bestmögliche Auslastung der Öfen gleichermaßen zu erreichen.

Das Lastmanagement soll auf einer automatisierten, regelbasierten Festlegung von Heizphasen der Öfen bzw. ähnlichen lastintensiven Prozessphasen anderer Betriebsmittel beruhen, die über Freiheitsgrade zur Anpassung von Prozessen verfügen. Gleichzeitig existiert eine Reihe von Restriktionen, die für einen insgesamt effizienten Produktionsablauf ohne unerwünschte Verzögerungen einzuhalten sind. Somit werden Zielkonflikte auftreten, die auf absehbare Zeit menschliche Entscheidungen erfordern (z. B. Entscheidung für Mehrkosten zur Einhaltung eines Fertigstellungszeitpunktes). Es wird ganz bewusst darauf verzichtet, sich bereits abzeichnender Zielkonflikte regelbasiert oder algorithmisch zu lösen, weil sowohl das Erfahrungswissen als auch das situative Wissen und der Informationsstand zum Zustand des Gesamtwerkes oder einzelner Abteilungen Themenkomplexe sind, die nicht informationstechnisch abgebildet sind und sich zum jetzigen Zeitpunkt auch nicht abbilden lassen. Diese können aber sehr wichtig für das Treffen einer so genannten „informierten Entscheidung" sein. Somit werden nötige Entscheidungen im Falle eines Zielkonfliktes als multikriterielle Optimierungsprobleme klassifiziert, bei denen allerdings nur eine kleine Zahl der Kriterien – vor allem einige technische Parameter – innerhalb des neuen dezentralen Lastmanagementsystems bekannt ist. Die Einbindung von entscheidungsbefugten Mitarbeitern soll an dieser Stelle sowohl deren reichhaltiges Erfahrungswissen in den Prozess implementieren, als auch deren Verständnis für die Optimierungsschritte des Agentensystems und dessen Grenzen entwickeln.

Als technisches Interface für die erforderliche Interaktion der Mitarbeiter mit dem Lastmanagementsystem zur Realisierung eines möglichen Zugriffs bzw. zur Entscheidungsübermittlung dienen Mobilgeräte. Damit übernehmen Mitarbeiter eine erweiterte Verantwortung, da sie über einen direkteren Eingriff in die Produktionsabläufe und somit in kostenrelevante Prozesse verfügen. Die Durchführung entsprechender Sensibilisierungs- und ggf. Qualifikationsmaßnahmen ist ebenfalls Inhalt des Transformationsprozesses.

Die Umsetzungsschritte müssen – wie leicht ersichtlich – nicht zwingend in dieser Reihenfolge ablaufen. Die Reihenfolge beruht, wie oben beschrieben, sowohl auf logisch-technischen Abhängigkeiten als auch gleichzeitig auf strategischen und wirtschaftlichen Überlegungen. Sie kann zudem mit der vorgesehenen oder gewählten konkreten Lösung variieren. Somit wird deutlich, dass die Definition der einzelnen Schritte kontinuierlich überprüft werden sollte und der Prozess der Metamorphose individuelle Entscheidungsfreiheit bietet und fordert.

> **Realisierungsalternativen multikriteriell bewerten und auswählen**
> Die Reihenfolge von Transformationsschritten ist das Ergebnis einer kombinierten Analyse und Bewertung sowohl logisch-technischer als auch strategisch-wirtschaftlicher Kriterien. Es gibt somit mehr als eine einzige Möglichkeit, die Metamorphose zu durchlaufen. Wesentlich ist es, einzelne Schritte nicht isoliert sondern im Hinblick auf den Beitrag zum Gesamtergebnis zu bewerten.

Für Planung und Steuerung der Produktion bestehen erste Transformationsschritte in der Digitalisierung des für das Shopfloor-Management genutzten Kanban-Systems. Das heute genutzte System basiert auf Laufkarten, die an den entsprechenden Tafeln Informationen zu anstehenden Aufträge und aktueller Auslastung sowie Mitarbeitervermerke über die Fertigstellung von vorausgehenden Produktionsschritten enthält. Indem diese Laufkarten digital visualisiert werden, kann eine Digital-Analog-Schnittstelle vereinfacht werden, ohne die etablierten Arbeitsabläufe tiefgreifend anpassen zu müssen. Gleichzeitig wird die Grundlage geschaffen, durch die nun instantane (digitale) Verfügbarkeit der Fortschrittsinformationen – der Mitarbeiter kommt zum Planungsboard und markiert einen Teilschritt als abgeschlossen – spätere Produktionsumfänge mit erhöhter Aktualität adaptieren zu können.

Die folgenden Transformationsschritte beinhalten die dezentrale, teilweise automatisierte Rückmeldung von Fertigungsfortschritten bspw. durch verteilte Terminals an Bearbeitungsstationen oder ortsungebunden durch Mobilgeräte, die ebenfalls über aktuelle Aufträge und Änderungen informieren. Analog zur o.g. Interaktion der Mitarbeiter mit dem Lastmanagementsystem sind auch hier ggf. Sensibilisierungs- und Qualifikationsmaßnahmen erforderlich.

Weitere Schritte zur Metamorphose der Fabrik sind die Einführung von Ablaufprognosen für Teilbereiche – und letztlich für die Gesamtfabrik. Geschaffen werden in kurzen Zeiträumen aktualisierte Abschätzungen der Produktionssituation an einzelnen Prozessstationen in der v.a. näheren Zukunft. Diese dient als Grundlage z. B. für eine Chargenbildung im Bereich der Öfen, da es nun möglich ist, zwischen Verlusten durch Warten auf Ähnlichteile sowie dem Nutzen durch Zusammenfassen zu differenzieren. Weiterhin können mit dieser Funktionalität z. B. Kunden genauer über Lieferzeiten etc. informiert werden, Vertriebsmitarbeiter bereits in frühen Phasen bessere Aussagen hinsichtlich verfügbarer Kapazitäten und somit möglicher Liefertermine treffen oder auch Bestellungen und Lieferzeiten im Einkauf besser koordiniert werden.

> **Kontinuierliche Anpassung während der Transformation**
> Die Festlegung eines Transformationspfades mit einzelnen Umsetzungsschritten bietet Orientierung und behält durch kontinuierlichen Abgleich das Ziel im Blick. Gleichwohl sind Anpassungen des Transformationspfades auch während der Transformation erlaubt und notwendig. Auch stellen nicht alle definierten Schritte einen Umsetzungszwang dar. Einzelne Realisierungen können durchaus als Option betrachtet werden.

5.3.3 Umsetzungsschritt / Blaupause Lastmanagement Öfen

Einen ersten Umsetzungsschritt stellt – wie in Abschn. 5.3.2 beschrieben – ein erweitertes Lastmanagementsystem dar, welches in einer ersten Realisierungsphase für die Härterei mit mehreren baugleichen Aushärteöfen konzipiert und entwickelt wird. Mit dem Lastmanagement wird zunächst das Ziel verfolgt, die für den Betrieb der Aushärteöfen erforderliche elektrische Last, die zwangsläufig während der Heizphasen am höchsten ist, so zu verteilen, dass vorgegebene Maximalwerte nicht überschritten sowie insgesamt Energie und Leistung reduziert werden. Gleichzeitig dürfen produktionstechnische Zielstellungen, insbesondere Fertigstellungszeitpunkte und Produktqualität, nicht negativ beeinträchtigt werden. Kernanforderungen an das System bzw. die Entwicklung sind dementsprechend vor allem:

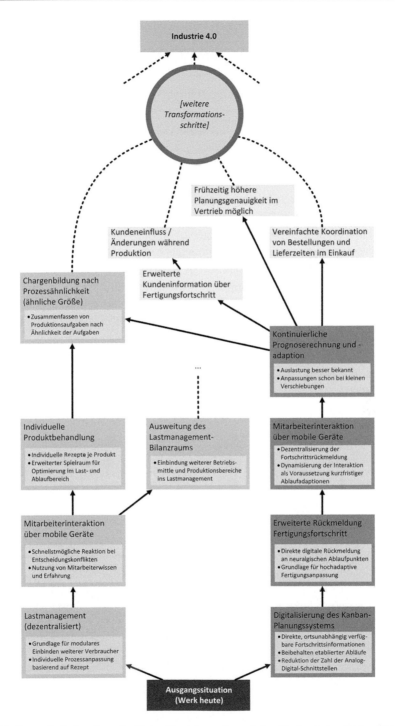

Abb. 5.19 Exemplarischer Ausschnitt des Transformationspfades für den betrachteten Bereich der Härterei und angrenzende Bereiche

- Möglichkeit zu Modernisierung bzw. Nachrüsten bestehender Betriebsmittel zu Industrie 4.0-Komponenten,
- sukzessive Einbindung weiterer Betriebsmittel in das Lastmanagement,
- Zulassen individueller Produktionsparameter je Produkt,
- Nutzung von Freiheitsgraden der Prozessführung zur Lastverschiebung.

Für Anwendungen entsprechend dem hier vorliegenden Fall eignen sich aufgrund ihrer
Charakteristik unter anderem Multiagentensysteme (MAS). Diese basieren auf dem
Prinzip der Interaktion unterschiedlicher (Software-)Agenten zur Erreichung einer
gemeinsamen Zielstellung, wobei die zu lösenden Aufgaben zwischen den Agenten aufgeteilt und im Verbund durch Bearbeitung und Austausch von Teilergebnissen bewältigt
werden (z. B. [Mon-06; Lei-09; Ter-09]). Erhält ein Agent Ergebnisse eines anderen,
so verarbeitet er diese und verteilt das Ergebnis weiter. Vorteile bieten MAS insbesondere in sich verändernden, häufig stark störungsbehafteten Umgebungen (z. B. [Lei-09;
Wie-07]).

Im entwickelten Lastmanagementsystem wird jedem Aushärteofen ein Ressourcenagent zugeteilt (vgl. Abb. 5.20), der mit allen anderen im Verbund verfügbaren Ressourcenagenten Heizzeiten regelbasiert aushandelt. Neben den Ressourcenagenten existieren
weitere Agententypen, die Aufgaben wie die Verwaltung des gesamten zulässigen und
auftretenden Lastprofils oder die Interaktion mit Mitarbeitern übernehmen.

Jeder Ressourcenagent verfügt daher über ein energetisches Modell des Heiz- bzw.
Aushärteprozesses inklusive der darin enthaltenen Freiheitsgrade, bspw. längeres Halten

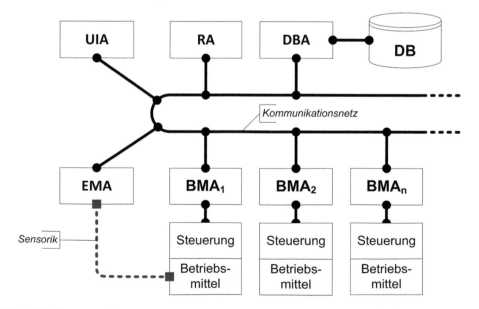

Abb. 5.20 Systemarchitektur eine dezentralen agentenbasierten Lastmanagementsystems

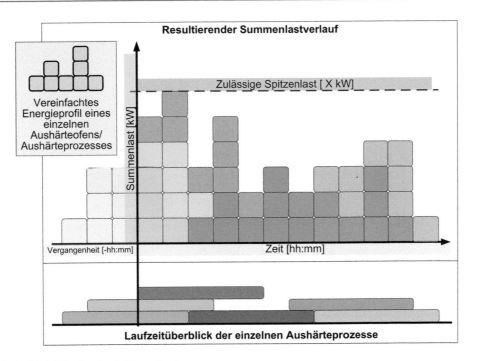

Abb. 5.21 Prinzipschaubild zur Lastanpassung

einer bestimmten Temperatur oder langsameres Aufheizen (abweichender Temperatur-gradient). Die Freiheitsgrade werden beim Aushandeln zwischen den Agenten genutzt, um den für die jeweils individuelle Prozessausführung angewendeten Temperaturverlauf entsprechend der vorliegenden Situation anzupassen. Hierbei werden selbstverständlich übergeordnete Zielstellungen wie Einhaltung der Gesamtlast und Nichtüberschreiten spä-tester Fertigstellungszeitpunkte berücksichtigt (vgl. Abb. 5.21). Das Aushandeln der Tem-peraturverläufe und somit individuellen Rezeptadaptionen erfolgt regelbasiert. Details des Verhandlungsablaufs sind bspw. in [Wei-16] beschrieben. Findet das MAS keine kon-fliktfreie Lösung, werden dem prozessverantwortlichen Mitarbeiter Lösungsvorschläge unterbreitet. Der Mitarbeiter entscheidet darauf aufbauend über die Konfliktlösung. Die Information und folgende Reaktion des Mitarbeiters wird über Webschnittstellen vermit-telt, so dass die Interaktion des Mitarbeiters mit dem System sowohl mit mobilen Geräten als auch mit herkömmlichen PCs erfolgen kann.

Die Realisierung des Lastmanagementsystems erfolgt in mehreren Umsetzungsstufen. Zum Verfassungszeitpunkt liegt das System als prototypischer Aufbau vor. In einer ersten Umsetzungsstufe wurde zunächst die Anpassung des Temperaturprofils eines einzelnen Ofens bei seinem Prozessstart an das von den bereits laufenden Öfen vorgegebene Sum-menprofil realisiert. In einer zweiten bereits realisierten Stufe können jeweils alle Öfen Profilanpassungen vornehmen, um gemeinsam die Einhaltung der vorgegebenen Last zu gewährleisten. Beispielhaft zeigt Abb. 5.22 ein aus Einzelprofilen zusammengesetztes

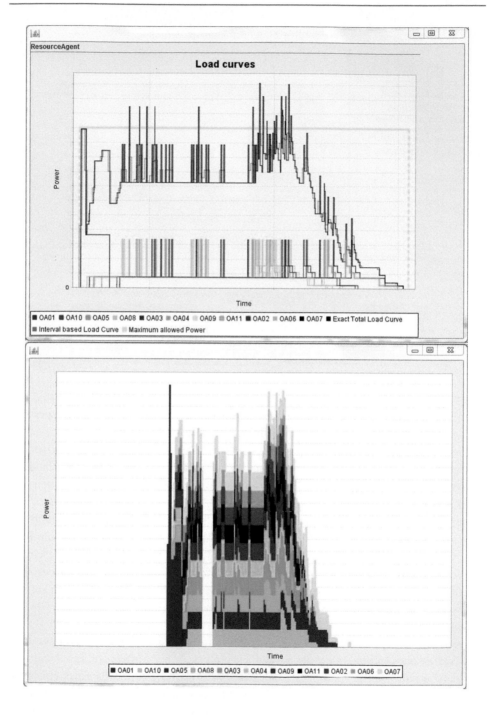

Abb. 5.22 Exemplarische Visualisierung überlagerter Lastprofile

Summenprofil. Beide Ausführungen sind in der Lage, die vom Verbund zeitgleich abgerufene elektrische Last auf sinnhaft gewählte Vorgabewerte zu begrenzen. Die Begrenzung der Lasten geht erwartungsgemäß mit einer Verlängerung der Prozessdauer einher, da eine unangepasste Prozessführung mit der kürzest möglichen Zeit ausgelegt ist. Die zweite realisierte Variante erreicht hierbei insgesamt bessere Ergebnisse, da durch die Nutzung nicht nur eines sondern mehrerer Öfen und somit Profile insgesamt auf mehr Flexibilität in Prozessen zurückgegriffen werden kann. Die Begrenzung der Lasten geht erwartungsgemäß mit einer Verlängerung der Prozessdauer einher, da eine unangepasste Prozessführung mit der kürzest möglichen Zeit ausgelegt ist. Folglich muss für die Entscheidungsfindung im Konfliktfall, wenn die vorgegebene Last nicht mit vorgegebenen spätesten Fertigstellungszeiten erreicht werden kann, ein Kompromiss zwischen Kosten für verspätete Fertigstellung und Kosten für Lastüberschreitungen gefunden werden. Diese Entscheidung ist durch einen qualifizierten Mitarbeiter zu treffen, dem zur Entscheidungsfindung situationsbezogene Informationen angezeigt werden.

Weiter wurde bei der Realisierung eine einfache Erweiterbarkeit im Sinne der Einbindung weiterer Betriebsmittel berücksichtigt, indem die Kommunikation zwischen den aushandelnden Betriebsmittelagenten auf blockweise diskretisierte Leistungswerte sowie Anpassungspotenziale beschränkt wurde und somit kein Austausch der eigentlichen Prozessinformationen erforderlich ist. Somit erfordert die Einbindung eines weiteren Betriebsmittels nur die Anmeldung des Agenten im Verbund. Eine Parametrierung ist lediglich zwischen Agent und einem einzelnen Betriebsmittel vorzunehmen. Die rezeptintegrierte Definition möglicher Freiheitsgrade in der Prozessführung sowie die je Aushärtevorgang stattfindende individuelle Berechnung schafft zudem die Voraussetzung, auch produktindividuelle Rezepte auszuführen, ohne grundlegende Anpassungen am System vornehmen zu müssen.

5.3.4 Erreichter Transformationsstatus

Mit der entwickelten Zielstellung sowie dem abgeleiteten Transformationspfad wurde eine schlüssige Vision zur Entwicklung des Standorts in den kommenden Jahren geschaffen. Um ein vollständiges Bild zu erhalten, wurden insbesondere bereits laufende Verbesserungsmaßnahmen berücksichtigt und mit der Gesamtvision integriert betrachtct.

Für erste Transformationsschritte – die Dezentralisierung des Lastmanagementsystems im Bereich der Härterei – wurden konkrete Planungen vorgenommen und bereits teilweise umgesetzt, so dass ein Systemdemonstrator zur Verfügung steht. Mit diesem konnten wesentliche Untersuchungen zur Funktionalität und Robustheit des dezentral organisierten, auf bilateralen Abstimmungen zwischen den angebundenen Betriebsmitteln Lastmanagements jeweils ohne Kenntnis des Gesamtzustands durchgeführt werden. Im Ergebnis liegt ein Systementwurf vor, der die geforderten Aufgaben löst und gleichzeitig Anforderungen an Erweiterungen in späteren Transformationsschritten erfüllt. Dies sind im vorliegenden Fall v.a. die sukzessive, modulare Erweiterbarkeit des Bilanzraums, die individuelle Behandlung von Produkten durch individuelle Rezepte sowie die Einbindung des Systems in eine digitalisierte Produktionssteuerung.

Literatur

[ACA-13]   acatech; Umsetzungsempfehlungen für das Zukunftsprojekt Industrie 4.0, 2013

[Ael-13]   Aelker, Judith; Bauernhansl, Thomas; Ehm, Hans: Managing Complexity in Supply Chains. A Discussion of Current Approaches on the Example of the Semiconductor Industry. In Procedia CIRP 7, pp. 79–84, 2013

[BIT-16]   Bitkom; Thema: Industrie 4.0; https://www.bitkom.org/industrie40/; Letzte Einsichtnahme 22.08.2016

[Cre-94]   Creech, B.; The Five Pillars of TQM: How to Make Total Quality Management Work for You; Truman Talley Books/Plume, 1994

[Gup-07]   Gupta, J. N. D.; Ruiz, R.; Fowler, J. W.; Mason, S. J.: Operational planning and control of semiconductor wafer production. In Production Planning & Control 17 (7), pp. 639–647, 2007

[Hil-05]   Hilsenbeck, K.: Optimierungsmodelle in der Halbleiterproduktionstechnik. Dissertation, Technische Universität München, 2005.

[Kau-14]   Kaufmann K., Forstner L.: Die horizontale Integration der Wertschöpfungskette in der Halbleiterindustrie – Chancen und Herausforderungen. In: Bauernhansel, T., ten Hompel, M., Vogel-Heuser, B. (Hrsg.): Industrie 4.0 in Produktion, Automatisierung und Logistik. Anwendungen, Technologie und Migration. Springer Verlag, Wiesbaden, pp. 358–367, 2014

[Lei-09]   Leitão P. Agent-based distributed manufacturing control: A state-of-the-art survey. Eng Appl Artif Intell 2009;22:979–91.

[Mat-12]   Mathe, R. FMEA für das Supply Chain Management. Prozessrisiken frühzeitig erkennen und wirksam vermeiden mit der Matrix-FEMA. Symposion Publishing GmbH, Düsseldorf, 2012.

[Mon-06]   Monostori L, Váncza J, Kumara SRT. Agent-Based Systems for Manufacturing. CIRP Ann - Manuf Technol 2006;55:697–720. doi:10.1016/j.cirp.2006.10.004.

[Mül-09]   Müller, E.; Engelmann, J.; Löffler, T. & Strauch, J.; Energieeffiziente Fabriken planen und betreiben; Springer, 2009

[PLA-15]   Plattform Industrie 4.0; Umsetzungsstrategie Industrie 4.0; Ergebnisbericht der Plattform Industrie 4.0, 2015

[Pos-15]   Posselt, G.; Towards Energy Transparent Factories; TU Braunschweig, Springer International Publishing, 2015

[SIE-16]   Siemens AG: GEAFOL-Giessharztransformatoren_Planungshinweise.pdf, https://w3.siemens.com/powerdistribution/global/DE/consultant-support/download-center/tabcardseiten/Documents/Planungshandbuecher/GEAFOL-Giessharztransformatoren_Planungshinweise.pdfhttps://w3.siemens.com/powerdistribution/global/DE/consultant-support/download-center/tabcardseiten/Documents/Planungshandbuecher/GEAFOL-Giessharztransformatoren_Planungshinweise.pdf, 22.06.2016

[Ter-09]   Terzic I, Zoitl A, Rooker M, Strasser T, Vrba P, Mařík V. Usability of Multi-agent Based Control Systems in Industrial Automation. Lect Notes Comput Sci 2009;5696:25–36.

[Thi-12]   Thiede, S.; Energy Efficiency in Manufacturing Systems; TU Braunschweig, Springer International Publishing, 2012

[USG-16]   Universität St. Gallen (Hrsg.): Industrie 4.0. From a Management Perspective. Institute of Technology Management. St. Gallen, 2016

[VDI-16]   VDI; Industrie 4.0; https://www.vdi.de/technik/fachthemen/digitale-transformation/industrie-40/; Letzte Einsichtnahme 22.08.2016

[VDM-16]   VDMA; Unsere Themen; http://industrie40.vdma.org/themen; Letzte Einsichtnahme 22.08.2016

[Vog-09]   Vogel, O.; Arnold, I.; Chughtai, A.; Ihler, E.; Kehrer, T.; Mehlig, U. & Zdun, U.; Software-Architektur Grundlagen - Konzepte - Praxis; Spektrum Akademischer Verlag, 2009

[Wei-16]   Weinert, N., Mose, C.: Electrical load management for production equipment applying a decentralized optimization approach, Proceedings of the 23rd CIRP Conference on Life Cycle Engineering, Berlin, 22nd-24th of May, 2016.

[Wie-07]   Wiendahl H-P, ElMaraghy H, Nyhuis P, Zäh M, Wiendahl H-H, Duffie N, et al. Changeable Manufacturing - Classification, Design and Operation. CIRP Ann - Manuf Technol 2007;1:783–809.

[ZVE-16]   ZVEI; Industrie 4.0; http://www.zvei.org/Themen/Industrie40/Seiten/default.aspx; Letzte Einsichtnahme 22.08.2016

Handlungsempfehlungen

6

André Ullrich, Martin Plank und Nils Weinert

Im Verlauf des Projekts MetamoFAB wurden sowohl bei der konkreten Betrachtung der drei Anwendungsfälle als auch bei der Methodenentwicklung und -erprobung sowie an darüber hinausgehenden Beispielen umfangreiche Erfahrungen gesammelt. Diese Erfahrungen wurden projektbegleitend erfasst und zwischen den Projektpartnern, aber auch mit projektexternen Stakeholdern und Fachexperten aus Praxis und Forschung diskutiert sowie reflektiert. Im Ergebnis wurden Handlungsempfehlungen formuliert, die in kurzen Aussagen wesentliche Erkenntnisse für die Planung und Umsetzung der Metamorphose in Betrieben zusammenfassen. Diese Handlungsempfehlungen sind inhaltlich stark heterogen ausgeprägt, so dass sie im vorliegenden Buch entsprechend der inhaltlichen Zugehörigkeit verteilt hergeleitet und aufgeführt sind.

Um den Zugriff auf diese Handlungsempfehlungen für den Leser zu erleichtern und einen schnellen Überblick und Einstieg zu ermöglichen, sind diese im vorliegenden abschließenden Buchkapitel in sieben Themencluster zusammengefasst und aggregiert beschrieben. Zu jedem Themencluster gibt es zusätzliche Verweise zu den einzelnen im

A. Ullrich (✉)
Lehrstuhl für Wirtschaftsinformatik, insb. Prozesse und Systeme,
Universität Potsdam, August-Bebel-Str. 89, 14482 Potsdam, Deutschland
e-mail: aullrich@lswi.de

M. Plank
Festo AG & Co. KG, Research Production Systems,
Ruiter Straße 82, 73734 Esslingen, Deutschland
e-mail: martin.plank@festo.com

N. Weinert
Siemens AG, Corporate Technology, CT RDA AUC MSP-DE,
Otto-Hahn-Ring 6, 81739 München, Deutschland
e-mail: nils.weinert@siemens.com

© Springer-Verlag GmbH Deutschland 2017   211
N. Weinert et al. (Hrsg.), *Metamorphose zur intelligenten und vernetzten Fabrik*,
DOI 10.1007/978-3-662-54317-7_6

jeweiligen Cluster berücksichtigten Empfehlungen, um die zugrundeliegenden detaillier-
teren Beschreibungen einfach auffinden und nachvollziehen zu können.

Übergreifend hat es sich als zweckmäßig erwiesen, auch einzelne Umsetzungsschritte
eher früher mit kleinen prototypischen Realisierungen auszuprobieren, als sie vor der
Umsetzung planerisch bis ins letzte Detail zu spezifizieren. Der notwendige Paradigmen-
wechsel in all seinen Facetten kann gelingen und gelebt werden, wenn nicht vom ersten
Schritt in Richtung Industrie 4.0 sofort ein bahnbrechender ganzheitlicher Erfolg erwartet
wird, sondern dieser vielmehr bewusst als Beginn eines länger währenden Transformationsprozesses gesehen wird.

Transformationsplanung

Bei der Planung der Transformation einer bestehenden in eine zukünftige Fabrik – im
Sinne von Industrie 4.0 – sollte der Wandel in einzelne Umsetzungsschritte unterteilt
werden. Diese müssen für sich genommen nicht zwangsläufig große betriebliche Veränderungen realisieren. Solche großen betrieblichen Veränderungen sind vielmehr die Summe
der einzelnen Schritte. Um die einzelnen Schritte zu planen und zu realisieren, müssen
diese zudem nicht alle Aspekte von Mensch, Technik und Organisation gleichermaßen
beinhalten, sondern dürfen auf einzelne Aspekte fokussieren um die Planungskomplexität
zu begrenzen. Ebenso ist eine zweckmäßig gewählte Unterteilung der Betrachtung – bspw.
nach Fertigungs- oder Unternehmensbereichen – in diesem Sinne hilfreich. Wesentlich ist
es jedoch, bei der Auswahl einer Alternative auch die für den einzelnen Schritt sekundären
Aspekte (bezogen auf die langfristige Zielstellung) in die Bewertung mit einzubeziehen,
eben um die langfristige Zielstellung nicht zu gefährden.

Überschrift	Abschnitt	Seite
Systematische Weiterentwicklung	3.1.3	62
Ermitteln von Prozessanforderungen	3.2.4	100
Prüfung des Erfolgspotenzials von Geschäftsmodellen	3.2.5	106
Schrittweises Entstehen von Cyberphysischen Systemen	5.1	171
Komplexitätsreduktion durch Strukturierung in Betrachtungsausschnitte	5.3	192
Realisierungsalternativen multikriteriell bewerten und auswählen	5.3	195
Kontinuierliche Anpassung während der Transformation	5.3	197

Vorgehensweise und Umsetzung

Vor der Einführung einer Industrie 4.0-Strategie sollte diese vor dem Hintergrund der
bestehenden Unternehmensstrategie geprüft und eine gemeinsame Ausrichtung beider
sichergestellt werden. So können konträre Zielstellungen sowie submergente Effekte
vermieden werden. Hierzu und grundsätzlich ist eine sorgfältige Sichtung vorhandener
Informationsquellen ratsam, da bspw. eine Nacherhebung den Projektverlauf merkbar
verzögern kann. Diese sorgfältige Sichtung unterstützt auch die Vorbereitung von

Diskussionsgrundlagen für die Visionsfindung sowie die Dokumentation des Visionsfindungsprozesses. Dabei ermöglicht eine partizipative Betrachtung der einzelnen Unternehmensbereiche durch Beteiligte aus den unterschiedlichen Bereichen, dass eine ganzheitliche und von allen Bereichen getragene Vision entstehen kann. Anschließend gilt es, messbare Transformationsziele zu definieren, um die sich vollziehenden Entwicklungen einschätzen zu können. Diese Einschätzung sollte jedoch lösungsneutral und nicht in Abhängigkeit womöglich individuell präferierter Technologien oder Organisationsstrukturen erfolgen. Dennoch dürfen bestehende Strukturen, Abläufe oder auch getroffene Entscheidungen nicht vollständig unberücksichtigt bleiben, um die Transformation durch permanente Neuausrichtung in jedem Schritt nicht ad absurdum zu führen.

Die schrittweise Realisierung wird durch eine integrierte Betrachtung von Prozessen und Anforderungen unterstützt. Dabei ist es empfehlenswert, Dokumentenvorlagen zur Anforderungserfassung zu verwenden, die den Anforderungen der Prozessbetrachtung und -gestaltung entsprechen. Darüber hinaus unterstützt eine schnelle Umsetzung von Prototypen die Anforderungsanalyse, indem dabei Erkenntnisse aus einer ersten Nutzung direkt in die Anforderungen einfließen können. Dies reduziert das Risiko von Fehlentscheidungen bei der Umsetzung von Produktivsystemen. Hierzu ist es außerdem hilfreich, Wissensmanagement aktiv zu betreiben, um bspw. vorhandene Wissenspotenziale identifizieren, nutzen und so auch eine Wiederholung von Fehlern vermeiden zu können.

Überschrift	Abschnitt	Seite
Iterative und umsetzungsorientierte Vorgehensweise	3.1.3	63
Informationsgewinnung, Workshops	3.2.3	88
Sorgfältige Informationsbeschaffung	3.2.1	67
Systematische Qualifizierung	3.2.1	75
Wissensmanagement	3.2.2	78
Integrierte Betrachtung	3.2.4	105
Verantwortlichkeiten bestimmen	4.3	154
Hilfswerkzeuge benutzen	4.3	154
Inhaltliche Vorbereitung und Dokumentation	5.1	163
Prototypische Umsetzung	5.1	166
Messbare Zieldefinition	5.1	168
Prüfung bestehender Unternehmensstrategien	5.2	178
Lösungsneutrale Perspektive	5.3	191

Prozessgestaltung und -modellierung

Für die Aufgabe der initialen Prozessgestaltung bewährte sich in den Anwendungsfällen das Arbeiten in verteilten Teams, da dies schneller zu ersten weiterverwertbaren Ergebnissen führte. Dabei ist vor allem darauf zu achten, dass eine eindeutige Definition der betroffenen Prozesse sowie Elemente erfolgt. Dadurch wird eine grundlegende Ausgangsbasis geschaffen, die zu einem einheitlichen Verständnis bei Beteiligten und Betroffenen beiträgt. Es sollte eine grafische Modellierung mit einer übersichtlichen Notation verwendet werden, um auch den leichten Einstieg von relevanten Entscheidern, die nicht mit dem verwendeten Ansatz vertraut sind, zu ermöglichen. Schlussendlich gilt es, die erstellten Modelle regelmäßig zu überprüfen und im Bedarfsfall zu aktualisieren.

Überschrift	Abschnitt	Seite
Grafische Prozessmodellierung	3.2.4	98
Übersichtliche Notation	3.2.4	99
Verteilte Prozessgestaltung	3.2.4	101
Eindeutige Prozess- und Elementdefinition	4.3	154
Überprüfung und Aktualisierung	4.3	154

Reflektion und Evaluation

Schon in der Planungsphase sollte eine Bewertung der verschiedenen infrage kommenden Implementierungsvarianten hinsichtlich des Erfüllungsgrads der vorab festgelegten, langfristigen Zielkriterien erfolgen. Dazu können u. a. unterschiedliche Industrie 4.0-Reifegradmodelle herangezogen werden. Es wird somit sichergestellt, dass einzelne, u. U. zur kurzfristigen Wiederherstellung oder Aufrechterhaltung der laufenden Produktion umgesetzte Maßnahmen trotzdem einen Entwicklungsbeitrag in Richtung der langfristigen Zielstellung liefern bzw. eine Abweichung in einfacher Weise identifiziert werden kann.

Auf der nicht-technischen Seite sind zwei Aspekte zu betonen: einerseits die Bewertung des Erfolgs der eingesetzten Qualifizierungsmaßnahmen und andererseits die Einschätzung der Einstellung der Mitarbeiter hinsichtlich der Veränderungsmaßnahmen und damit einhergehend die Bewertung ihrer Akzeptanz. Letztendlich ist es wichtig, dass alle (geschäftskritischen) Umsetzungsaktivitäten kontinuierlich und systematisch erfasst und gemessen werden, damit der Fortschritt realistisch eingeschätzt und kritisch hinterfragt sowie eventueller Modifikationsbedarf identifiziert werden kann. Dies gilt auch für den operativen Betrieb bereits implementierter Lösungen. Im Sinne einer kontinuierlichen Verbesserung der Strukturen und Abläufe sollten relevante Informationen in jedem Bedarfsfall zur Verfügung stehen, um rechtzeitig Probleme zu identifizieren und reaktions- sowie handlungsfähig zu sein.

Überschrift	Abschnitt	Seite
Evaluation der Qualifizierung- und Akzeptanzmaßnahmen	3.2.1	74
Industrie 4.0-Reifegradmodelle	3.2.2	80
Bewertung der Implementierungsvarianten	3.2.2	83
Erfassen und Messen des Projektfortschritts	3.2.4	105

Kommunikation und Partizipation

Für das Gelingen der Transformation hin zu intelligenten und vernetzten Fabriken ist es wichtig, frühzeitig alle Beteiligten in den Gestaltungs- und Umsetzungsprozess einzubinden. Insbesondere für den Aspekt der humanorientierten Arbeitsplatzgestaltung bietet es sich an, Mitarbeiter in die Planung einzubeziehen. Mit der aktiven Einbindung von betroffenen Mitarbeitern in Projektteams und dem Testen von Pilotanwendungen kann eine klassische Anforderungsanalyse erweitert werden. Abteilungen wie bspw. das Personal- und Change-Management können diese Aktivitäten unterstützen und für die notwendige Kommunikation der Änderungen in die Breite sorgen. Damit ein neues System verwendet und „gelebt" wird, ist ein technisch einwandfreies System alleine oftmals nicht ausreichend. Es hat sich als empfehlenswert erwiesen, bereits während der Planungsphase die Integration in bestehende Prozesse zu berücksichtigen und diese gegebenenfalls anzupassen.

Überschrift	Abschnitt	Seite
Gemeinsame Visionsentwicklung	3.2.3	90
Einsatz von Promotorengruppen und Informationsveranstaltungen	3.2.1	66
Partizipative Betrachtung der Unternehmensbereiche	3.1.2	53
Expertenteam „Qualifizierung"	3.2.1	65
Kontinuierliche Sensibilisierung der Mitarbeiter	3.2.1	72
Verwendung zweistufiger Workshops zur Einbindung der Mitarbeiter	3.2.4	103
Berücksichtigung des Aufwands für das Schaffen von Akzeptanz	5.1	169
Frühzeitige Einbindung der Personal- und Change-Management-Abteilung	5.1	184

Individualität und Anpassbarkeit

Jedes Unternehmen und jeder Standort ist durch individuelle Rahmenbedingungen und Herausforderungen charakterisiert. Vor diesem Hintergrund erscheint die strikte Anwendung eines pauschalen Transformationsvorgehens nicht als zielführend. Aus diesem Grund wurde im Rahmen des Projekts ein Vorgehensmodell entwickelt, das auf die unternehmensindividuellen Spezifika anpassbar ist. Es hat sich als vorteilhaft erwiesen, die Freiräume, die die Transformation sowie auch das entwickelte Vorgehen bieten, aktiv zu nutzen. In diesem Buch sind einige Vorschläge zur individuellen Gestaltung des Transformationsprozesses enthalten. Auch die jeweilige Adaption des Vorgehens in den drei Anwendungsfällten gibt Anregungen zur individualisierten Gestaltung des Transformationsprozesses.

Überschrift	Abschnitt	Seite
Vorgehensmodell als Rahmen mit Gestaltungsspielraum	3.2.1	65
Individuelle Organisationsform	3.2.3	91
Berücksichtigung unternehmensspezifischer Gegebenheiten	4.3	147
Strukturierungsvorschlag für Diskussionen und die standortspezifische Vision	5.1	163

Interdisziplinarität und multidisziplinäre Teams

Bei der Optimierung von Fabriken besteht im Allgemeinen die Gefahr, zugunsten der Lösung einer aktuellen Problemstellung die Gesamtbetrachtung zu vernachlässigen. Die Betrachtung einer gesamten Fabrik oder eines Standortes erfordert eine Sichtweise über die Grenzen verschiedener Fachbereiche hinweg. Um dies zu erreichen, sollten Teams entsprechend zusammenstellt werden. Neben verschiedenen benötigten technischen Experten der unterschiedlichen Fachbereiche empfiehlt es sich, die Unterstützung aller beteiligten Entscheidungsträger sicherzustellen sowie ebenso ausreichende Kapazitäten zu gewährleisten. Bei der Erstellung der standortspezifischen Industrie 4.0-Vision bewährte es sich, im Rahmen des Projektes auf ein Team zurückzugreifen, das Vertreter aus strategischen und operativen Bereichen enthält. Dieses Vorgehen stellt sicher, dass das anvisierte Transformationsergebnis die Herausforderungen des Werkes bzw. Unternehmens trifft, dennoch die kurzfristig relevanten Bedürfnisse bedient, aber auch darüber hinausgeht.

Überschrift	Abschnitt	Seite
Einbeziehung technischer Experten und Entscheidungsträger	3.2.2	83
Einsatz interdisziplinärer Teams mit Mitarbeitern aus strategischen und operativen Bereichen	5.1	164

Vorstellung der beteiligten Unternehmen und Institute

Budatec GmbH

Die die im Jahr 2009 gegründete budatec GmbH ist ein Anlagenhersteller für die Halblei-ter- und Solarindustrie mit Sitz in Berlin. Hauptgeschäftsfelder sind thermische Systeme und Produkte rund um die Elektronikfertigung.

Schwerpunkt bilden Vakuumlötsysteme, angefangen von kleinen Batch-Anlagen bis hin zu vollautomatisierten Produktionssystemen. Auf diesem Gebiet haben die Geschäfts-führer seit über 20 Jahren Erfahrung. Vakuumlötsysteme werden am Standort Berlin entwickelt, gefertigt und weltweit vertrieben. In diesem Segment ist das Unternehmen einer der technologischen Marktführer, insbesondere beim Einsatz von Wasserstoff und Plasmagasen.

Das Unternehmen beschäftigt mittlerweile ein Team, das sich aus erfahrenen Ingenieu-ren und Softwareentwicklern zusammensetzt. Zu seinen Kunden zählen namhafte Tech-nologieunternehmen, Forschungs- und Entwicklungsabteilungen renommierter Institute sowie Universitäten und Fachhochschulen.

Die kontinuierliche Weiterentwicklung ihrer Produkte ist für die budatec GmbH ebenso selbstverständlich wie der gute Service, den sie ihren Kunden bietet.

Festo AG & Co. KG

Die Festo AG & Co. KG ist gleichzeitig Global Player und unabhängiges Familienunter-nehmen mit Sitz in Esslingen am Neckar. Das Unternehmen liefert pneumatische und elektrische Automatisierungstechnik für 300.000 Kunden der Fabrik- und Prozessauto-matisierung in über 200 Branchen. Produkte und Services sind in 176 Ländern der Erde erhältlich. Weltweit rund 18.700 Mitarbeiter in 61 Landesgesellschaften erwirtschafteten im Jahre 2015 einen Umsatz von rund 2,64 Mrd. Euro. Davon werden jährlich rund 8 % in Forschung und Entwicklung investiert. Im Unternehmen beträgt der Anteil der Aus- und Weiterbildungsmaßnahmen 1,5 % vom Umsatz. Lernangebote bestehen aber nicht nur für

© Springer-Verlag GmbH Deutschland 2017
N. Weinert et al. (Hrsg.), *Metamorphose zur intelligenten und vernetzten Fabrik*,
DOI 10.1007/978-3-662-54317-7_7

Mitarbeiter: Der Geschäftsbereich Festo Didactic SE bringt man Automatisierungstechnik in industriellen Aus- und Weiterbildungsprogrammen auch Kunden, Studierenden und Auszubildenden näher.

Forschungsschwerpunkt iC3@Smart Production im Fachbereich Ingenieur- und Naturwissenschaften der Technische Hochschule Wildau

Die Technische Hochschule Wildau ist eine innovative, zukunftsorientierte und praxisverbundene Hochschule südlich von Berlin. Die persönliche Atmosphäre, die individuelle Betreuung durch die Lehrkräfte, die hochwertige Ausrüstung der technisch-technologischen und informationstechnischen Labore, die Computer-, Internet- und Bibliotheksarbeitsplätze bieten gute Voraussetzungen für einen erfolgreichen Studienverlauf und eine zielgerichtete Vorbereitung auf den späteren Berufseinstieg. Um das erstklassige Niveau der Studien- und Lehrbedingungen nachhaltig zu sichern, hat die TH Wildau als bundesweit erste Hochschule im Jahr 2009 ihre diesbezüglichen Qualitätsstandards extern nach ISO 9001 begutachten und zertifizieren lassen. Im Rahmen der strategischen Forschungsaktivitäten der Forschungsgruppe „iC3@Smart Prodution" unter Leitung von Prof. Dr.-Ing. Jörg Reiff-Stephan werden Ansatzpunkte zur intelligenten Vernetzung von Entitäten im produktionstechnischen Umfeld betrachtet. Hierbei wird ausgehend von der Prüfung neuer Innovationskonzepte über die arbeitsorganisatorische Umsetzung im Fertigungsbereich bis hin zur Ausbildung von sensorischen Komponenten und deren Verkettung als Führungselemente im Produktionsumfeld ein System geschaffen, das durch Selbstanalyse, Selbstorganisation und Selbstoptimierung geprägt ist. Ziel ist es, effiziente und effektive Produktionsketten zu erarbeiten, die den Produktionsstandort Deutschland im globalen Wettbewerb stärken helfen. Intelligente Sensoriken stellen dabei die Schlüsselelemente zukünftiger Produktivaufgaben unternehmensweiter, automatisierter und selbstoptimierender Produktionsketten dar. Neben den technischen Entitäten steht im Gesamtkontext aber auch die Entität „Mensch" im Fokus der Arbeiten.

Fraunhofer-Instituts für Produktionsanlagen und Konstruktionstechnik (IPK)

Das Fraunhofer IPK in Berlin steht seit über 35 Jahren für Exzellenz in der Produktionswissenschaft. Es betreibt angewandte Forschung und Entwicklung für die gesamte Prozesskette produzierender Unternehmen – von der Produktentwicklung über den Produktionsprozess, die Instandhaltung von Investitionsgütern und die Wiederverwertung von Produkten bis hin zu Gestaltung und Management von Fabrikbetrieben. Zudem überträgt das Institut produktionstechnische Lösungen in Anwendungsgebiete außerhalb der Industrie, z. B. in die Bereiche Medizin, Verkehr und Sicherheit. Analog dazu gliedert sich das IPK in die sieben Geschäftsfelder Unternehmensmanagement, Virtuelle Produktentstehung, Produktionssysteme, Füge- und Beschichtungstechnik, Automatisierungstechnik, Qualitätsmanagement sowie Medical Systems Engineering. Eine enge Zusammenarbeit der Geschäftsfelder ermöglicht die Bearbeitung auch sehr komplexer Themen. Das Fraunhofer IPK gehört zu den Wegbereitern der „Smart Factory". Integrated Industry ist hier seit Jahren gelebte Realität.

Infineon Technologies AG

Die Infineon Technologies AG ist ein weltweit führender Anbieter von Halbleiterlösungen, die das Leben einfacher, sicherer und umweltfreundlicher machen. Mikroelektronik von Infineon ist der Schlüssel für eine lebenswerte Zukunft. Mit weltweit etwa 35.400 Beschäftigten erzielte das Unternehmen im Geschäftsjahr 2015 (Ende September) einen Umsatz von rund 5,8 Milliarden Euro. Infineon ist Experte für Industrie 4.0 als Anwender und Ausrüster. Produkte und Lösungen von Infineon schaffen die Voraussetzung für die vierte industrielle Revolution. In der eigenen Fertigung von Infineon kommen viele Technologien und Verfahren von Industrie 4.0 schon heute zum Einsatz.

Institut für Arbeitswissenschaft und Technologiemanagement (IAT) der Universität Stuttgart

Das Institut für Arbeitswissenschaft und Technologiemanagement (IAT) der Universität Stuttgart beschäftigt sich mit der integrierten Planung, Gestaltung und Optimierung innovativer Produkte, Prozesse und Strukturen. Unter Berücksichtigung von Mensch, Organisation, Technik und Umwelt erforscht und erprobt das Institut neue Konzepte des Technologiemanagements, der Arbeitsorganisation und -gestaltung. Die Arbeitswissenschaft mit ihrer Systematik der Analyse, Ordnung und Gestaltung der technischen, organisatorischen und sozialen Bedingungen von Arbeitsprozessen sowie ihren humanen und wirtschaftlichen Zielen ist dabei zentral in die Aufgabe des Technologiemanagements eingebunden. Arbeitsgebiete wie Strategische Planung, Organisationsentwicklung, Prozess-, Arbeitssystem- und Produktgestaltung sowie Mitarbeiterführung werden am IAT im Rahmen des Technologiemanagements durch interdisziplinäre Forschungsteams ganzheitlich bearbeitet. In Kooperation mit dem Fraunhofer-Institut für Arbeitswirtschaft und Organisation IAO in Stuttgart wird universitäre Grundlagenforschung mit angewandter Auftragsforschung verknüpft und erfolgreich in zahlreichen Projekten mit der Wirtschaft praxisnah umgesetzt.

Am IAT und am kooperierenden Fraunhofer-Institut für Arbeitswirtschaft und Organisation IAO arbeiten 600 Mitarbeiter – vorwiegend Ingenieure, Informatiker, Wirtschafts- und Sozialwissenschaftler – in vielfältigen Forschungsprojekten interdisziplinär zusammen. Das Institut betreut den Studiengang Technologiemanagement und bietet im Rahmen seiner Lehre das gleichnamige Hauptfach/Vertiefungsfach für zahlreiche Studiengänge an.

Lehrstuhl für Wirtschaftsinformatik, insb. Prozesse und Systeme (LSWI) der Universität Potsdam

Der Lehrstuhl für Wirtschaftsinformatik, insb. Prozesse und Systeme ist Bestandteil der Wirtschafts- und Sozialwissenschaftlichen Fakultät sowie des Instituts für Informatik der Mathematisch-Naturwissenschaftlichen Fakultät an der Universität Potsdam und betreibt das Anwendungszentrum Industrie 4.0. Dies entspricht der interdisziplinären Ausrichtung der Arbeitsschwerpunkte in der Forschung. Es stehen insbesondere Fragen der Gestaltung wandlungsfähiger Architekturen industrieller Informationssysteme, ein nachhaltiges betriebliches Wissensmanagement sowie Strategien des Prozessmanagements im Mittelpunkt. Zu diesem Zweck ist der Lehrstuhl in den Forschungsgruppen „Wissen, Lernen,

Bilden", „Wandlungsfähigkeit" und „Prozessmanagement" organisiert. Um den Anwendungsbezug zu sichern, kooperiert der Lehrstuhl eng mit Praxisunternehmen unterschiedlicher Größen und Branchen. In der Lehre werden humane, technologische und organisatorische Gestaltungsoptionen zur Steigerung der Wettbewerbsfähigkeit von Unternehmen und zur Produktivitätssteigerung von öffentlichen Einrichtungen vermittelt.

Pickert & Partner GmbH

Die Pickert & Partner GmbH mit Sitz in Pfinztal ist ein international erfolgreicher Softwarehersteller mit Kunden aus 20 Ländern auf vier Kontinenten. In enger Abstimmung mit seinen Kunden entwickelt und pflegt das Unternehmen eine durchgängige, umfassende Standardsoftware für Produktionsmanagement (MES), Qualitätsmanagement (CAQ) und Traceability (Rückverfolgbarkeit). Die ganzheitliche und gleichzeitig modular aufgebaute Software RQM (Real-time. Quality. Manufacturing.) integriert, unterstützt und sichert in Echtzeit fast alle produktionsnahen Abläufe und Prozesse horizontal über die gesamte Wertschöpfungskette vom Lieferanten bis zum Kunden und vertikal von den ERP-Systemen bis zu den Maschinensteuerungen. Mehr als 1500 Softwarelösungen wurden bislang projektiert und implementiert.

Das 1981 gegründete, inhabergeführte Unternehmen ist erster Ansprechpartner für KMU der Metall- und Kunststoffindustrie und darüber hinaus besonders spezialisiert auf die diskrete Fertigung.

Siemens AG

Die Siemens AG (Berlin und München) ist ein global agierender Technologiekonzern mit Schwerpunkt in den Bereichen Elektronik und Elektrotechnik. Er gehört mit seinen Aktivitäten auf den Gebieten Automatisierung, Digitalisierung und Elektrifizierung zu den Weltmarktführern. Rund 348.000 Mitarbeiter – 114.000 oder 33 % davon in Deutschland – entwickeln und fertigen Produkte, konzipieren und bauen Systeme und Anlagen und bieten maßgeschneiderte technische Lösungen für individuelle Probleme an. Siemens steht seit fast 170 Jahren für technologische Spitzenleistungen, Innovation, Qualität, Zuverlässigkeit und Internationalität. Im Geschäftsjahr 2015 erzielte der Konzern in über 200 Ländern Umsatzerlöse von rund 75,6 Mrd. Euro.

Innovation ist der wichtigste Wachstums- und Produktivitätstreiber von Siemens. Um weiterhin an der Spitze des technischen Fortschritts bleiben, hat das Unternehmen allein im Geschäftsjahr 2015 4,5 Mrd. Euro (5,9 % des Gesamtumsatzes) in Forschung und Entwicklung investiert. Siemens beschäftigt weltweit rund 32.100 Forscher und Entwickler. Sie arbeiten an Innovationen, mit denen sich bestehende Geschäfte absichern und neue Märkte erschließen lassen.

Mit rund 7800 Mitarbeitern weltweit ist die Corporate Technology die zentrale Forschungs- und Entwicklungseinheit innerhalb von Siemens. Sie deckt ein breites Spektrum an Forschungsfeldern ab, darunter neue Materialien, Mikrosystemtechnik, Produktionsmethoden, Sicherheit, Software, Engineering, Energie, Sensorik, Automatisierung, Medizinische Informatik und Bildgebung, Informations- und Kommunikationstechnologie, Gewinnung und Verarbeitung von Rohstoffen sowie netzunabhängige Energieversorgung.

Autorenverzeichnis

8

Dirk Buße Geschäftsführer, budatec GmbH, Melli-Beese-Straße 28, 12487 Berlin, busse@budatec.de, www.budatec.de

Dr. Mathias Dümmler Infineon Technologies AG, Factory Integration Front End, Am Campeon 1-12, 85579 Neubiberg, Deutschland, mathias.duemmler@infineon.com, www.infineon.com

Erdem Geleç Institut für Arbeitswissenschaft und Technologiemanagement IAT, Universität Stuttgart, Nobelstraße 12, 70569 Stuttgart, Deutschland, erdem.gelec@iat.uni-stuttgart.de, www.iat.uni-stuttgart.de

Univ.-Prof. Dr.-Ing. habil. Norbert Gronau Lehrstuhl für Wirtschaftsinformatik, insb. Prozesse und Systeme, Universität Potsdam, August-Bebel-Str. 89, 14482 Potsdam, Deutschland, ngronau@lswi.de, www.lswi.de

Manuel Kern Institut für Arbeitswissenschaft und Technologiemanagement IAT, Universität Stuttgart, Nobelstraße 12, 70569 Stuttgart, Deutschland, Manuel.Kern@de.bosch.com, www.iat.uni-stuttgart.de

Dr.-Ing. Thomas Knothe Fraunhofer-Institut für Produktionsanlagen und Konstruktionstechnik IPK, Geschäftsprozess- und Fabrikmanagement, Pascalstraße 8-9, 10587 Berlin, thomas.knothe@ipk.fraunhofer.de, www.ipk.fraunhofer.de

Johanna Königer Infineon Technologies AG, Factory Integration Front End, Am Campeon 1-12, 85579 Neubiberg, Deutschland, johanna.koeniger@infineon.com, www.infineon.com

René von Lipinski Technische Hochschule Wildau, FG: iC3@Smart Production, Hochschulring 1, 15745 Wildau, von_lipinski@th-wildau.de, www.th-wildau.de/autec

© Springer-Verlag GmbH Deutschland 2017

N. Weinert et al. (Hrsg.), *Metamorphose zur intelligenten und vernetzten Fabrik*, DOI 10.1007/978-3-662-54317-7_8

Christian Mose Siemens AG, Corporate Technology, CT REE PEM MES-DE,
Otto-Hahn-Ring 6, 81739 München, Deutschland, christian.mose@siemens.com,
www.siemens.com/ingenuityforlife

Nicole Oertwig Fraunhofer-Institut für Produktionsanlagen und Konstruktionstechnik
IPK, Geschäftsprozess- und Fabrikmanagement, Pascalstraße 8-9, 10587 Berlin, nicole.
oertwig@ipk.fraunhofer.de, www.ipk.fraunhofer.de

Martin Plank Festo AG & Co. KG, Research Production Systems, Ruiter Straße 82,
73734 Esslingen, Deutschland, martin.plank@festo.com, www.festo.com

Prof. Dr.-Ing. Jörg Reiff-Stephan Technische Hochschule Wildau, FG: iC3@Smart
Production, Hochschulring 1, 15745 Wildau, jrs@th-wildau.de, www.th-wildau.de/autec

Sven O. Rimmelspacher Geschäftsführer, Pickert & Partner GmbH, Händelstr. 10,
76327 Pfinztal, sven.rimmelspacher@pickert.de, www.pickert.de

Benjamin Schneider Institut für Arbeitswissenschaft und Technologiemanagement IAT,
Universität Stuttgart, Nobelstraße 12, 70569 Stuttgart, Deutschland,
benjamin.schneider@iat.uni-stuttgart.de, www.iat.uni-stuttgart.de

André Ullrich Lehrstuhl für Wirtschaftsinformatik, insb. Prozesse und Systeme,
Universität Potsdam, August-Bebel-Str. 89, 14482 Potsdam, Deutschland,
aullrich@lswi.de, www.lswi.de

Gergana Vladova Lehrstuhl für Wirtschaftsinformatik, insb. Prozesse und Systeme,
Universität Potsdam, August-Bebel-Str. 89, 14482 Potsdam, Deutschland,
gvladova@lswi.de, www.lswi.de

Dr.-Ing. Nils Weinert Siemens AG, Corporate Technology, CT RDA AUC MSP-DE,
Otto-Hahn-Ring 6, 81739 München, Deutschland, nils.weinert@siemens.com,
www.siemens.com/ingenuityforlife

Stichwortverzeichnis

© Springer-Verlag GmbH Deutschland 2017
N. Weinert et al. (Hrsg.), *Metamorphose zur intelligenten und vernetzten Fabrik*,
DOI 10.1007/978-3-662-54317-7

Printed in the United States
By Bookmasters